中等职业学校教学用书

计算机课程改革实验教材系列

# Flash CS5 二维动画制作案例教程

段 欣 主编

電子工業出版社
Publishing House of Electronics Industry
北京 • BEIJING

## 内 容 简 介

本书采用案例教学、模块教学的方法，通过案例引领的方式讲述 Flash CS5 动画制作基础、矢量图形绘制、图形对象编辑、应用文本、基础动画、高级动画、多媒体与脚本交互等最常用、最重要的功能和使用方法，并通过最后一章的综合能力进阶展示使用 Flash 比较全面的平面设计处理技巧。

本书可作为中等职业学校计算机应用与软件专业数字媒体及其相关方向的基础教材，也可作为各类计算机动漫培训班教材，还可供计算机动漫从业人员参考。



**图书在版编目（CIP）数据**

Flash CS5 二维动画制作案例教程 / 段欣主编. —北京：电子工业出版社，2013.8
计算机课程改革实验教材系列
ISBN 978-7-121-20301-5

Ⅰ. ①F… Ⅱ. ①段… Ⅲ. ①动画制作软件－中等专业学校－教材 Ⅳ. ①TP391.41

中国版本图书馆 CIP 数据核字（2013）第 092311 号

策划编辑：关雅莉
责任编辑：关雅莉
印　　刷：涿州市京南印刷厂
装　　订：涿州市京南印刷厂
出版发行：电子工业出版社
　　　　　北京市海淀区万寿路 173 信箱　邮编：100036
开　　本：787×1 092　1/16　印张：13.75　字数：352 千字
印　　次：2013 年 8 月第 1 次印刷
印　　数：3 000 册　定价：26.00 元

凡所购买电子工业出版社图书有缺损问题，请向购买书店调换。若书店售缺，请与本社发行部联系，联系及邮购电话：（010）88254888。

质量投诉请发邮件至 zlts@phei.com.cn，盗版侵权举报请发邮件至 dbqq@phei.com.cn。

服务热线：（010）88258888。

# 前　言

本书为适应中等职业学校课程改革的需要，根据教育部《中等职业学校专业目录（2010 修订）》中“信息技术类”专业课程方案的要求编写，是数字媒体技术专业的基础课程教材。

Flash CS5 是由 Adobe 公司推出的多媒体动画制作软件，它以制作简单、易于传播、交互性强和制作成本低等特点，赢得了广大多媒体动画专业制作人员及业余爱好者的青睐。该书以案例的形式，循序渐进地阐述了 Flash CS5 的各种功能，让 Flash 初学者能够快速上手制作动画。该书共 8 个模块，依次介绍了 Flash CS5 动画制作基础、矢量图形绘制、图形对象编辑、应用文本、基础动画、高级动画、多媒体与脚本交互、综合能力进阶。章节编排是按照一般读者的学习进程安排的，每个模块都精心设计了实用的教学案例、思考与实训，以便帮助读者迅速掌握相关知识，快速提高实践能力。

本书内容丰富，结构清晰，案例新颖，具有很强的实用性，是一本既可以用来学习 Flash 基础动画制作，又可以用来学习 Flash 初、中级编程的书籍。

为了提高学习效率和教学效果，本书使用的图片、素材及习题答案、教学课件等资料已通过华信教育资源网（http://www.hxedu.com.cn）发布，供学习者下载使用。

本书由段欣担任主编，泰安岱岳区职业中等专业学校王东军担任副主编，潍坊科技学院吴清芳、济南信息工程学校张冉等参加编写，一些职业学校的老师参与了程序测试、试教和修改工作，在此表示衷心的感谢。

由于编者水平有限，书中错误在所难免，恳切希望读者批评指正。

编　者

2013 年 5 月

# 目　录

模块1

# Flash CS5 动画制作基础

Flash CS5 是 Adobe 公司开发的一款集矢量动画设计、Web 网页开发、多媒体设计等功能于一体的优秀软件。它可以实现多种动画特效，动画都是由一帧帧的静态图片在短时间内连续播放而造成的视觉效果，是表现动态过程、阐明抽象原理的一种重要媒体。从简单的动画到复杂的交互式Web 应用程序，从丰富的多媒体支持到流媒体 FLV 视频文件的在线播放，Flash CS5 给了人们足够的想象空间和技术支持，可以结合美妙的创意制作出令人叹为观止的动画效果。

## 1.1 Flash CS5 简介

### 1. 传统动画的局限性

传统动画是由美术动画电影传统的制作方法移植而来的，它利用电影原理，即人眼的视觉暂留现象，将一张张逐渐变化的连续动态过程中的静止画面，经过摄像机逐张逐帧地拍摄编辑，再通过电视的播放系统，使之在屏幕上活动起来。传统动画有一系列制作工序，它首先要将动画镜头中每一个动作的关键及转折部分设计出来，然后需要经过一张张地描线、上色，逐张逐帧地拍摄录制。

传统动画有完整的制作流程，要求绘制者有一定的美术基础，并懂得动画运动规律，但因为工序复杂，制作人员多，导致成本投入非常大。

传统动画原理是一切动画的基础，Flash 二维动画也遵循这个原理，同时对手工传统动画进行了改进，也就是将事先手工制作的源动画输入计算机，由计算机辅助完成描线、上色工作，并由计算机控制完成记录工作，使制作过程变得非常简单。

### 2. Flash 动画的技术与特点

Flash 动画相对于传统动画来说，技术优势是非常明显的。

① Flash 动画比传统动画更加灵巧，可以使音效和动画融合在一起，创作出类似电影的精彩动画，具有强烈的艺术感。

② 使用矢量图形和流式播放技术。画面无论放大多少倍都不会失真，具有体积小、传输和下载速度快等特点，并且可以边下载边播放。

③ 拥有自己的 ActionScript 脚本语言，可以实现交互性，具有更大的设计自由度。

④ 具有跨平台性和可移植性。无论处于何种平台，只要安装了支持 Flash 的 Player，就可以保证最终显示效果的一致。

### 3. Flash 动画的应用范围

Flash 动画的诸多优点使 Flash 的应用非常广泛。从某种程度上说，Flash 动画带动了中国动漫业的发展。现在，Flash 的舞台已经不局限于互联网，电视、电影、移动媒体、教学课件、MTV 音乐电视等都是它展示的舞台。Flash 动画借助这些媒体已经深入人心，看 Flash 动画已经成为互联网时代一种新的休闲方式。轻松的幽默剧、好玩的交互游戏、精彩的网站片头、实用的 Flash 广告、寓教于乐的 Flash 课件、美轮美奂的 Flash MTV 等都是 Flash 动画的表现形式。图 1-1 所示为两幅 Flash 动画的截图。

图 1-1 Flash 动画截图



### 4. Flash 文件格式

在 Flash 中，用户可以处理多种类型的文件（如 FLA、XFL、SWF、AS、SWC、ASC、FLP 等），不同类型的文件其用途各不相同。下面对常用的几种文件类型进行简单介绍。

（1）FLA 文件

该文件是 Flash 中的主要文件类型，它包含 Flash 文档的三种基本类型信息：媒体对象、时间轴和脚本信息。

（2）XFL 文件

Flash CS5 中新增加了一种文件格式，就是 XFL 文件。出于项目文件开源的考虑，Adobe 公司推出了这样一种公开格式的文档。在日常使用过程中，熟悉和了解项目文件是非常重要的。举一个简单的例子，微软的 VS（Visual Studio）的所有项目文档都可以用记事本来打开，也就是说所有的项目文档都是文本文档。这样不仅利于程序的修改，同时可以与第三方软件兼容。

（3）SWF 文件

该文件是 FLA 的编译版本，是能在网页上显示的文件。当用户发布 FLA 文件时，Flash 将创建一个 SWF 文件。

（4）AS 文件

该文件指 ActionScript 文件，用于将部分或全部 ActionScript 代码放置在 FLA 文件以外的位置。

### 5. Flash 制作动画的基本流程

制作一部动画如同制作一部电影，无论是何种规模和类型，都可以分为三个步骤：前期策划、创作动画、测试及发布动画。

（1）前期策划

前期策划阶段可分为总体构思阶段和素材搜集阶段。

总体构思阶段主要进行一些准备工作，包括主题的确定、动画脚本的编写、素材的准备等工作。这一阶段实际上是一个创意的过程，如怎样安排故事的情节，怎样进行完美的表现等，它最终决定了动画制作的质量。

前期的构思，就像为高楼绘制蓝图。在蓝图绘制好后，接下来就要为大楼准备建筑材料了。这里要准备的是素材。

① 收集素材。收集与作品主题相关的素材，包括文本、图片、声音和影片剪辑等。注意要有针对性、有目的性地搜集，这样可以节约时间和精力，还能有效地缩短动画制作的周期。

② 整理素材。将收集来的素材进行合理编辑，使素材能最确切地表达出作品的意境。

（2）创作动画

将准备好的素材导入 Flash 中，按照设计要求对素材进行分类使用。这是整个动画制作的主干部分，要把握好各类工具的使用，在舞台和时间轴中排列这些媒体元素，添加各种动画效果等，准确、生动地将作品的主题表达出来。

（3）测试及发布动画

当一部动画制作完成后，应对其进行多次测试以验证动画是否按预期设想进行工作，从内容、界面、素材、性能等多个方面查找并解决所发现的错误。经过检查和优化，确认没有问题后，将其发布，以便在网络或其他媒体中使用。通过发布设置，可以将动画导出为 Flash、HTML、GIF、JPEG、EXE、Macintosh、QuickTime 等格式。

通俗地讲，动画制作的一般流程可归纳为设计脚本，规划场景，布置舞台，挑选演员，后台补妆，登台亮相。

### 6. 如何学习 Flash

Flash 作为一款优秀的矢量动画制作软件，已经深入人们的生活。要想快速掌握它的使用方法和技巧，要先来了解一下学习 Flash 的“三步曲”。

第一步，要理解 Flash 最基本的概念：对象、场景、图层、帧、元件、实例、动作脚本等，深入理解这些概念的功能是掌握 Flash 的关键。

第二步，在掌握了 Flash 的基本概念以后，就可以动手做一些使用属性面板来调整对象属性的练习。属性面板是制作 Flash 时接触最多的面板，它可以根据所选对象的不同而显示相应的对象属性。基本上所有对象的属性都可以使用属性面板进行修改，一些其他的浮动面板，如颜色面板、信息面板等都是属性面板相应内容的深入，可以放到稍后的部分学习。

第三步，在了解了 Flash 的基本概念，并且对元素的属性修改没有什么问题后，就可以结合自己的创意，开始学习制作实例、一步步地进行练习了。在实例的制作过程中，可以逐步掌握 Flash 的基本动画类型、Flash 绘图、文本、图像的使用等重要操作的基本技能，从而以最快的速度掌握 Flash 的精髓。

## 1.2 Flash CS5 的操作界面

启动 Flash CS5 后，它的操作界面如图 1-2 所示，分为菜单栏、时间轴、舞台、工具箱、常用面板等部分。在利用 Flash 进行设计与制作时，一般来说是利用工具栏进行动画元素的创作，利用时间轴安排并控制动画的播放，在属性面板中调节舞台上实例的属性。

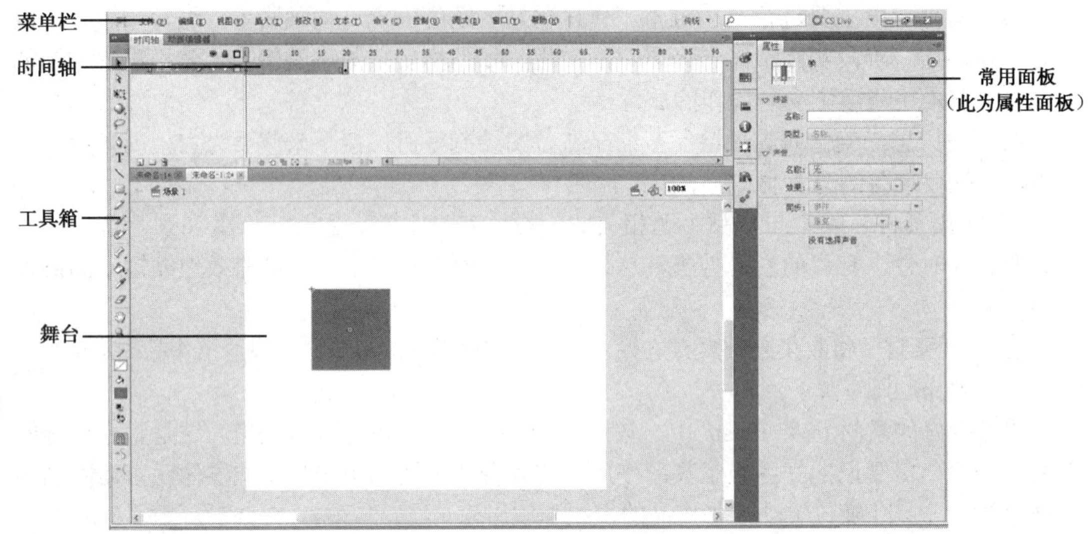


图 1-2　Flash CS5 操作界面



### 1. 菜单栏

菜单栏的外观如图 1-3 所示。在编辑文档时，菜单栏中一共有 11 个菜单。这些菜单的功能简述如下。

文件(F)　编辑(E)　视图(V)　插入(I)　修改(M)　文本(T)　命令(C)　控制(O)　调试(D)　窗口(W)　帮助(H)

图 1-3　菜单栏

- 文件：可以执行创建、打开、保存、关闭和导入/导出等文件操作。
- 编辑：可以执行剪切、复制、粘贴、撤销、清除与查找等编辑操作。
- 视图：可以执行放大、缩小、标尺与网格等有关视图的操作。
- 插入：可以执行插入新元素（如帧、图层、元件、场景及补间动画、补间形状、传统补间等）操作。
- 修改：可以执行元素本身或元素属性的变换操作，如将位图转换为矢量图，将选中的对象转换为新元件等。
- 文本：可以设置与文本有关的属性，如设置字体、设置字距与检查拼写等。
- 命令：可以执行与运行程序相关的操作，可以管理和运行命令，实现批处理。
- 控制：可以执行与影片测试有关的命令，如测试影片、测试场景、播放与停止等。
- 调试：可以调试影片，以发现其中的错误。
- 窗口：可以对窗口和面板进行管理，如新建窗口、展开或隐藏某个面板、将窗口进行特定排列等。
- 帮助：可以提供工作过程的支持。

### 2. 时间轴

时间轴用于组织和控制文档内容在一定时间内播放的图层数和帧数，它的基本组成如图 1-4 所示。

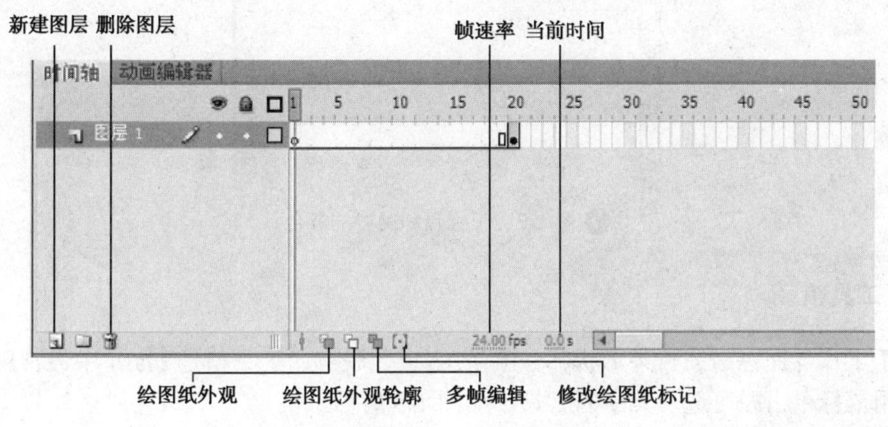


图 1-4　时间轴



在时间轴面板上，多帧编辑和绘图纸外观模式（洋葱皮模式）是在制作动画时最常使用的辅助功能。在制作动画时，很多时候都需要参考当前帧与前后帧的内容来辅助处理当前帧的内容，这时就需要采用绘图纸外观模式来达到这个目的。通过绘图纸外观模式，可以看到当前帧以外的其他帧的内容，这样就可以方便地对照着进行动画的编辑了。绘图纸外观和绘图纸外观轮廓模式下的效果如图 1-5 和图 1-6 所示。

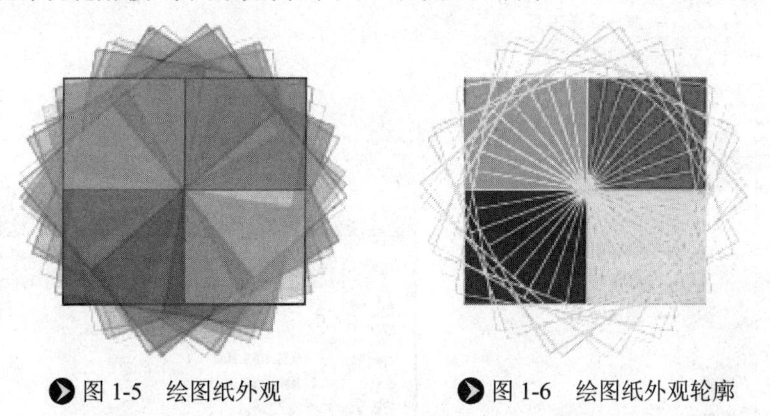

图 1-5　绘图纸外观　　图 1-6　绘图纸外观轮廓

另外，除了设计时可以利用绘图纸外观进行参考外，一些情况下必须同时处理连续的多个帧中的内容，这时就需要用到多帧编辑了。多帧编辑是进行整体修改的一个方便手段。

### 3. 舞台

舞台指的是编辑电影画面的矩形区域。使用 Flash 制作动画就像导演在指挥演员演戏一样，要给其一个演出的场所，也就是 Flash 中所指的舞台。真实的舞台由大小、音响、灯光等条件组成，Flash 中的舞台也要进行大小、色彩等设置。与多幕剧一样，舞台也可以不止一个，如图 1-7 所示的是一个带标尺和网格的舞台。

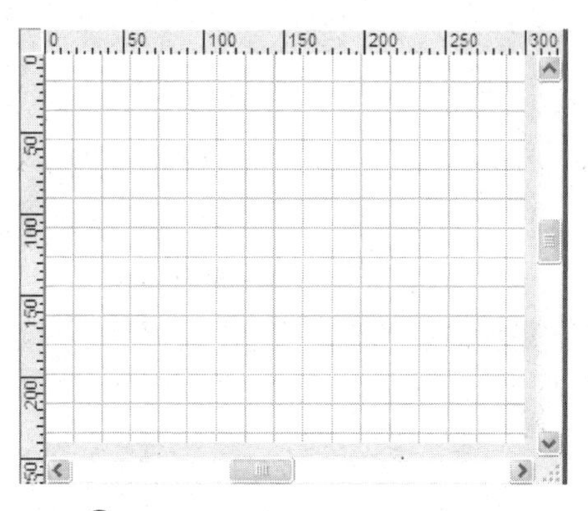

图 1-7　带标尺和网格的舞台

### 4. 工具箱

位于工作界面左边的长条形状部分就是工具箱（栏），工具箱是 Flash 中最常用的一个面板，用鼠标单击即可选中其中的工具，如图 1-8 所示。

执行“编辑”→“自定义工具面板”菜单命令，打开“自定义工具面板”对话框，在该对话框中可以自定义工具面板中的工具。可根据需要重新安排和组合工具的位置，在“可用工具”列表框中选择工具，单击“增加”按钮，就可以将选择的工具添加到“当前选择”列表框中；单击“恢复默认值”按钮，就可以恢复系统默认的工具设置，如图 1-9 所示。



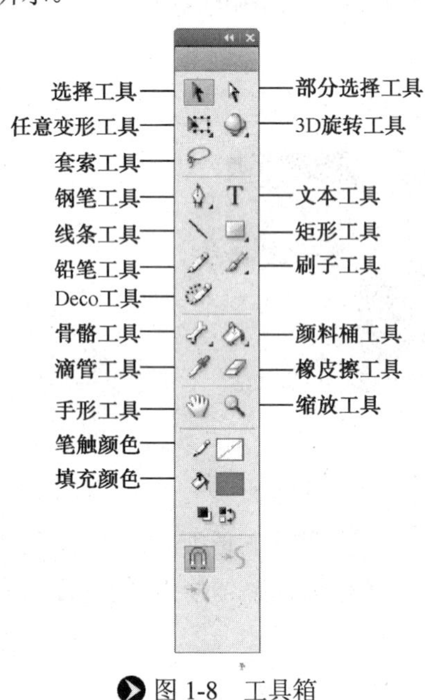


图 1-8　工具箱

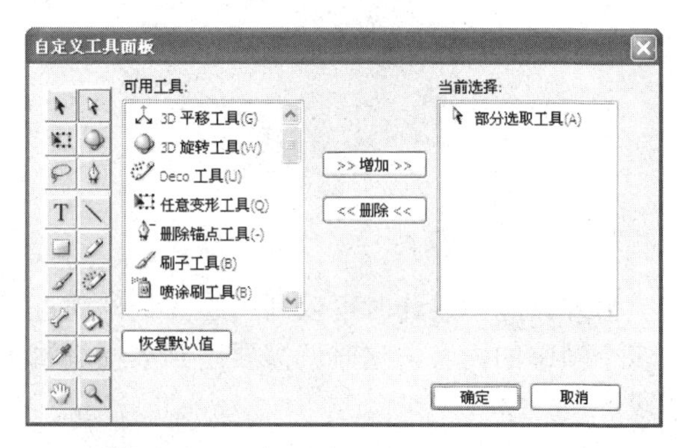


图 1-9　“自定义工具面板”对话框

### 5. 常用面板

在传统状态下，舞台右侧有几个比较常用的浮动面板，如属性面板、库面板和动作面板等。只要单击面板的标题栏名称，即可展开该面板，再次单击该标题栏，可最小化面板。

（1）属性面板

属性面板用于显示和修改所选对象的参数，如图 1-10 所示。它随着所选对象的不同而不同。后面的章节中会有具体应用。

（2）库面板

库面板用于存储和组织在 Flash 中创建的各种元件，也用于存储和组织导入的文件，包括位图图形、声音文件和视频剪辑等，如图 1-11 所示。

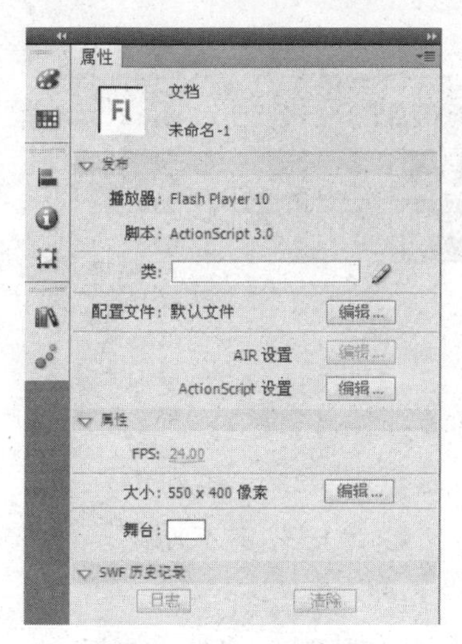


图 1-10　属性面板

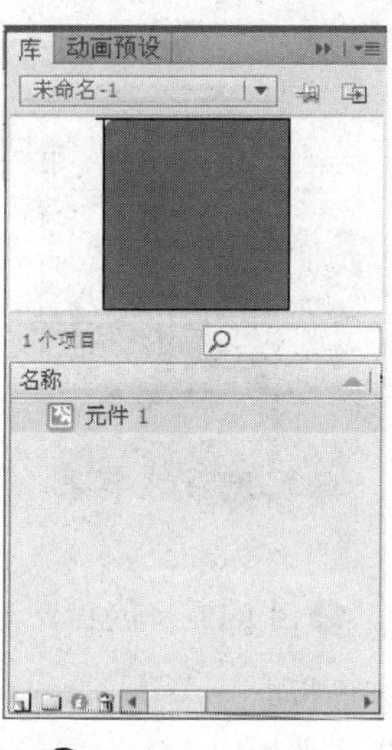


图 1-11　库面板



（3）动作面板

动作面板是主要的“开发面板”之一，是动作脚本的编辑器。后面的章节中会有具体讲解，如图 1-12 所示。

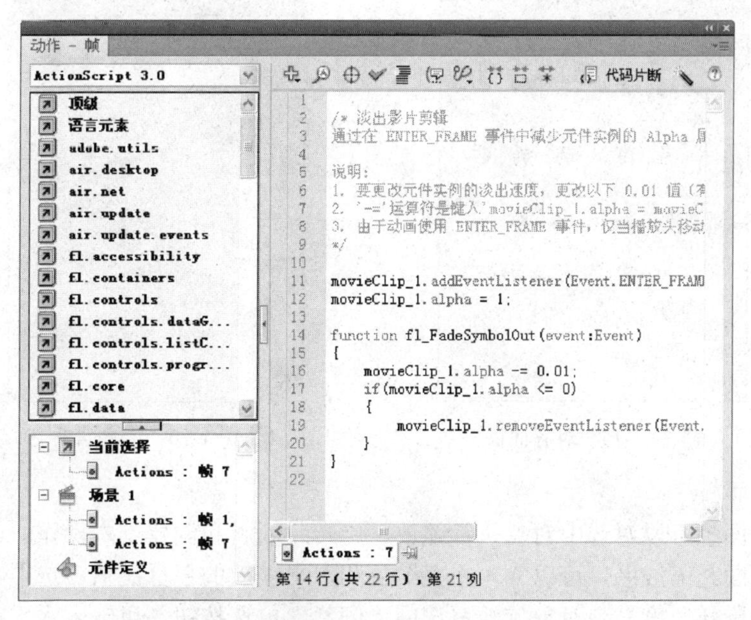


图 1-12　动作面板

### 6. 其他面板

（1）颜色/样本面板组

默认情况下，颜色面板和样本面板合为一个面板组。利用颜色面板，可以创建、编辑笔触颜色和填充颜色，其默认为 RGB 模式，显示红、绿和蓝的颜色值，如图 1-13 所示。样本面板中存放了 Flash 中的所有颜色，可以单击样本面板右侧的按钮，从弹出的下拉菜单中对其进行相关的管理，如图 1-14 所示。

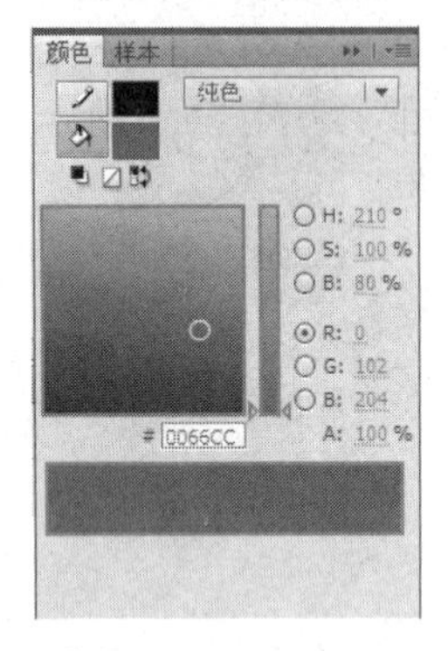


图 1-13　颜色面板

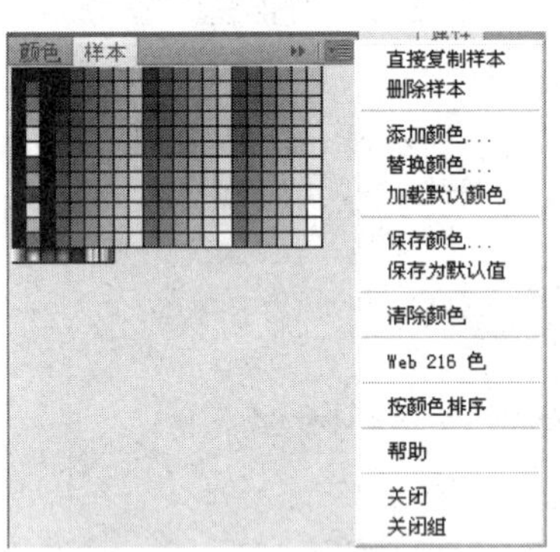


图 1-14　样本面板



（2）对齐面板

对齐面板主要用于对齐在同一个场景中选中的多个对象，如图 1-15 所示。

（3）信息面板

利用信息面板可以查看对象的大小、位置、颜色和鼠标指针的信息，还可以对其参数进行调整，如图 1-16 所示。

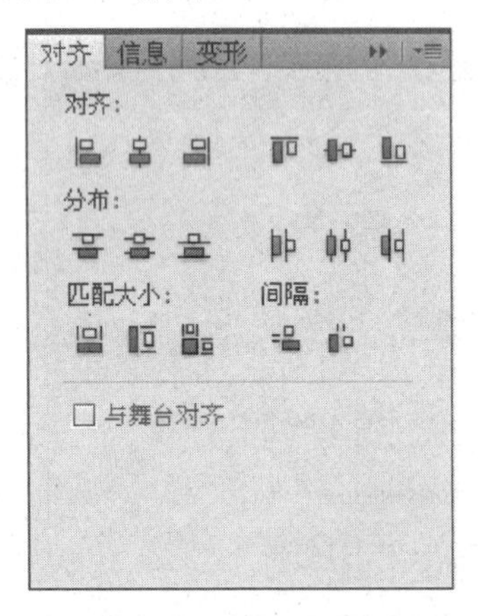


图 1-15　对齐面板

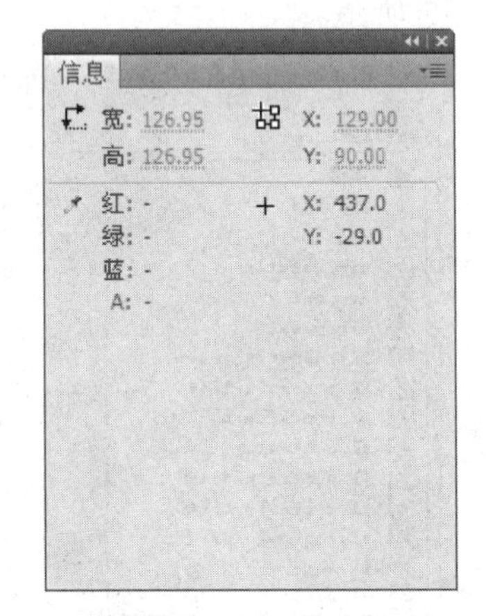


图 1-16　信息面板

（4）变形面板

利用变形面板可以对选中对象执行缩放、旋转、倾斜和创建副本操作。该面板分为三个区域，最上面是缩放区，可以输入垂直缩放和水平缩放的百分比值；选中“旋转”单选按钮，可输入旋转角度，使对象旋转；选中“倾斜”单选按钮，可输入水平和垂直角度来倾斜对象；单击面板下方的“复制并应用变形”按钮，可执行变形操作并复制对象的副本；单击“重置”按钮，可恢复上一步的变形操作，如图 1-17 所示。

（5）行为面板

利用行为面板，不用编写代码即可为动画添加交互性，如链接到 Web 站点、载入声音和图像、控制嵌入视频的播放、触发数据源等。通过单击该面板上的“添加行为”按钮来添加相关的事件和动作。添加完的事件和动作将显示在行为面板中，如图 1-18 所示。

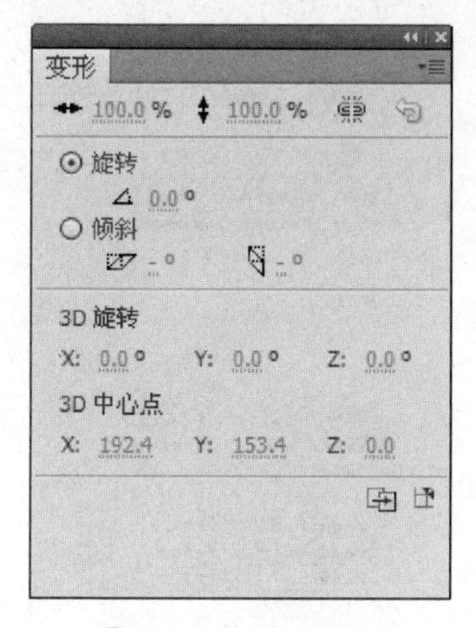


图 1-17　变形面板

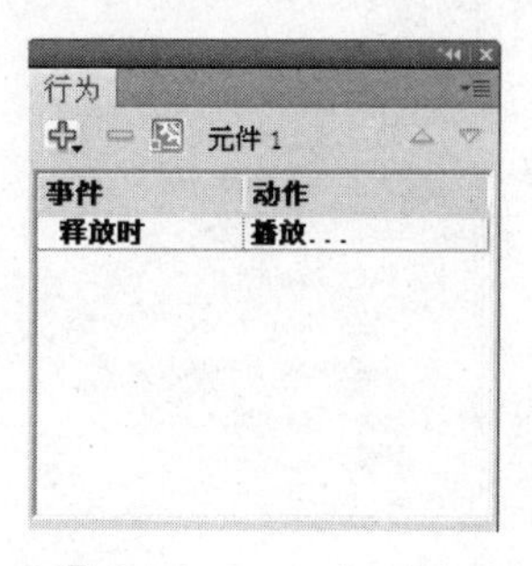


图 1-18　行为面板



（6）调试器面板

利用调试器面板可以发现影片中的错误，如图 1-19 所示。

（7）影片浏览器面板

利用影片浏览器面板，可以查看和组织文档的内容，并在文档中选择元素进行修改。用户可以设置或自定义在影片浏览器面板中显示文档中的哪些内容，单击“显示”右侧的六个按钮可进行分类显示，如图 1-20 所示。

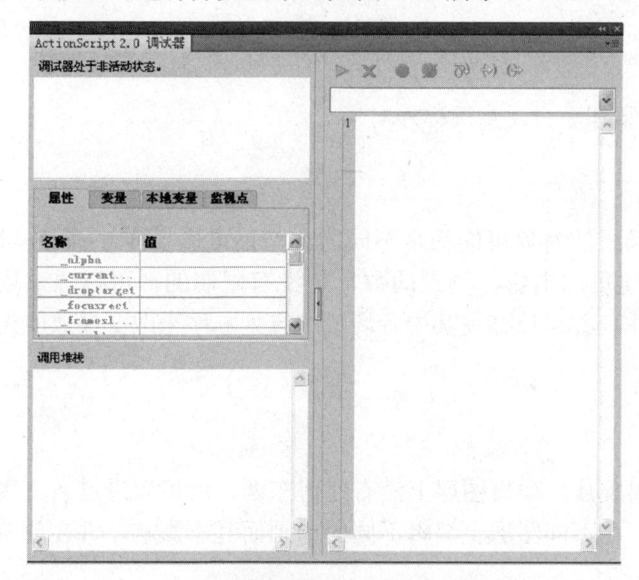


图 1-19　调试器面板

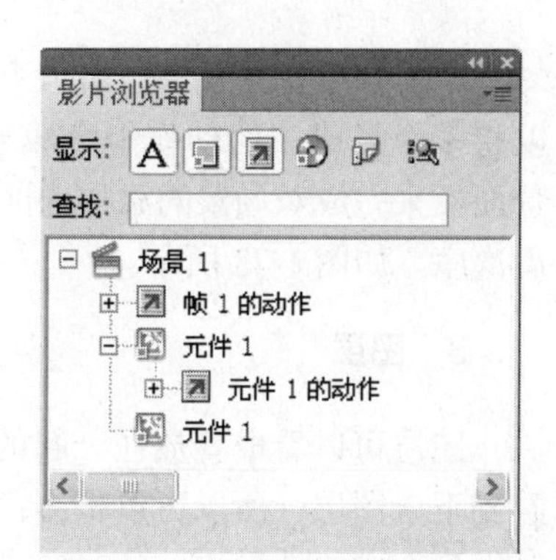


图 1-20　影片浏览器面板

（8）组件/组件检查器面板

利用组件面板，可以查看所有的组件，并可以在创作过程中将组件添加到动画中。组件是应用程序的封装构建模块，一个组件就是一段“影片剪辑”，所有组件都存储在组件面板中，如图 1-21 所示。

在组件面板中，将组件拖动到舞台上，可创建该组件的一个实例，选中组件实例，可以在组件检查器面板中查看组件属性、设置组件实例的参数等，如图 1-22 所示。

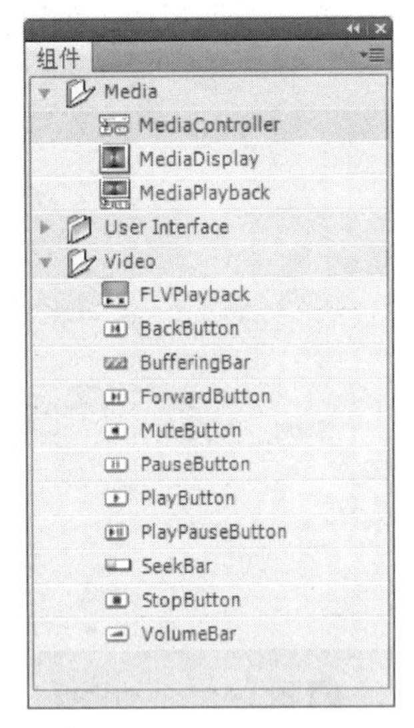


图 1-21　组件面板

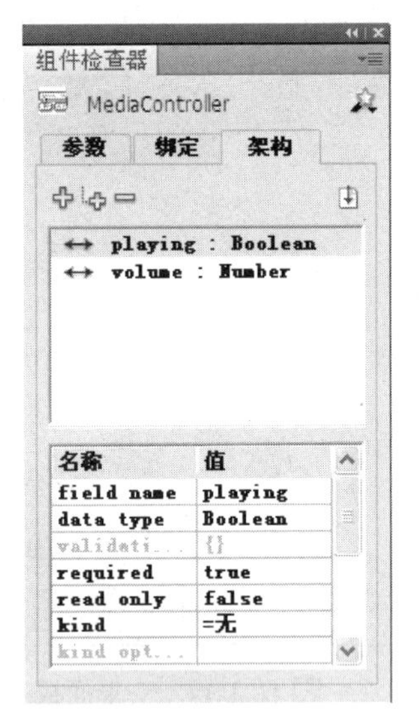


图 1-22　组件检查器面板



## 1.3 Flash 动画的基本概念

学习 Flash 要理解 Flash 的基本概念：对象、场景、图层、帧、元件、实例、动作脚本等，深入理解这些概念的功能是掌握 Flash 的关键。

### 1. 对象

在 Flash 中创建的各种线条、图案和声音元素统称为对象。

### 2. 场景

电影需要很多场景，并且每个场景的对象可能都是不同的。与拍电影一样，Flash 可以将多个场景中的动作组合成一个连贯的电影。场景的数量是没有限制的，可以通过场景面板来完成对场景的添加/删除操作，并可以拖曳其中各场景的排列顺序来改变播放的先后次序，如图 1-23 所示。

### 3. 图层

图层可以看成叠放在一起的透明胶片，如果图层上没有任何东西，就可以透过它直接看到下一图层，所以可以根据需要，在不同图层上编辑不同的动画而互不影响，并在放映时得到合成的效果。

图层有两大特点：除了画有图形或文字的地方，其他部分都是透明的，也就是说，下一图层的内容可以通过透明的这部分显示出来；图层又是相对独立的，修改其中的任一图层，都不会影响到其他图层。

在 Flash 中打开图层属性面板，如图 1-24 所示，可以看到图层有一般（层）、引导层、被引导（层）、遮罩层、被遮罩（层）这五类，各类层可以方便地进行转换，其中被遮罩/遮罩层、被引导/引导层是成对出现的。可以通过“文件夹”方便地对层进行管理操作。

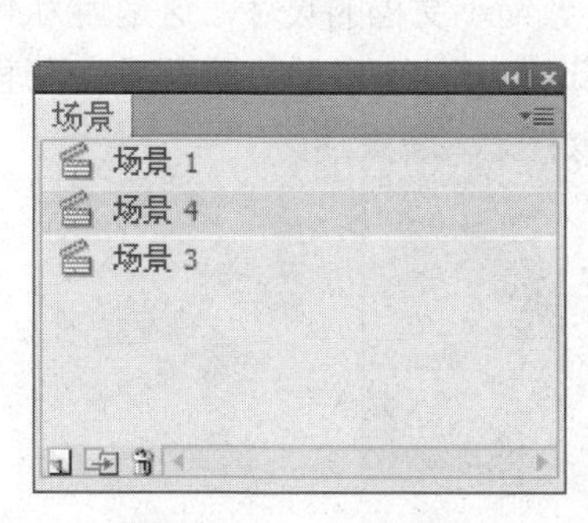


图 1-23 场景面板

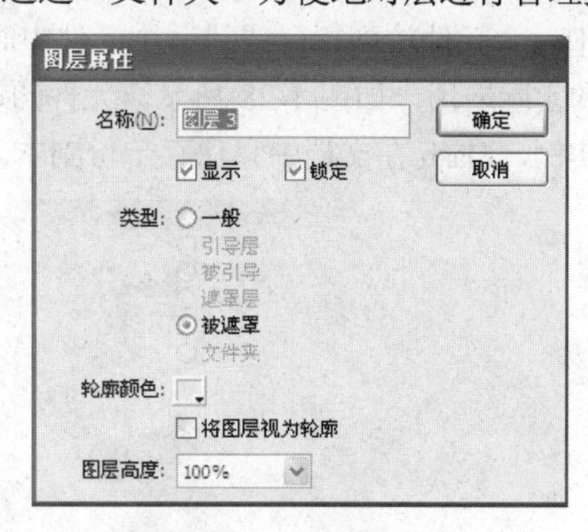


图 1-24 图层属性面板

### 4. 帧

众所周知，一段动画（电影）是由一幅幅静态、连续的图片组成的，在这里称每一幅静态图片为“帧”，一个个连续的“帧”快速切换就形成了一段动画。帧是 Flash 中最小的时间单位。根据帧的作用区分，可以将帧分为普通帧和关键帧，如图 1-25 所示。



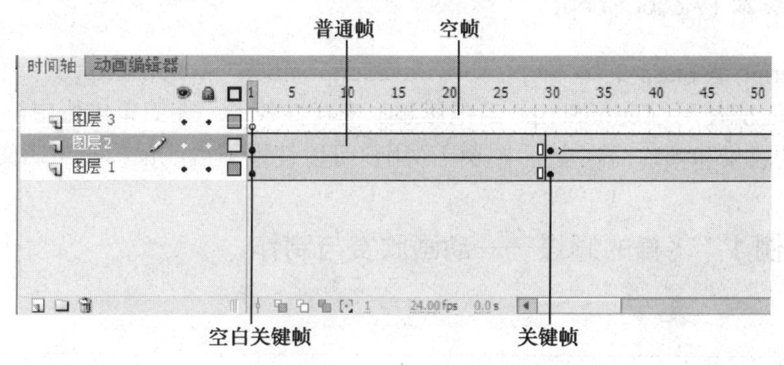


图 1-25 帧的分类

普通帧：包括普通帧和空帧，如图 1-26 所示。

关键帧：包括关键帧和空白关键帧，如图 1-27 所示。

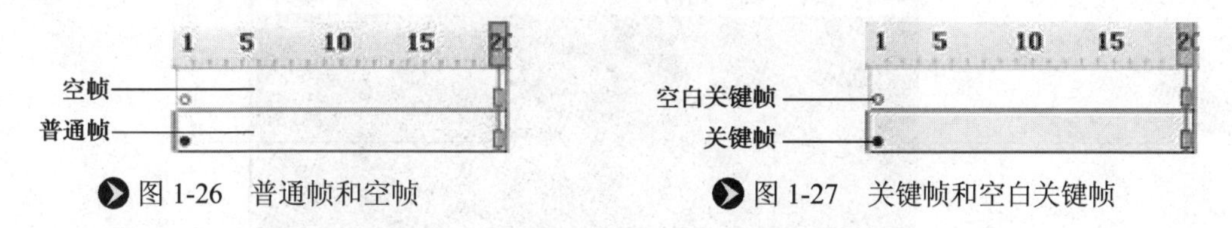


图 1-26 普通帧和空帧

图 1-27 关键帧和空白关键帧

### 5. 元件

元件又称符号，如图 1-28 所示，是指电影里的每一个独立的元素，可以是文字、图形、按钮、电影片段等，就像电影里的演员和道具一样。一般来说，建立一个 Flash 动画之前，先要规划和建立好需要调用的元件，以便在实际制作过程中随时可以使用。

### 6. 实例

当把一个元件放到舞台或另一个元件中时，就创建了一个该图符的实例，也就是说实例是元件的实际应用，如图 1-28 所示。元件的运用会导致缩小文档的尺寸，这是因为不管创建多少个实例，Flash 在文档中只保存一份副本。同样，运用元件可以加快动画播放的速度。

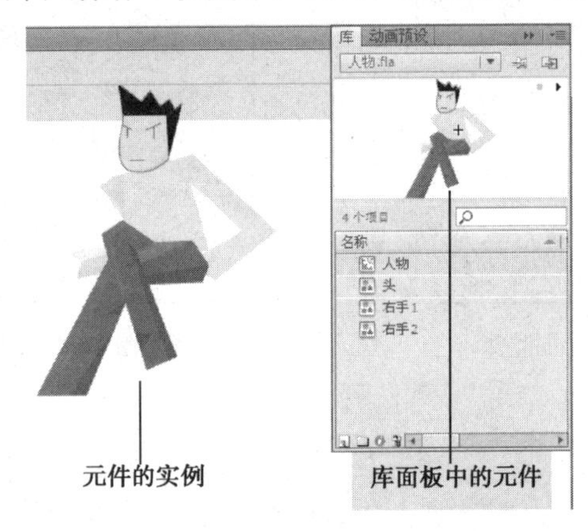


图 1-28　Flash 中的元件与实例



### 7. 动作脚本（ActionScript）

ActionScript 是 Flash 的脚本语言，与 JavaScript 相似，ActionScript 是一种面向对象的编程语言。Flash 使用 ActionScript 给电影添加交互性效果。在简单电影中，Flash 按顺序播放电影中的场景和帧，而在交互电影中，用户可以使用键盘或鼠标与电影交互。

## 案例 1　飞舞的蝴蝶——动画欣赏与制作

### 案例描述

在美丽的花丛中，两只美丽的蝴蝶从左向右慢慢地飞过来，并落到花朵上，如图 1-29 所示。

图 1-29　“飞舞的蝴蝶”效果图

## 案例分析

- 快速掌握在 Flash 中制作一个简单运动动画的基本方法，同时也对 Flash 动画有个初步的感性认识。
- 分别导入蝴蝶与背景的相关图像文件，完成素材的准备工作。
- 对蝴蝶创建一个影片剪辑元件，然后做一个从左向右的传统补间动画。

## 操作步骤

1. 新建 Flash 文档，按 Ctrl+S 组合键打开“另存为”对话框，选择保存路径，输入文件名“飞舞的蝴蝶”，然后单击“确定”按钮，回到工作区。

2. 导入动画所需的花朵背景。执行“文件”→“导入”→“导入到舞台”菜单命令，将素材文件“花儿.jpg”导入场景中。用选择工具调整图片在舞台中的位置，使其居于舞台的中央（如果图片大小不合适，可以使用任意变形工具或者改变属性面板中的参数来调整图像至合适大小），选择第 70 帧，按 F5 键，添加普通帧。

3. 创建蝴蝶的影片剪辑元件。执行“插入”→“新建元件”菜单命令，在打开的“创建新元件”对话框中输入名称“蝴蝶”，选择“影片剪辑”类型，如图 1-30 所示。

图 1-30　“创建新元件”对话框

4. 在影片剪辑“蝴蝶”的编辑状态下，执行“文件”→“导入”→“导入到库”菜单命令，从相应路径下找到图片“蝴蝶.gif”，执行导入操作，这样在库中就建立了一个蝴蝶在原地飞舞的影片剪辑元件，如图 1-31 所示。

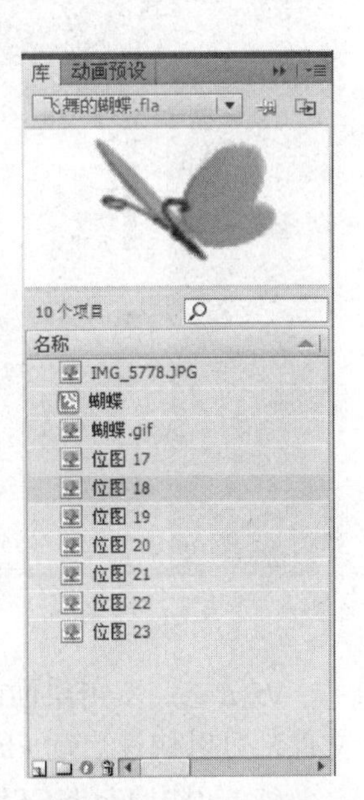


图 1-31　影片剪辑元件“蝴蝶”

5. 单击“插入图层”按钮，新建一个图层（图层 2），在库面板中，将名称为“蝴蝶”的元件拖放到舞台上，放置在舞台的左侧。

6. 选中蝴蝶所在图层的第 50 帧，按 F6 键插入一个关键帧，并把该帧的“蝴蝶”实例移动到舞台的右侧，放到背景中花朵的合适位置，并使用任意变形工具适当缩小一点。

7. 再选中蝴蝶所在图层的第 70 帧，按 F5 键插入普通帧，使蝴蝶能在花朵上停留一定的时间。

8. 用鼠标右键单击图层 2 的第 1 帧，从弹出的菜单中选择“创建传统补间”命令，如图 1-32 所示，这样蝴蝶飞舞的动画就创建好了。

9. 用同样的操作（重复步骤 3～8）方法在舞台上多放上几只蝴蝶，并调整合适的位置与大小，以达到更好的效果。

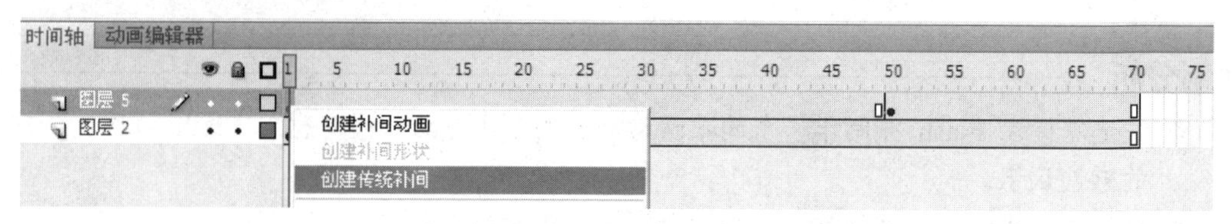


图 1-32 “创建传统补间”命令

10. 按 Ctrl+S 组合键保存文件，按 Ctrl+Enter 组合键测试影片，效果如图 1-29 所示。

## 1.4 Flash CS5 的基本操作

### 1. 启动与退出 Flash CS5

（1）启动 Flash CS5

在成功安装了 Flash CS5 后，便可以启动 Flash CS5 了，常用的方法有两种。

方法一：执行“开始”→“所有程序”→“Adobe Flash Professional CS5”命令，进入 Flash CS5 欢迎界面，如图 1-33 所示。在欢迎界面中，用户可以在“打开最近的项目”、“新建”和“从模板创建”三个选项区中进行所需操作。

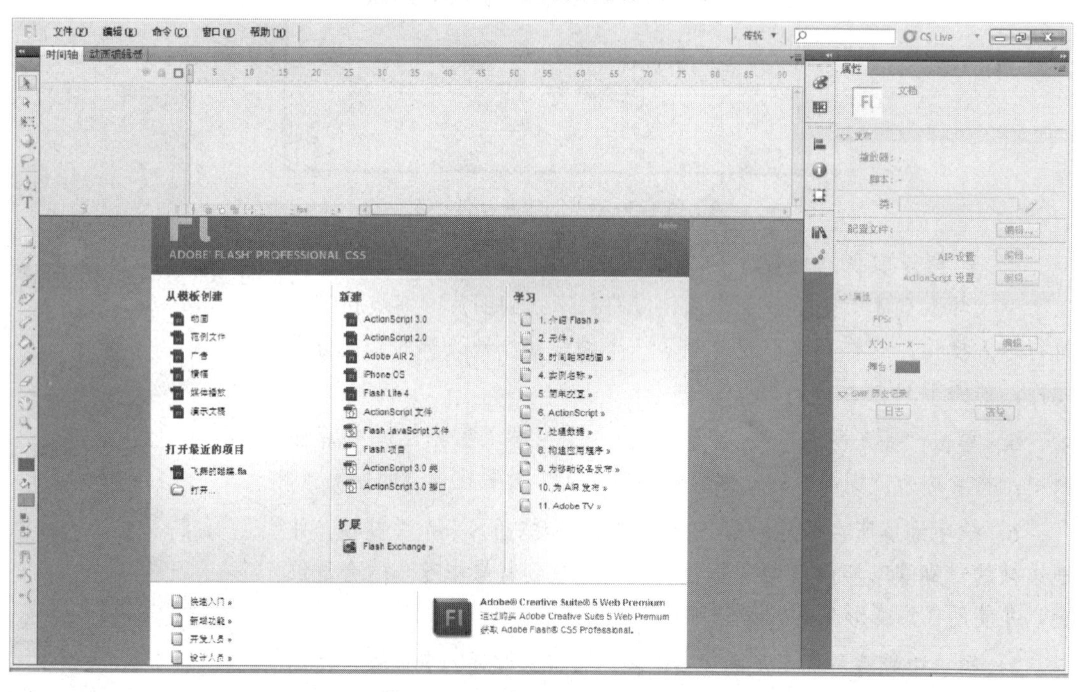


图 1-33 Flash CS5 欢迎界面

方法二：双击桌面的上 Adobe Flash CS5 快捷图标或者双击格式为 FLA 的 Flash 源文件都可以快速启动 Flash CS5。

（2）退出 Flash CS5

如果要退出 Flash CS5，可以通过以下三种方法进行操作。

方法一：执行“文件”→“退出”菜单命令，可退出 Flash CS5。

方法二：单击标题栏右侧的“关闭”按钮。

方法三：双击标题栏最左侧的 Flash CS5 图标，或者单击该图标，在弹出的菜单中选择“关闭”命令，如图 1-34 所示。

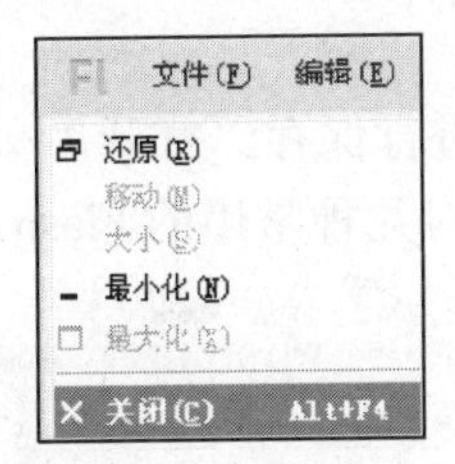


图 1-34　“关闭”命令

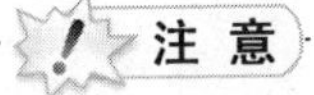


若 Flash 文档在退出时没有进行保存，则系统会弹出一个提示对话框，询问是否要保存文档，如图 1-35 所示，应根据需要进行合适的操作。

图 1-35　提示保存对话框



### 2. 文档基本操作

（1）创建新文档

启动 Flash CS5 后，执行“文件”→“新建”菜单命令或者按 Ctrl+N 组合键，弹出“新建文档”对话框，如图 1-36 所示。在该对话框的“常规”选项卡中，包含了可以创建的各种常规文件；在“描述”中，显示了所选文件类型的简单介绍。单击“确定”按钮，即可创建相应类型的文档。

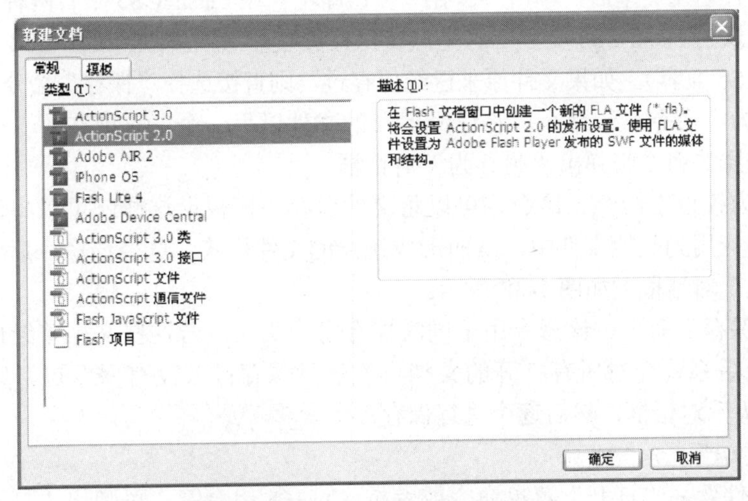


图 1-36　“新建文档”对话框

用户也可以使用模板来创建新文档，其方法如下：在“新建文档”对话框中，选择“模板”选项卡，从“类别”列表中选择一个类别，并从“类别项目”列表中选择一个模板文档，然后单击“确定”按钮。创建时可以选择 Flash 自带的标准模板，也可以选择用户保存的模板。

（2）保存文档

当动画制作好后，需要对文档进行保存。打开“文件”菜单，可以看到保存文档的方法有很多种，如图 1-37 所示。下面对几种常用的 Flash 文档的保存方法进行简单介绍。

图 1-37 “文件”菜单中的保存命令

- “保存”命令。如果是第一次保存文件，则会弹出“另存为”对话框。确定保存位置、文件名及类型后，单击“保存”按钮即可。在 Flash CS5 中有两种保存类型：一种是默认的 Flash CS5 文档（这是默认保存类型）；另一种是 Flash CS4 文档（为了和 Flash CS5 兼容）。如果文件原来已经保存过，则直接选择“保存”命令即可。
- “另存为”命令。该命令可将已经保存的文件以另一个名称或在另一个位置进行保存，选择该命令将弹出“另存为”对话框。
- “另存为模板”命令。该命令可以将文件保存为模板，这样就可以将该文件中的格式直接应用到其他文件中，从而形成统一的文件格式。选择该命令后将弹出“另存为模板”对话框，如图 1-38 所示。
- “全部保存”命令。该命令用于同时保存多个文档，若这些文档曾经保存过，选择该命令后系统会对所有打开的文档再次进行保存；若没有保存过，则系统会弹出“另存为”对话框，然后逐个进行保存。

（3）打开文档

执行“文件”→“打开”菜单命令或者按 Ctrl+O 组合键，可弹出“打开”对话框，如图 1-39 所示。在“查找范围”下拉列表框中选择要打开的文件的路径，然后选择要打开的文件，单击“打开”按钮即可。

（4）关闭文档

执行“文件”→“关闭”菜单命令或者按 Ctrl+W 组合键，可关闭文档；执行“文件”→“关闭全部”菜单命令或者按 Ctrl+Alt+W 组合键，可一次关闭所有文档。

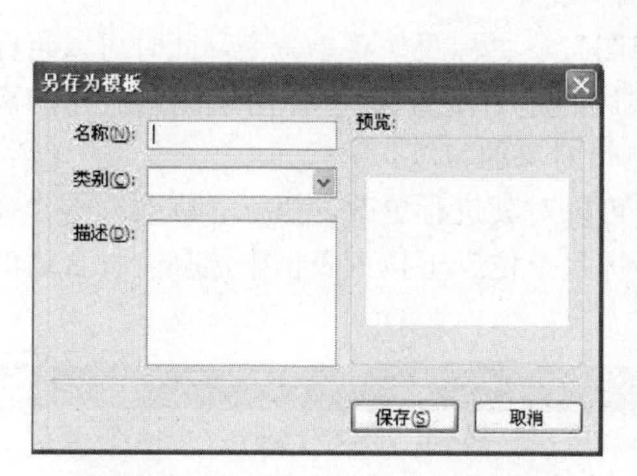


图 1-38　“另存为模板”对话框

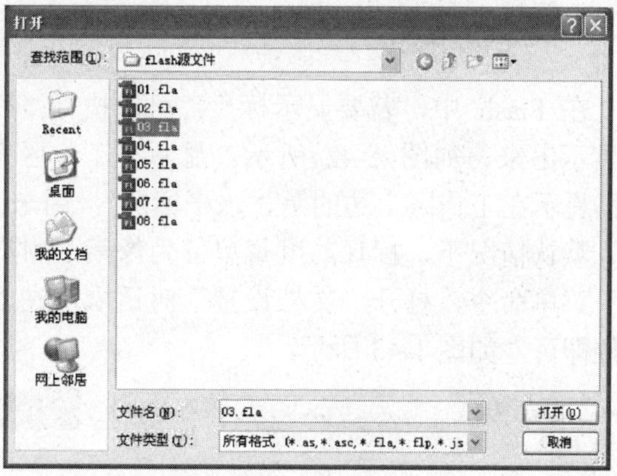

图 1-39　“打开”对话框

另外，在打开的文档标题栏上单击“关闭”按钮 ×，或者单击鼠标右键，在弹出的菜单中选择“关闭”或“全部关闭”命令，也可以关闭文件。



## 知识拓展

### 辅助线、标尺、网格的使用

在 Flash 中，辅助线、标尺和网格可以帮助用户精确地绘制对象。用户可以在文档中显示辅助线，然后使对象贴紧至辅助线，也可以显示网格，然后使对象贴紧至网格。

**1. 辅助线的使用**

如果显示了标尺，在垂直标尺或水平标尺上按住鼠标左键并拖动到舞台上，辅助线就被绘制出来了，它的默认颜色为绿色，如图 1-40 所示。

通过执行“视图”→“辅助线”→“编辑辅助线”菜单命令，可以修改辅助线的颜色等；执行“视图”→“辅助线”→“锁定辅助线”菜单命令，可以将辅助线锁定；在“辅助线”对话框中，可以设置辅助线的“贴紧精确度”，如图 1-41 所示。

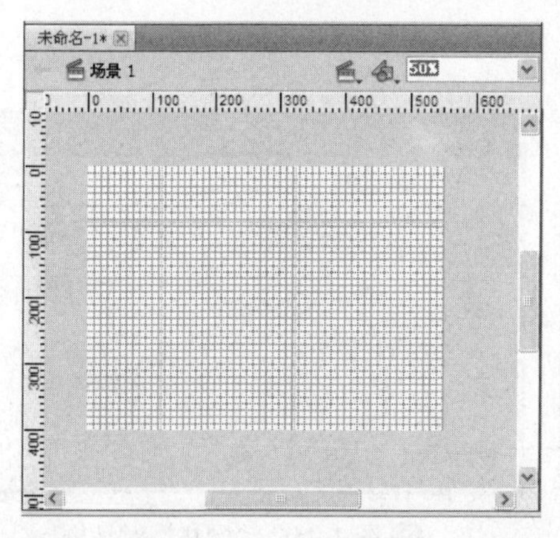


图 1-40　绘制辅助线

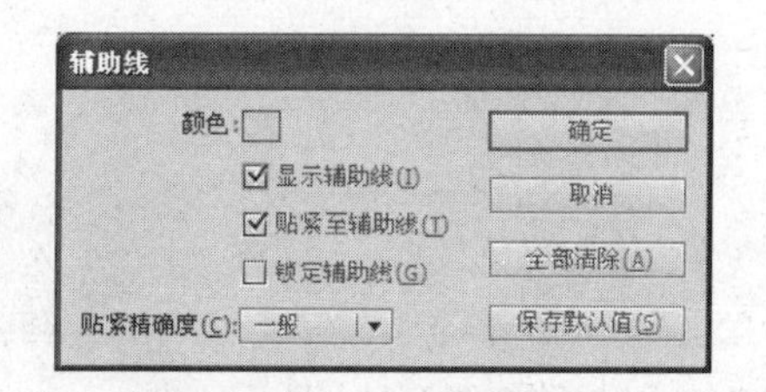


图 1-41　“辅助线”对话框

当辅助线处于解锁状态时，选择工具箱中的“选择工具”，拖动辅助线可以改变辅助线的位置，拖动辅助线到舞台外可以删除辅助线，也可以执行“视图”→“辅助线”→“清除辅助线”菜单命令来删除所有辅助线。

### 2. 标尺的使用

在 Flash 中，若要显示标尺，可以执行“视图”→“标尺”菜单命令，此时可以将标尺显示出来，如图 1-42 所示。显示在工作区左边的是“垂直标尺”，用来测量对象的高度；显示在工作区上边的是“水平标尺”，用来测量对象的宽度。

默认情况下，标尺的度量单位为像素，用户可以对其进行更改。执行“修改”→“文档”菜单命令，打开“文档设置”对话框，在“标尺单位”下拉列表框中选择一种合适的单位即可，如图 1-43 所示。

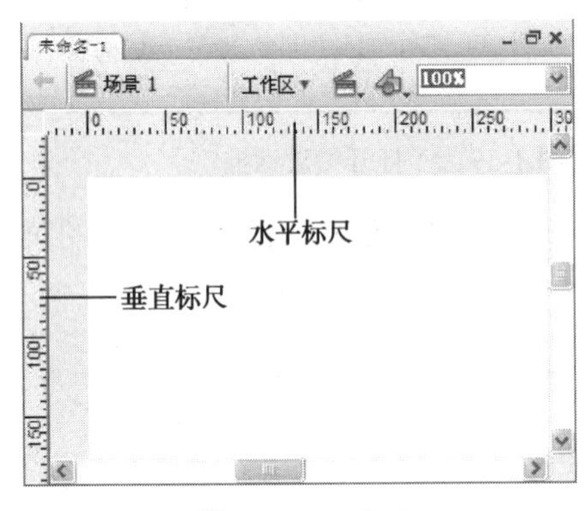


图 1-42　标尺

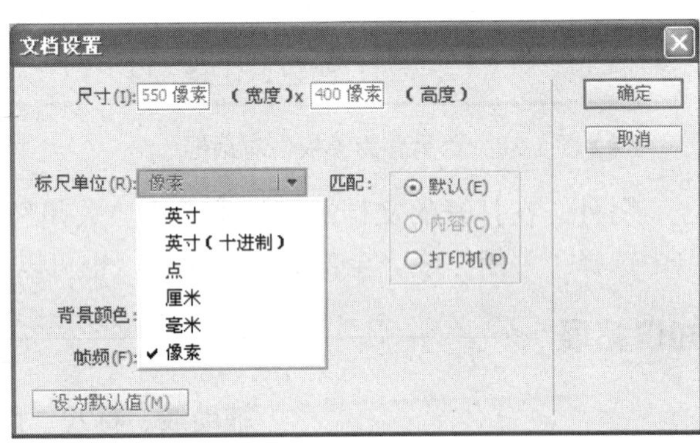


图 1-43　“文档设置”对话框

### 3. 网格的使用

执行“视图”→“网格”→“显示网格”菜单命令，可以显示或隐藏网格。如图 1-44 所示为显示网格效果。

另外，用户可以根据需要对网格的颜色和大小进行修改，还可以设置贴紧至网格及贴紧精确度。执行“视图”→“网格”→“编辑网格”菜单命令，在弹出的“网格”对话框中进行相应的设置即可，如图 1-45 所示。

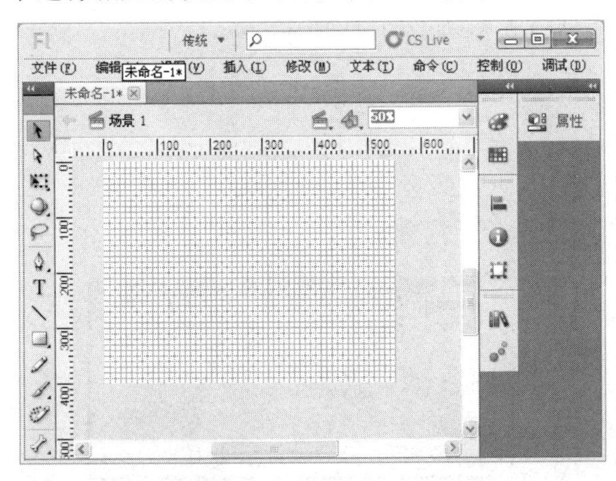


图 1-44　显示网格

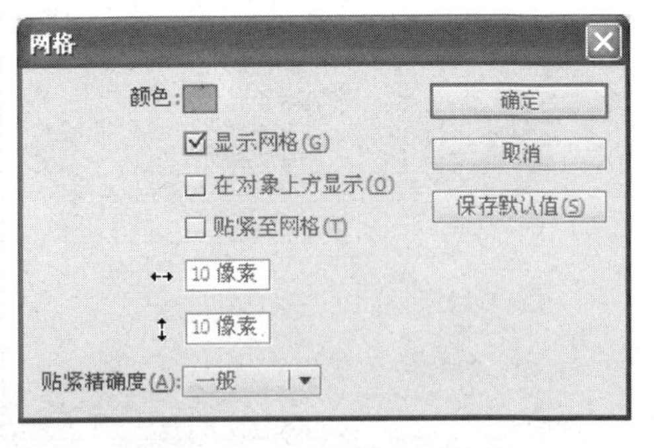


图 1-45　“网格”对话框

## 思考与实训

### 一、填空题

1. Flash CS5 可以处理多种类型的文档，有________、________、________、________、SWC、ASC、FLP 等。其中________类型是直到 CS5 才出现的。

2. Flash 特有的语言是____________。

3. 要调整舞台上的实例的大小，可以通过________面板的参数来调整。

4. Flash 动画采用________和________技术，具有体积小、传输和下载速度快等特点，并且动画可以边下载边播放。

5. 当把一个元件放到舞台或另一个元件中时，就创建了一个该图符的________。

6. 一个动画可以由多个场景组成，________面板中显示了当前动画的场景数量和播放先后顺序。

7. Flash 动画源文件的扩展名为________，导出后影片文件的扩展名为________。

8. 在 Flash 中，帧一般分为________和________两类。

9. ________就像堆叠在一起的多张幻灯片一样，每个图层都包含一组显示在舞台中的不同图像。

10. Flash 拥有自己的脚本语言________，可以制作出交互性动画。



### 二、上机实训

1. 上机练习 Flash 文档的新建、保存、打开与关闭操作。

2. 熟悉 Flash CS5 的操作界面，能熟练掌握各浮动面板的打开与关闭。

3. 利用所学的动画理论知识，练习制作“飞机飞行”动画，效果如图 1-46 所示。

图 1-46 “飞机飞行”效果图

# 模块2

# 矢量图形绘制

## 案例 2　美丽的草原——绘制基本图形

### 案例描述

使用基本的绘图工具，绘制如图 2-1 所示的“美丽的草原”效果。

图 2-1　“美丽的草原”效果图



### 案例分析

- 通过使用工具箱中的矩形工具组、线条工具、任意变形工具及颜料桶工具等，完成复杂图形的绘制。
- 该案例主要练习草地、白云、城堡、大树等图形对象的绘制，以及在舞台上分布的技巧。

### 操作步骤

1. 新建 Flash 文档，按 Ctrl+S 组合键打开“另存为”对话框，选择保存路径，输入文件名“美丽的草原”，然后单击“确定”按钮，回到工作区。

2. 执行“修改”→“文档”菜单命令，打开“文档属性”对话框，把背景颜色修改为浅蓝色：#00CCCC。

3. 绘制草地。执行“插入”→“新建元件”菜单命令，新建一个元件，命名为“草地”，类型选择“图形”。新建一个图层，命名为“草皮”，选择“椭圆工具”，设置笔触颜色为无，在“填充颜色”对话框中设置填充色为绿色：#00B80B，画一个大椭圆；使用“选择工具”选择椭圆的下半部分，按 Delete 键删除；再使用“部分选取工具” 选择剩余的部分，适当地调整几个锚点来改变其形状，如图 2-2 所示。

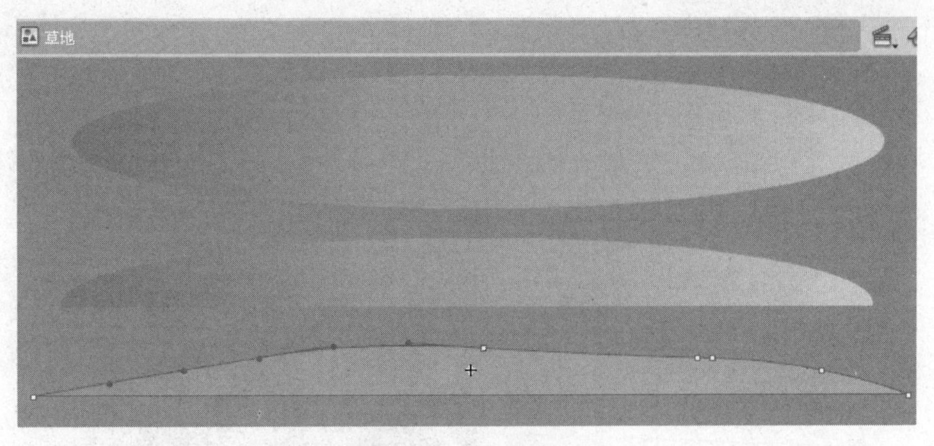


图 2-2　绘制草地

4. 绘制羊群。新建一个图层，命名为“羊群”，选择“刷子工具”，设置刷子大小为“较小”，随意画一些不规则的小白点来充当羊群，如图 2-3 所示。

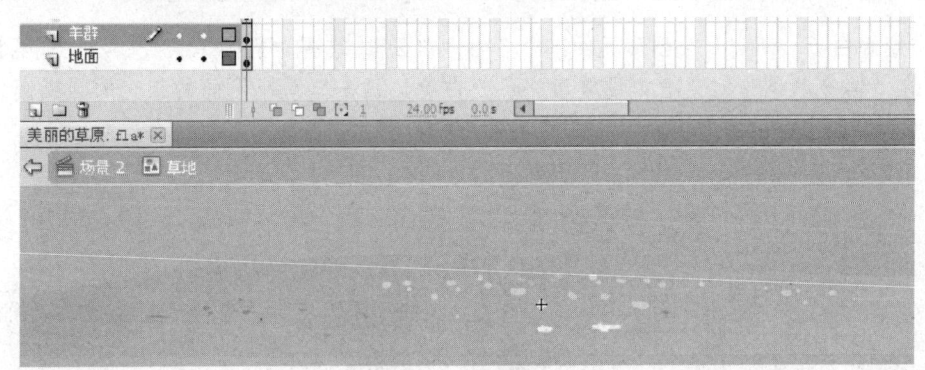


图 2-3　绘制羊群

5. 用同样的操作方法再绘制一个如图 2-4 所示的草地图形，颜色为#87D93C。

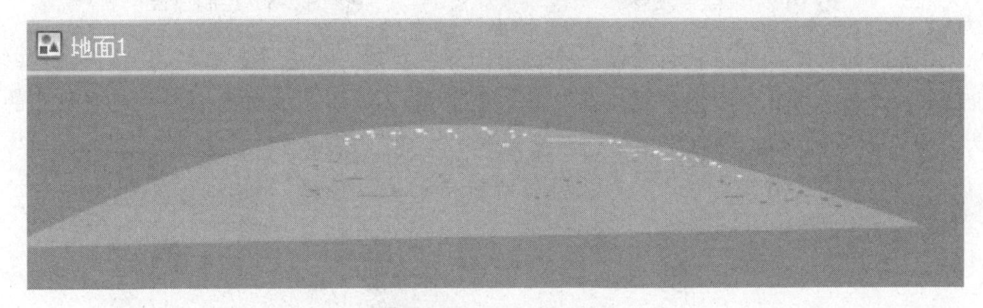


图 2-4　再绘制草地

6. 绘制城堡。新建一个图形元件，命名为“城堡”，选择“多角星形工具”，单击属性面板上的“选项”按钮，在弹出的“工具设置”对话框中设置多边形的边数为 3，如图 2-5 所示；单击“笔触颜色”按钮，弹出如图 2-6 所示的颜色面板。在该面板上单击按钮，表示设置笔触颜色为无。此处设置填充颜色为 F09A3C。

7. 设置完毕后，绘制一个三角形，作为屋顶。再用“矩形工具”绘制一个长方形，填充颜色为#F86D78，作为房身。然后使用“选择工具”，将两个图形调整成如图 2-7 所示的城堡外形。选择“线条工具”，在房身上画出如图 2-7 所示的形状。

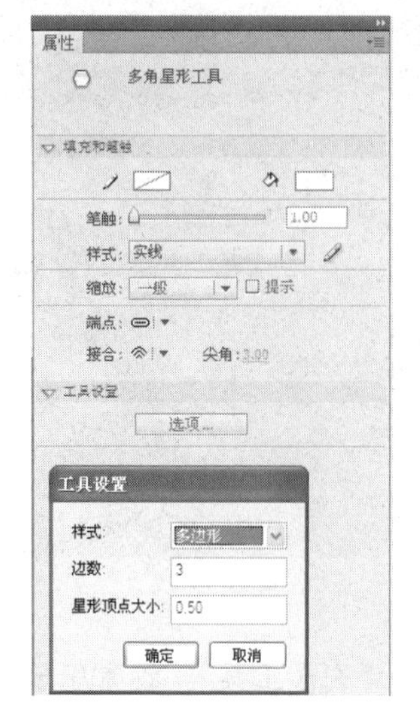


图 2-5　设置多角星形边数

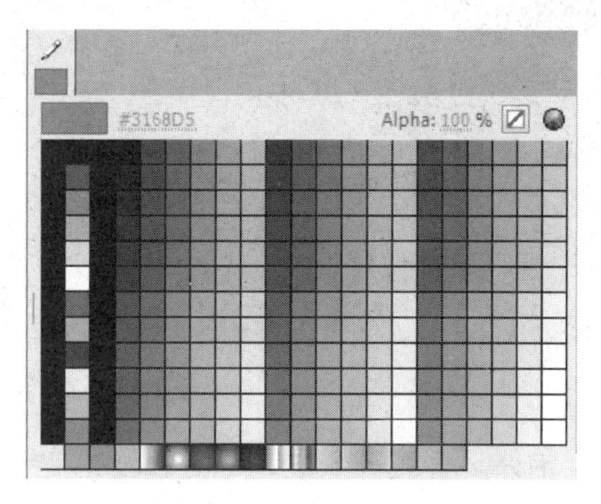


图 2-6　设置笔触颜色

8. 绘制白云。新建一个图形元件，命名为“白云”。选择“椭圆工具”，设置笔触颜色为无，在“填充颜色”对话框中设置填充色为白色，画一些大小不同的相交的圆或椭圆，如图 2-8 所示，画出白云的形状。



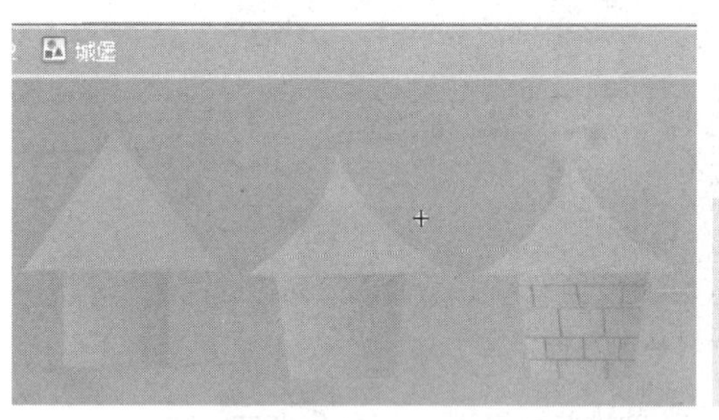


图 2-7　绘制城堡

图 2-8　绘制白云

9. 用上面同样的操作方法再绘制一个白云图形。新建一个元件，命名为“白云 1”，使用“椭圆工具”、“选择工具”、“颜料桶工具”等绘制如图 2-9 所示的白云图形。填充颜色的类型设置为“线性渐变”，填充颜色为由白色渐变到透明，如图 2-10 所示。

图 2-9　再绘制白云

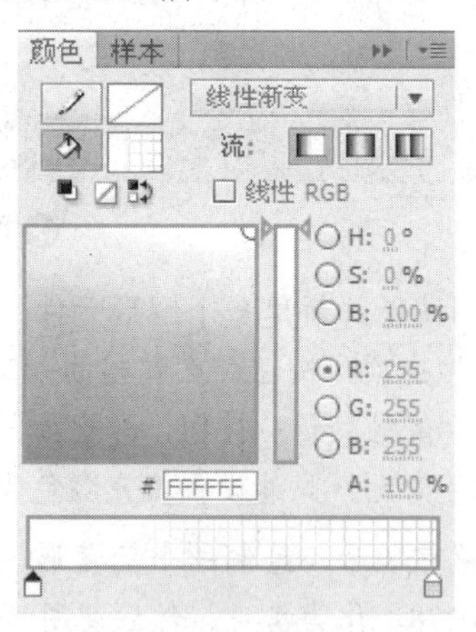


图 2-10　设置填充颜色

10. 绘制树。新建一个元件，命名为“大树”，选择“铅笔工具”，设置笔触颜色为黑色，画一个如图 2-11 所示的树冠；使用“线条工具”绘制大树树干的轮廓。选择“颜料桶工具”，使用填充色#009900 把树冠部分填充为绿色，把树干部分填充为深红色：#660000，最后用“选择工具”选取大树的轮廓后删除，即可生成如图 2-11 所示的大树效果。

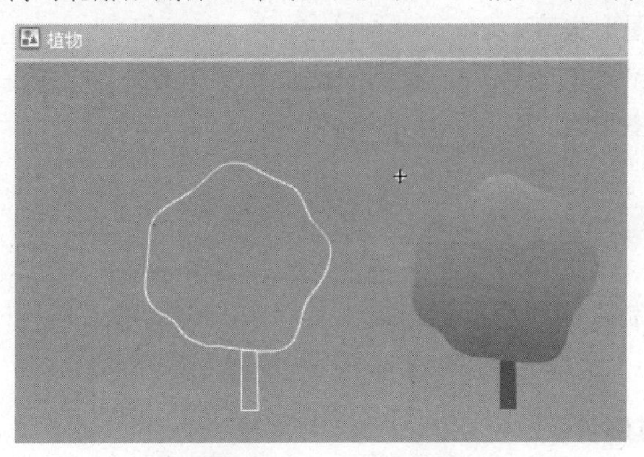


图 2-11　绘制大树



11. 所有对象绘制完成后打开库面板，将各个元件根据作品需要调整它们在舞台上的位置，并根据需要调整大小。调整图层的显示顺序，如图 2-12 所示。

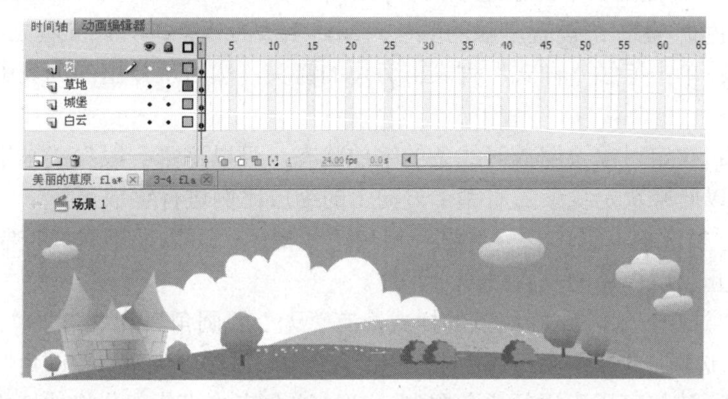


图 2-12　图层顺序

12. 按 Ctrl+S 组合键保存文件，然后按 Ctrl+Enter 组合键测试影片，播放效果如图 2-1 所示。

## 2.1 矢量图与位图

矢量图与位图是 Flash 中非常重要的两个概念。Flash 创建的几何形体都是用矢量图来表现的，包括线条、椭圆、矩形、多边形等。

### 1. 矢量图

矢量图，又称向量图，是一种抽象化的图形，是对图像依据某个标准进行分析而产生的结果，它不直接描述图像上的每一个点，而是描述产生这些点的过程和方法。

将矢量图放大后，图形仍能保持原来的清晰度，且色彩不失真。

有关矢量图与位图的转换在模块 3 会有详细的讲解。

### 2. 位图

位图，也叫光栅图或点阵图，是由很多个像小方块一样的颜色网格（即像素）组成的图像。位图具有固定的分辨率，也就是说位图按照原始的大小来显示或打印的效果最好，扩大或缩小都会造成图形失真。

位图图像放大到一定的倍数后，看到的便是一个个方形的色块，整体图像也会变得模糊和粗糙，而且会产生锯齿。

## 2.2 线条工具

线条工具用于绘制直线。用鼠标单击工具箱中的“线条工具”按钮＼或者按 N 键，都可以调出该工具。

### 1. 设置线条工具属性

选择“线条工具”后，在属性面板中可以设置线条颜色和大小、笔触样式、端点和接合样式等，如图 2-13 所示。



“线条工具”属性面板中各个选项的含义如下。

- 笔触颜色：设置笔触的颜色。注：无法为线条工具设置填充属性。
- “样式”：单击笔触“样式”列表框旁边的箭头，然后从弹出的列表中选择合适的笔触样式。
- “缩放”：决定对象被缩放时线条的缩放状态，可以是“一般”、“水平”、“垂直”和“无”，以此来决定线条随着哪个方向上的缩放比例进行缩放。
- “提示”复选框：选中该复选框，启用笔触提示，可以调整直线控制点和曲线控制点，防止出现模糊的垂直线或水平线。
- “端点”选项：设定路径终点的样式，有“无”、“圆角”和“方形”三种。
- “接合”选项：定义两个路径片段的相接方式，可以是“尖角”、“圆角”或“斜角”。
- “尖角”：该值可用于进行尖角限制。超过这个值的线条部分将被切成方形，而不形成尖角。

单击工具箱“选项”中的“对象绘制”按钮，以选择合并绘制模式或对象绘制模式。“对象绘制”按钮处于按下状态时，线条工具处于对象绘制模式。

Flash 中有六种笔触样式，单击属性面板中的“自定义”按钮，可以在打开的“笔触样式”对话框中进行笔触样式设置，如图 2-14 所示。

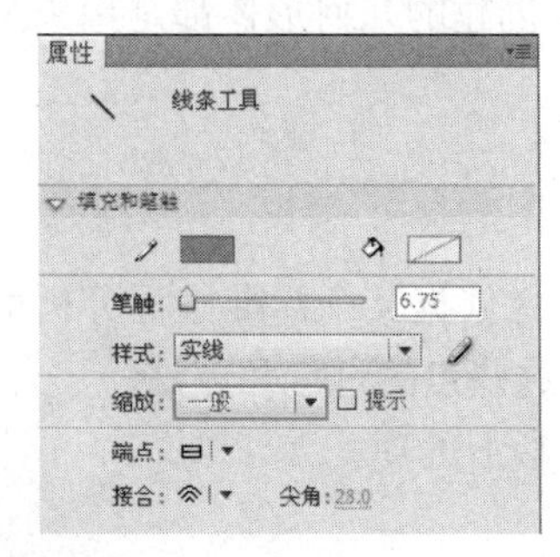


图 2-13 “线条工具”属性面板

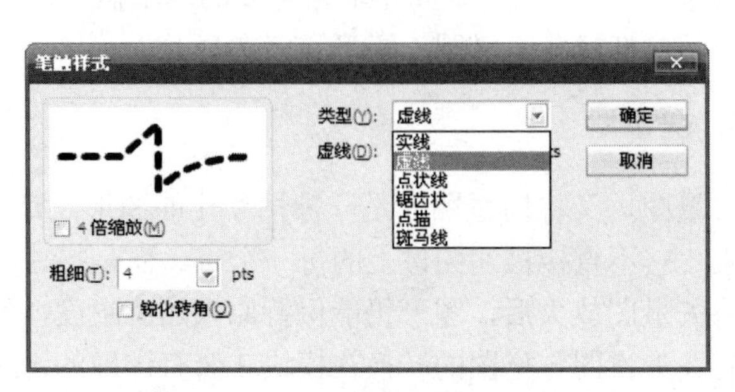


图 2-14 “笔触样式”对话框

### 2. 线条工具的操作方法

操作方法如下：将鼠标移动到舞台上，按住鼠标左键拖动，最后松开鼠标，一条直线就绘制好了。若在绘制过程中按住 Shift 键，可将直线的方向锁定在 45° 的倍角方向上。

在使用线条工具时，常选择不同的笔触类型来绘制出各式各样的线条。如图 2-15 所示的图形就是使用线条工具绘制的。

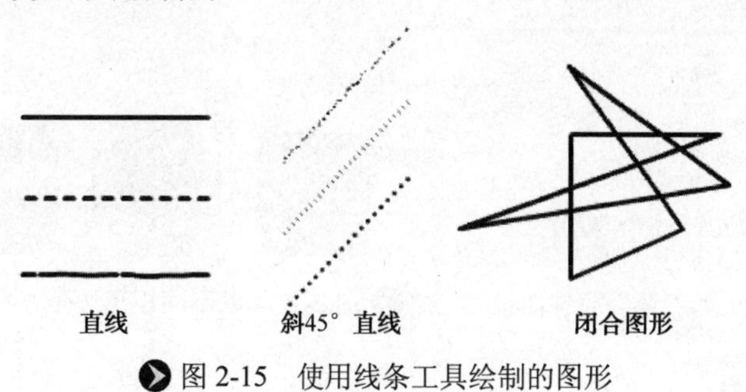


图 2-15　使用线条工具绘制的图形



## 2.3 矩形工具组

在工具箱中单击矩形工具组并按住鼠标不放，便会弹出下拉工具列表。该工具组包含了五个常用工具，分别为矩形工具、基本矩形工具、椭圆工具、基本椭圆工具和多角星形工具。这些工具主要用于绘制一些基本几何图形，如圆形、长方形、扇形、星形和多边形等。

### 1. 矩形工具

矩形工具用于绘制矩形、正方形等图形。在工具箱中选择“矩形工具”或者按 R 键，即可调用该工具。

（1）设置矩形工具属性

打开“矩形工具”的属性面板，如图 2-16 所示。在“矩形工具”属性面板中，笔触颜色、笔触高度、笔触样式、端点、接合等参数跟“线条工具”属性面板中相应选项的含义是相同的，面板下方的矩形边角半径参数常用于绘制圆角矩形。

（2）矩形工具的操作方法

① 绘制矩形。选中“矩形工具”后，将鼠标指针置于舞台中，鼠标就会变为“十”字形状，单击并拖动鼠标即可从单击处为起点绘制一个矩形；按住 Alt 键不放，可以以单击处为中心进行绘制。

② 绘制正方形。使用矩形工具绘制时，按住 Shift 键不放可以绘制正方形；若同时按下 Shift+Alt 组合键，则可以以单击处为中心绘制正方形。

③ 绘制圆角矩形。可以在“矩形工具”属性面板中对“矩形边角半径”等参数进行相关设置，以绘制出圆角矩形等需要的图形。如图 2-17 所示的图形就是在不同的矩形边角半径下绘制出的。

需要注意的是，要想使用矩形工具绘制圆角矩形，必须在绘制之前进行圆角的设置。若要在使用基本矩形工具拖动时更改角半径，需按向上箭头键或向下箭头键。当圆角达到所需圆度时，松开按键。

图 2-16 “矩形工具”属性面板

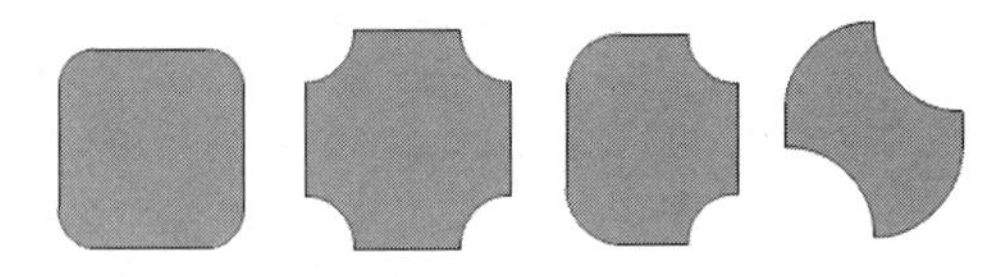

图 2-17 以不同矩形边角半径绘制的图形效果

### 2. 基本矩形工具



基本矩形工具常用于绘制圆角矩形。在矩形工具组的下拉工具列表中选择“基本矩形工具”或者按 R 键，即可调用该工具。多次按 R 键可以在“矩形工具”和“基本矩形工具”之间进行切换。

“基本矩形工具”的属性面板与“矩形工具”的相同，各个参数的含义也一样，可参照图 2-16 所示的“矩形工具”属性面板进行学习。

使用“基本矩形工具”绘制矩形的方法和使用“矩形工具”相同，只是在绘制完毕后矩形的四个角上会出现四个圆形的控制点，使用“选择工具”拖动控制点可以调整矩形的圆角半径。

### 3. 椭圆工具

椭圆工具用于绘制椭圆形、正圆形等图形。在矩形工具组的下拉工具列表中选择“椭圆工具”或者按 O 键，即可调用该工具。

（1）设置椭圆工具属性

“椭圆工具”对应的属性面板和“矩形工具”类似，选择“椭圆工具”后可在属性面板中进行相关设置，包括开始角度、结束角度、内径及闭合路径等参数，如图 2-18 所示。

“椭圆工具”属性面板中的选项含义如下。

- “开始角度”：表示椭圆开始的角度，常用于绘制扇形。
- “结束角度”：表示椭圆结束的角度，常用于绘制扇形。
- “内径”：表示绘制的椭圆内径，常用于绘制圆环。
- “闭合路径”复选框：在设定了开始角度与结束角度后，当前面的复选框勾选时，绘制的是闭合的路径图形，反之会绘制曲线线条。

（2）椭圆工具的操作方法

① 绘制基本椭圆。绘制椭圆的方法和绘制矩形的方法类似，选择“椭圆工具”后，将鼠标指针移至舞台，单击并拖动鼠标即可绘制出一个椭圆；若绘制时按住 Alt 键不放，则可以以单击处为圆心进行绘制。

② 绘制正圆。若在绘制椭圆时按住 Shift 键不放，便可以绘制出一个正圆；若绘制的同时按住 Alt+Shift 组合键不放，则可以以单击处为圆心绘制正圆。

③ 绘制扇形和圆环。在绘制椭圆时，如果设定了开始角度与结束角度值，可以绘制扇形；如果设定了内径值，可以绘制圆环，如图 2-19 所示。

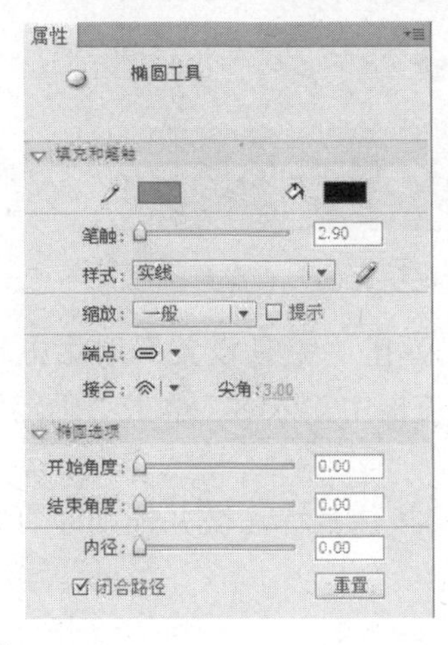


图 2-18　“椭圆工具”属性面板

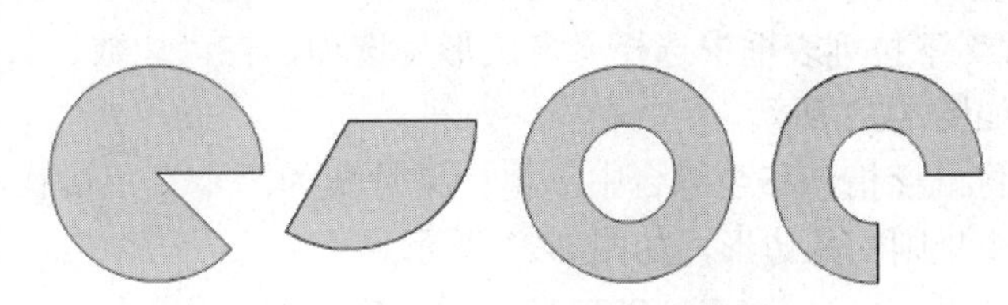

图 2-19　椭圆工具绘制的各类图形



### 4. 基本椭圆工具

基本椭圆工具常用于绘制扇形、圆环等。在矩形工具组的下拉工具列表中选择“基本椭圆工具”或者按 O 键，即可调用该工具。多次按 O 键可以在“椭圆工具”和“基本椭圆工具”之间进行切换。

“基本椭圆工具”的属性面板与“椭圆工具”的相同，各个参数的含义也一样，可参照图 2-18 所示的“椭圆工具”属性面板进行学习。

使用“基本椭圆工具”绘制椭圆的方法和“椭圆工具”相同，只是在绘制完毕后，椭圆上多出四个圆形的控制点，使用“选择工具”拖动控制点可以对椭圆的起始角度、结束角度和内径分别进行调整。

### 5. 多角星形工具

“多角星形工具”用来绘制规则的多边形和星形。在矩形工具组的下拉工具列表中选择“多角星形工具”，即可调用该工具。

（1）设置多角星形工具属性

“多角星形工具”属性面板与“线性工具”属性面板相似，如图 2-20 所示。在使用该工具前，需要对其属性进行相关设置，以绘制出需要的形状。

（2）多角星形工具的操作方法

① 绘制多边形。下面通过绘制一个八边形为例来说明使用“多角星形工具”绘制多边形的操作方法。

在工具箱中选择“多角星形工具”，打开属性面板，设置“笔触颜色”为黑色，“笔触高度”为 2；单击“填充颜色”按钮，在弹出的调色板中单击“没有颜色”按钮，如图 2-21 所示。

图 2-20 “多角星形工具”属性面板　　图 2-21 设定填充色为“没有颜色”

在“多角星形工具”属性面板中单击“选项”按钮，弹出“工具设置”对话框，在“样式”下拉列表框中选择“多边形”选项，在“边数”数值框中输入 8，单击“确定”按钮，如图 2-22 所示。

将鼠标指针移至舞台中，鼠标指针变为“十”字形状，按住鼠标左键并拖动即可绘制出一个规则的八边形，如图 2-23 所示。



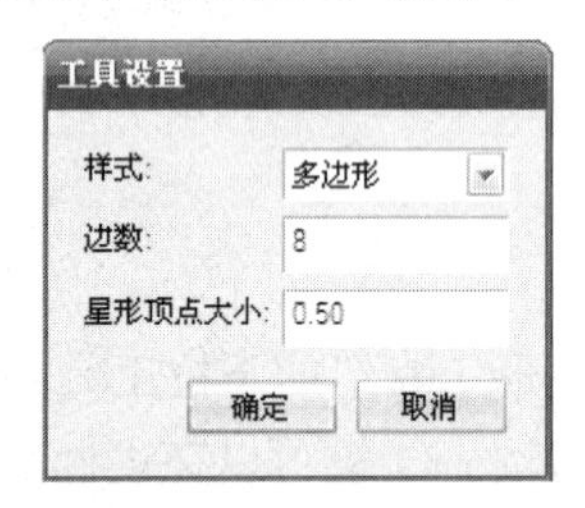


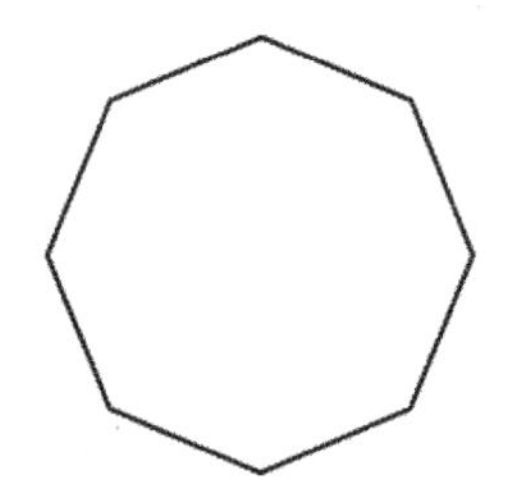

图 2-22 “工具设置”对话框　　图 2-23 八边形

② 绘制星形。绘制星形的方法与绘制多边形是一致的，不同的是在绘制星形前应在“工具设置”对话框中的“样式”下拉列表框中选择“星形”选项，如图 2-24 所示。

需要注意的是，在“工具设置”对话框中，“星形顶点大小”的取值范围为 0～1，值越大，顶点的角度就越大。当输入的值超过其取值范围时，系统会自动以 0 或 1 来取代超出的数值。如图 2-25 所示的五角星就是在“星形顶点大小”的值分别是 0、0.5 和 1 时绘制出来的。

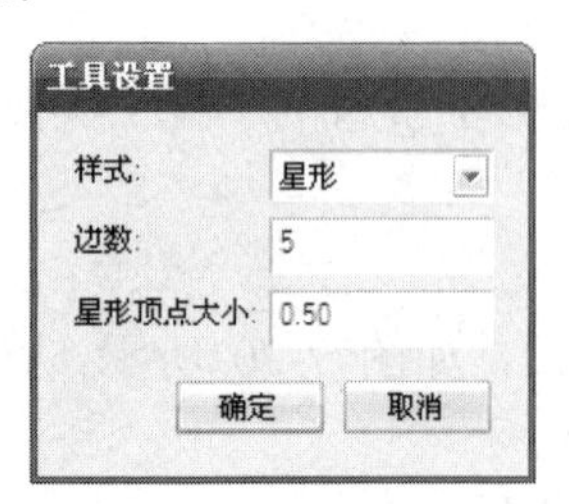

图 2-24 “工具设置”对话框　　图 2-25 五角星

## 2.4 任意变形工具

使用“任意变形工具”可以对选中的一个或多个对象进行各种变形操作，如旋转、缩放、倾斜、扭曲和封套等。单击工具箱中的“任意变形工具”或者按 Q 键，可调用该工具。

### 1. 任意变形工具的功能按钮

“任意变形工具”选项区中有四个按钮，如图 2-26 所示。

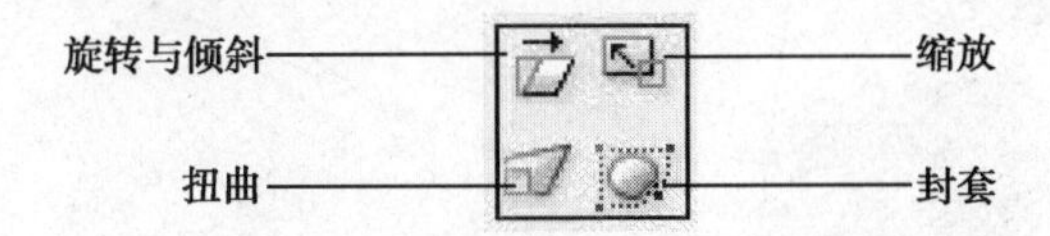


图 2-26　“任意变形工具”功能按钮

- “旋转与倾斜”按钮：单击该按钮只能对图形进行旋转和倾斜操作，在进行倾斜操作时，鼠标指针应位于控制点上，而非控制线上。
- “扭曲”按钮：单击该按钮后，只能对图形进行扭曲操作，用来增强图形的透视效果。
- “缩放”按钮：单击该按钮后，只能对图形进行缩放操作。将鼠标指针移至四角的控制点上，当其变为双向箭头时按住鼠标左键并拖动，就可以等比例缩放图形。
- “封套”按钮：单击该按钮后，图形四周出现许多控制点，用于对图形进行复杂的变形操作。



### 2. 任意变形工具的操作方法

在使用任意变形工具时有两种选择模式：一种是先选择对象，然后选择工具箱里的“任意变形工具”变形；另一种是先选择工具箱中的“任意变形工具”，然后选择对象进行变形。使用时可根据实际需要进行操作。

使用任意变形工具操作时，可灵活使用选项区中的功能按钮，实现相应的变形效果。

“旋转与倾斜”和“缩放”命令可以对所有的图形对象来操作，变形效果如图 2-27 所示。

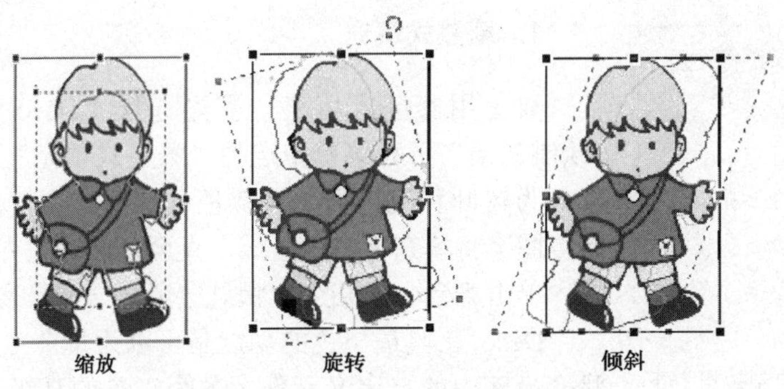


图 2-27　缩放、旋转和倾斜效果

“扭曲”与“封套”命令只能针对矢量图形进行操作，变形效果如图 2-28 所示。

需要说明以下两点。

①“任意变形”工具不能对元件、位图、视频对象、声音、渐变或文本进行变形。如果多项选区包含以上任意一项，则只能扭曲形状对象。要将文本块变形，首先要将字符转换成形状对象。

② 对物体进行变形操作，除了可以使用变形工具外，还可以使用变形面板进行，模块 3 将对该面板做详细介绍。

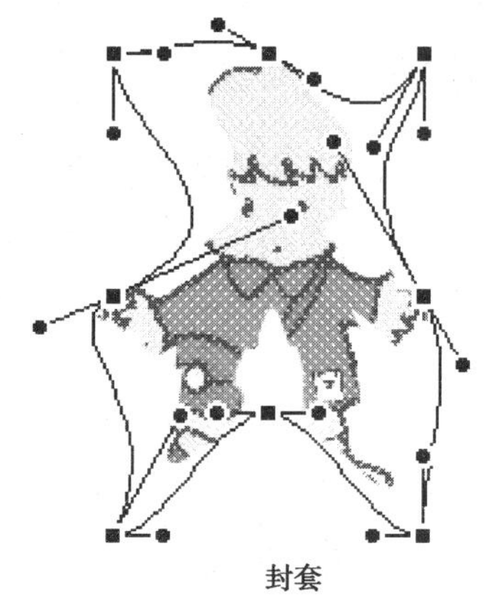


图 2-28 扭曲和封套效果

## 2.5 Deco 工具

使用 Deco 工具的基本工作流程如下：从工具箱中选择“Deco 工具”，然后单击舞台开始绘制图案。绘制好后，借助“绘制效果”工具对其稍做更改，即可快速创建自定义图案。



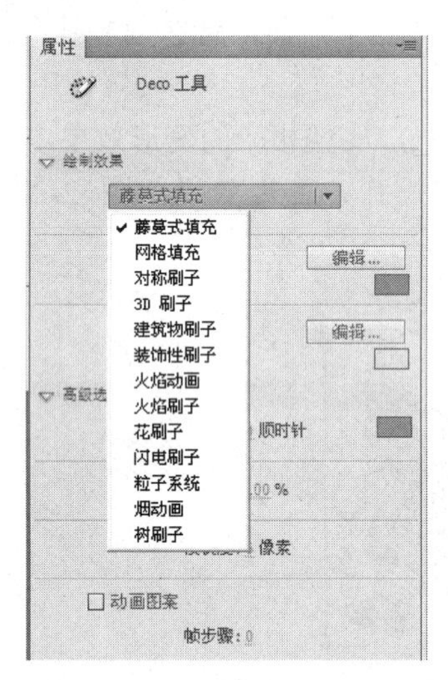


图 2-29 “绘制效果”下拉菜单

选中“Deco 工具”后，可以通过“绘制效果”下拉菜单从十三种效果中做出选择：藤蔓式填充、网格填充、对称刷子、3D 刷子、建筑物刷子、装饰性刷子、火焰动画、火焰刷子、花刷子、闪电刷子、粒子系统、烟动画和树刷子，如图 2-29 所示。下面对其中几项进行简要介绍。

### 1. 藤蔓式填充

要使用藤蔓式填充，需先选择“Deco 工具”，然后在“绘制效果”下拉菜单中选择“藤蔓式填充”选项。单击拾色器，为树叶和花选择一种颜色，然后单击舞台任意位置，则藤蔓图案将填充单击的区域，直至延伸到边界，如图 2-30 所示。单击舞台中的某个形状只会填充一个藤蔓图案。

Deco 工具最出色的功能是可以为每个工具绘制的默认形状交换库中的自定义元件。各个工具的高级选项允许用户进一步定义每个图案的绘制方式。如图 2-30 所示为默认的藤蔓式填充及自定义树叶填充效果。

### 2. 网格填充

使用网格填充，可以用库中的元件填充舞台、元件或封闭区域。将网格填充绘制到舞台后，如果移动填充元件或调整其大小，则网格填充将随之移动或调整大小。

使用网格填充可创建棋盘图案、平铺背景、用自定义图案填充的区域或形状。对称效果的默认元件是 25×25 像素、无笔触的黑色矩形形状。具体属性如图 2-31 所示。

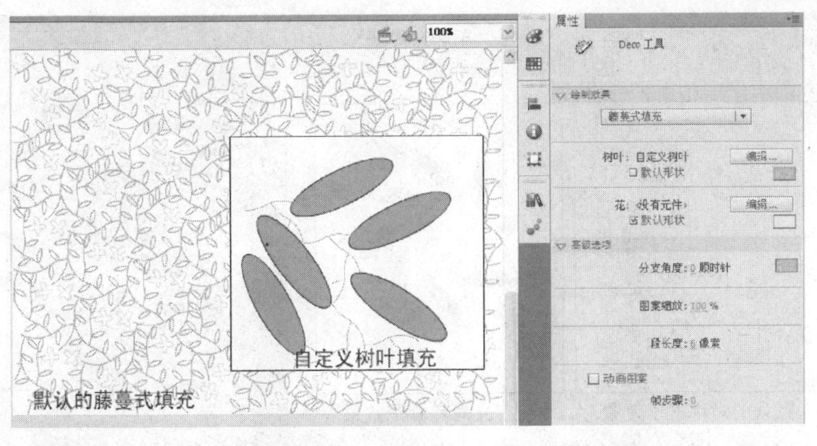


图 2-30 默认的藤蔓式填充、自定义树叶填充效果和藤蔓式填充属性

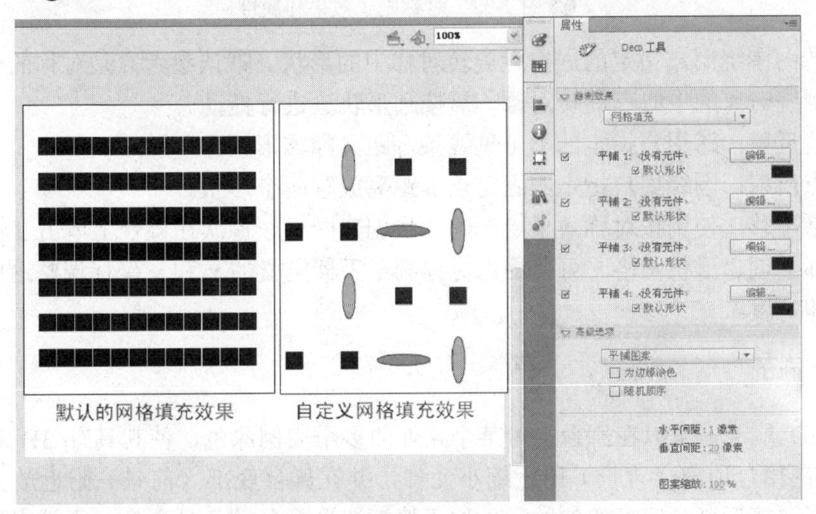


图 2-31 网格填充效果和属性

- 填充模式：有平铺模式、砖形模式和楼层模式三种。平铺模式以简单的网格模式排列元件；砖形模式以水平偏移网格模式排列元件；楼层模式以水平和垂直偏移网格模式排列元件。
- “为边缘涂色”复选框：要使填充与包含的元件、形状或舞台的边缘重叠，则选中该复选框。
- “随机顺序”复选框：要允许元件在网格内随机分布，则选中该复选框。
- “水平间距”、“垂直间距”和“图案缩放”：可以指定填充形状的水平间距、垂直间距和图案缩放比例。应用网格填充效果后，将无法更改属性检查器中的高级选项以改变填充图案。

### 3. 对称刷子

使用对称刷子，可以围绕中心点对称排列元件。在舞台上绘制元件时，将显示一组手柄。可以使用手柄，通过增加元件数、添加对称内容或者编辑和修改效果的方式来控制对称效果。

使用对称刷子可以创建圆形用户界面元素（如模拟钟面或刻度盘仪表）和旋涡图案。对称刷子效果的默认元件是 25×25 像素、无笔触的黑色矩形形状。具体属性如图 2-32 所示。

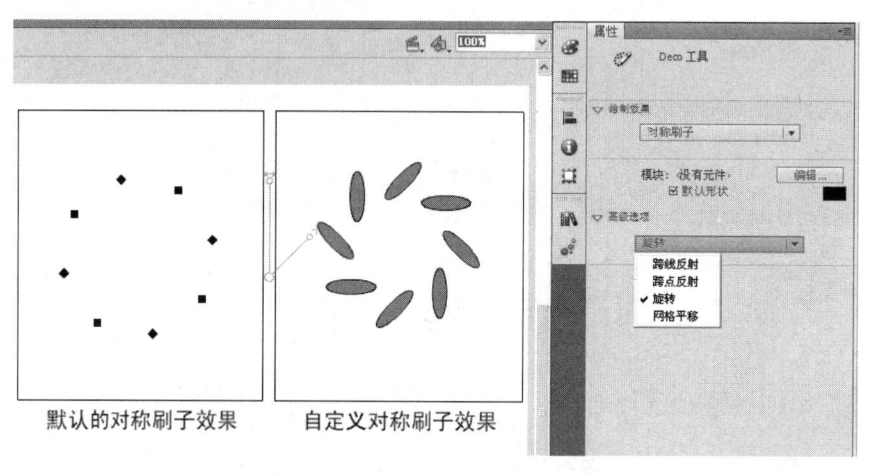


图 2-32　对称刷子效果和属性

- 旋转：围绕用户指定的固定点旋转对称中的形状。默认参考点是对称的中心点。若要围绕对象的中心点旋转对象，需按圆形轨迹进行拖动。
- 跨线反射：跨用户指定的不可见线条等距离翻转形状。
- 跨点反射：围绕用户指定的固定点等距离放置两个形状。
- 网格平移：使用按对称效果绘制的形状创建网格。每次在舞台上单击 Deco 绘画工具都会创建形状网格。可使用由对称刷子手柄定义的 x 和 y 坐标调整这些形状的高度和宽度。



### 4. 3D 刷子

通过 3D 刷子，可以在舞台上对某个元件的多个实例涂色，使其具有 3D 透视效果。Flash 通过在舞台顶部（背景）附近缩小元件，并在舞台底部（前景）附近放大元件来创建 3D 透视。接近舞台底部绘制的元件位于接近舞台顶部的元件之上，不管它们的绘制顺序如何。绘制的图案中可以包括 1～4 个元件。舞台上显示的每个元件实例都位于其自己的组中。可以直接在舞台上或者形状或元件内部涂色。如果在形状内部首先单击 3D 刷子，则 3D 刷子仅在形状内部处于活动状态。具体属性如图 2-33 所示。

3D 刷子效果包含下列属性。

- 最大对象数：要涂色的对象的最大数目。
- 喷涂区域：实例涂色的光标的最大距离。
- “透视”复选框：用于切换 3D 效果。要为大小一致的实例涂色，需取消选中该复选框。
- 距离缩放：确定 3D 透视效果的量。增大此值会增大向上或向下移动光标引起的缩放量。

## 案例 3　满塘荷叶——3D 刷子效果

### 案例描述

使用工具箱中的相关工具，绘制如图 2-33 所示的满塘荷叶效果。

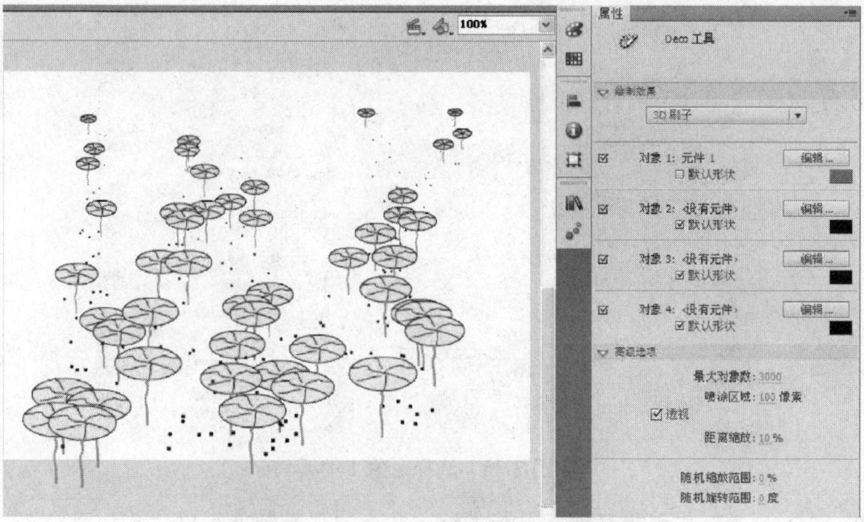

图 2-33　满塘荷叶效果和 3D 刷子属性



## 案例分析

- 通过使用工具箱中的铅笔工具、椭圆工具、选择工具及 Deco 工具等，完成复杂图形的绘制。
- 该案例主要练习简单图形对象的绘制，以及使用 Deco 工具中 3D 刷子工具的技巧。

## 操作步骤

1. 新建 Flash 文档，按 Ctrl+S 组合键打开“另存为”对话框，选择保存路径，输入文件名“满塘荷叶”，然后单击“确定”按钮，回到工作区。

2. 执行“插入”→“新建元件”菜单命令，新建一个元件，命名为“荷叶”，类型选择“图形”，选择“椭圆工具”，设置笔触颜色为黑色，在“填充颜色”对话框中设置填充色为绿色：#00B80B，画一个大椭圆，如图 2-34 左图所示。

3. 选择“铅笔工具”，设置笔触颜色为#00B80B，笔触大小为 2，绘制荷叶柄；再设置笔触颜色为黑色，笔触大小为 1，绘制叶脉，如图 2-34 右图所示。

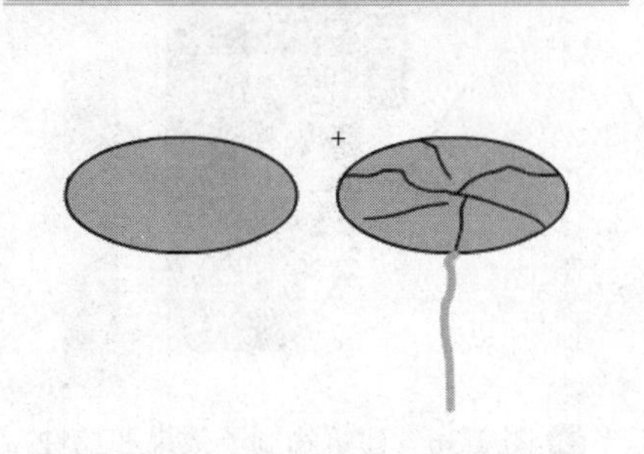


图 2-34　荷叶效果

4. 回到场景 1，选择“Deco 工具”，如图 2-35 所示，在“绘制效果”中选择“3D 刷子”，单击对象 1 后面的“编辑”按钮，打开“选择元件”对话框，选择荷叶元件；然后把“对象 2”、“对象 3”、“对象 4”前面的选择取消，单击“确定”按钮回到主界面。

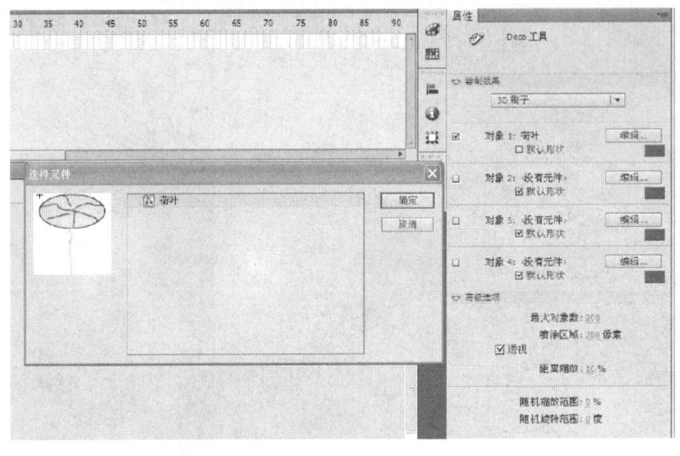


图 2-35　选择对象 1 的元件

5. 用“3D 刷子”在编辑区按下鼠标左键，从上到下绘制就可以达到如图 2-33 所示的满塘荷叶效果。因为有透视的效果，越在上面的就越小，而下面的最大。当然也可以在一开始改变“3D 刷子”的部分参数来达到不同的效果。



### 5. 建筑物刷子

借助建筑物刷子，可以在舞台上绘制建筑物。建筑物的外观取决于为建筑物属性选择的值。按住鼠标左键，从希望作为建筑物底部的位置开始，垂直向上拖动光标，直到达到希望完成的建筑物所具有的高度为止。

建筑物刷子包含如下属性，如图 2-36 所示。

- 建筑物类型：要创建的建筑样式。
- 建筑物大小：建筑物的宽度。值越大，创建的建筑物越宽。

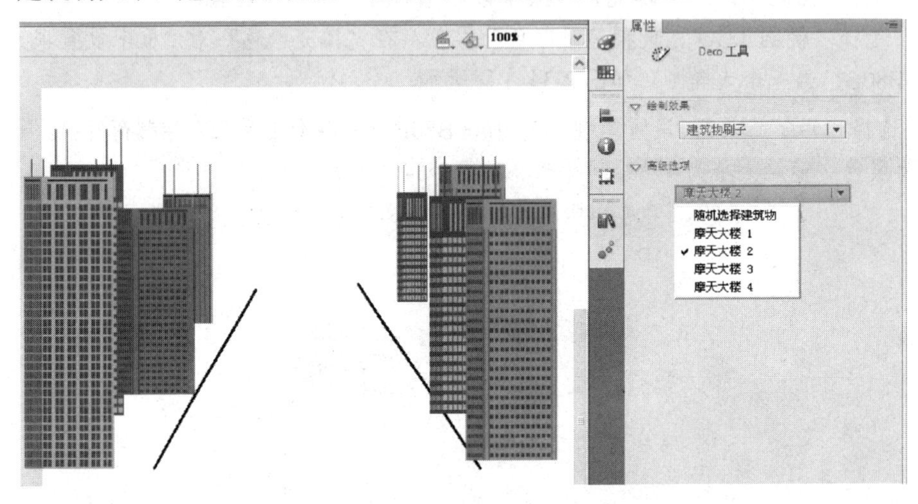


图 2-36　建筑物刷子效果和属性

### 6. 花刷子

借助花刷子，可以在时间轴的当前帧中绘制程式化的花。

花刷子包含如下属性，如图 2-37 所示。

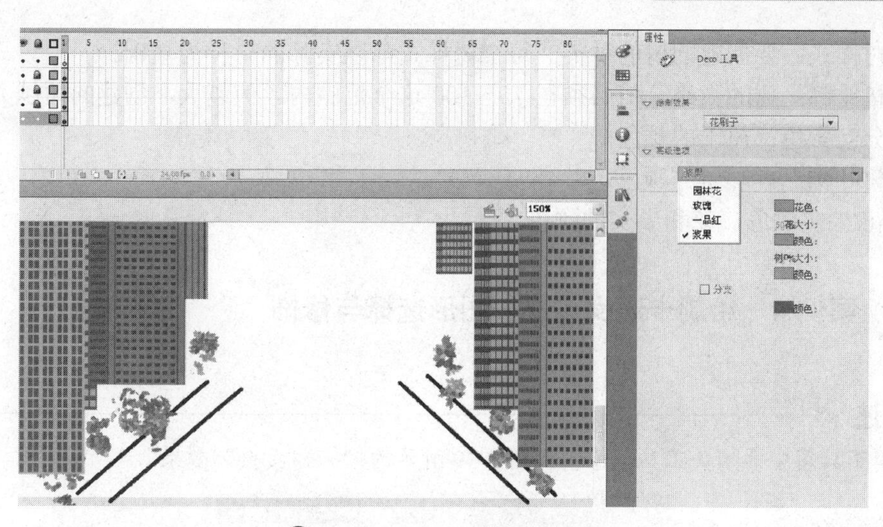

图 2-37　花刷子效果和属性

- 花色：花的颜色。
- 花大小：花的宽度和高度。值越大，创建的花越大。
- 树叶颜色：叶子的颜色。
- 树叶大小：叶子的宽度和高度。值越大，创建的叶子越大。
- 果实颜色：果实的颜色。
- 分支选择：利用此选项可绘制花和叶子之外的分支。
- 分支颜色：分支的颜色。

**7．树刷子**

通过树刷子，可以快速创建树状插图。一般通过鼠标拖动操作创建大型分支，通过将光标停留在一个位置创建较小的分支。Flash 创建的分支将包含在舞台上的组中。

树刷子包含如下属性，如图 2-38 所示。

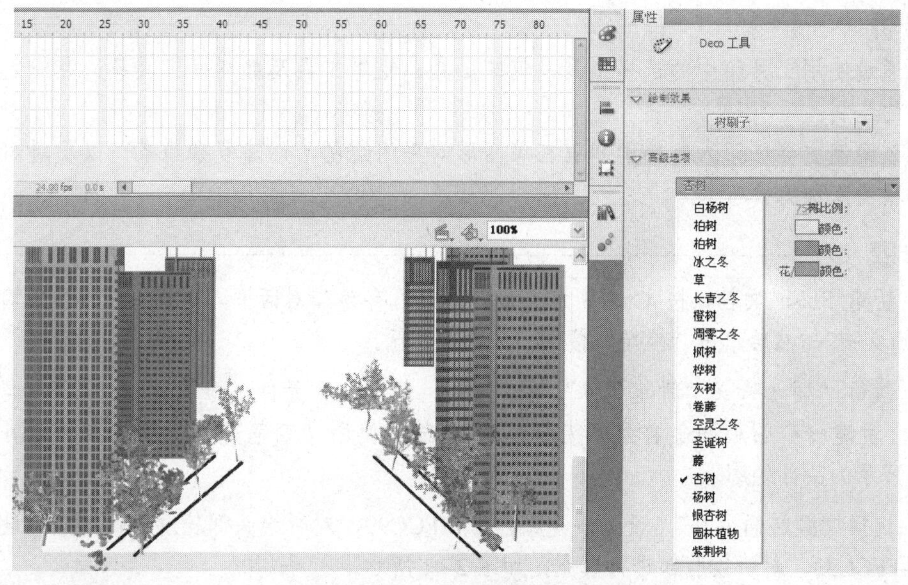

图 2-38　树刷子效果和属性

- 树样式：要创建的树的种类。每个树样式都以实际的树种为基础。
- 树比例：树的大小。值必须在 75～100 这个范围内。值越大，创建的树越大。
- 分支颜色：树干的颜色。
- 树叶颜色：叶子的颜色。
- 花/果实颜色：花和果实的颜色。

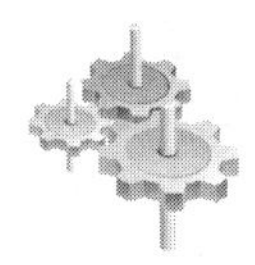

## 案例 4　绘制卡通女孩——图形选择与修饰

### 案例描述

使用工具箱中的相关工具，绘制如图 2-39 所示的“卡通女孩”效果。

图 2-39　“卡通女孩”效果

### 案例分析

- 通过使用工具箱中的选择工具、钢笔工具、铅笔工具及颜料桶工具等，完成复杂图形的绘制。
- 该案例主要练习人物轮廓和五官等图形对象的绘制，创建复杂线条，以及对图形进行精确修饰的技巧。

### 操作步骤

1. 新建 Flash 文档，按 Ctrl+S 组合键打开“另存为”对话框，选择保存路径，输入文件名“卡通女孩”，然后单击“确定”按钮，回到工作区。

2. 执行“插入”→“新建元件”菜单命令，新建一个元件，命名为“头部”，类型选择“图形”；新建一个图层并命名为“头部轮廓”，然后使用“钢笔工具”在舞台中绘制一个如图 2-40 所示的头部轮廓。

3. 选择“颜料桶工具”，设置填充颜色为#FFCC99，对所绘头部轮廓进行填充；设置填充颜色为#FFCC33，对所绘脸部进行填充，如图 2-41 所示。

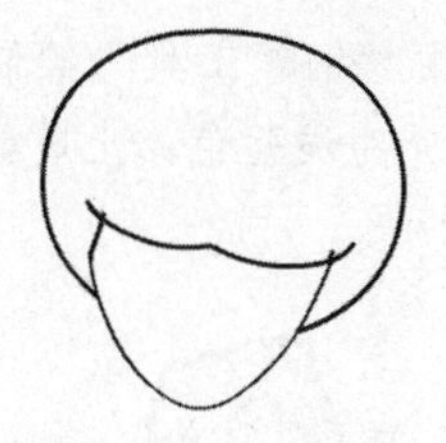

图 2-40　头部轮廓

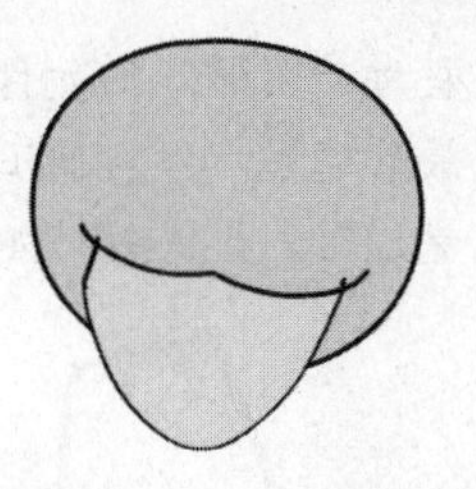

图 2-41　填充颜色

4. 使用“线条工具”，绘制左眼（本书此类图像所指左、右，以读者看到的为准，与实际相反）眉毛的轮廓，使用“椭圆工具”绘制右眼轮廓，如图 2-42 所示。

5. 使用“选择工具”将左眼眉毛拖曳成如图 2-43 所示的效果；再通过“颜料桶工具”把右眼填充为黑色，如图 2-43 所示。

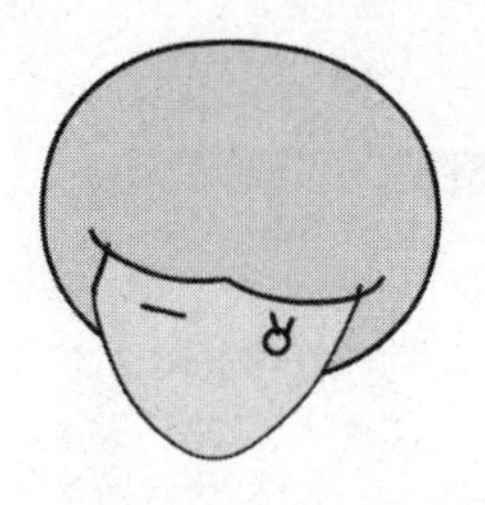

图 2-42　绘制左眼眉毛和右眼

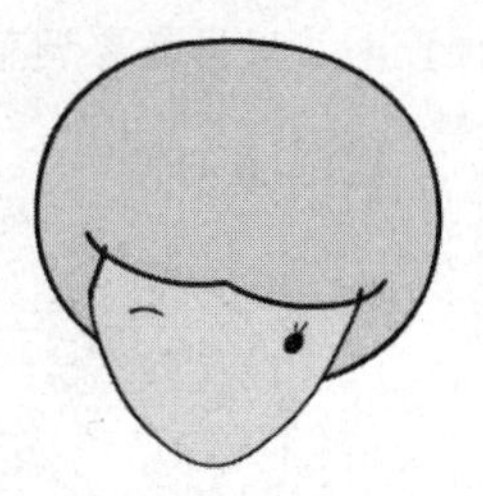

图 2-43　修改左眼眉毛和右眼

6. 锁定“头部轮廓”图层，新建一个图层“嘴巴”，使用“钢笔工具”绘制嘴的轮廓，使用“线条工具”在鼻子位置绘制一条直线，如图 2-44 左图所示；然后使用“选择工具”将嘴和鼻子拖曳成如图 2-44 右图所示的形状，选择“颜料桶工具”，将嘴巴轮廓填充为白色。

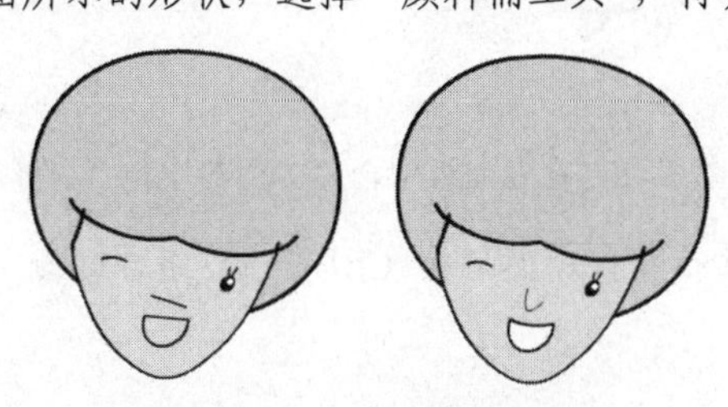

图 2-44　绘制嘴巴和鼻子

7. 使用“铅笔工具”绘制人物的脸晕，将颜色设置为红色，如图 2-45 所示。

8. 新建一个图层“饰品”，利用“椭圆工具”和“多角星形工具”分别绘制头部饰品。使用“选择工具”将两个饰品拖曳调整为如图 2-46 所示的效果，选择“颜料桶工具”，将椭圆轮廓颜色填充为#FFD9E6，将星形头饰填充为绿色。

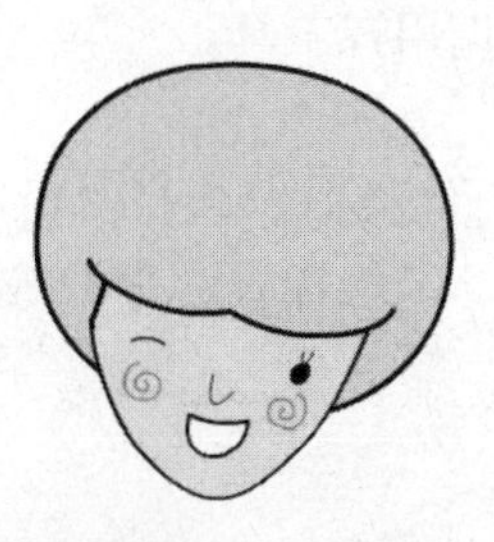

图 2-45　绘制脸晕

图 2-46　绘制头部饰品

9. 新建一个类型为“图形”的元件“身体”，使用“钢笔工具”绘制人物身体轮廓，如图 2-47 左图所示，最后通过“颜料桶工具”将身体填充为浅蓝色，上肢颜色为#FFCCA6，下肢颜色为#CC66FF，完成后的最终效果如图 2-47 右图所示。

图 2-47　绘制身体

10. 所有对象绘制完成后，回到场景 1，打开库面板，把“身体”和“头部”两个元件拖到舞台上合适的位置，并根据需要调整大小，如图 2-48 所示。

图 2-48　在库面板中合并“头部”和“身体”

11. 按 Ctrl+S 组合键保存文件，然后按 Ctrl+Enter 组合键测试影片。播放效果如图 2-39 所示。

## 2.6 铅笔工具、刷子工具和喷涂刷工具

### 1. 铅笔工具

铅笔工具用来绘制线条，它的自由度非常大，适合习惯使用手写板进行创作的人员。单击工具箱中的“铅笔工具”或者按 Y 键，可调用该工具。

（1）设置铅笔工具属性

“铅笔工具”对应的属性面板和“线条工具”的类似，选择“铅笔工具”后可在属性面板中进行相关设置，包括笔触颜色、笔触高度、笔触样式、平滑等参数，如图 2-49 所示，其中平滑参数用于设置笔触的平滑程度。

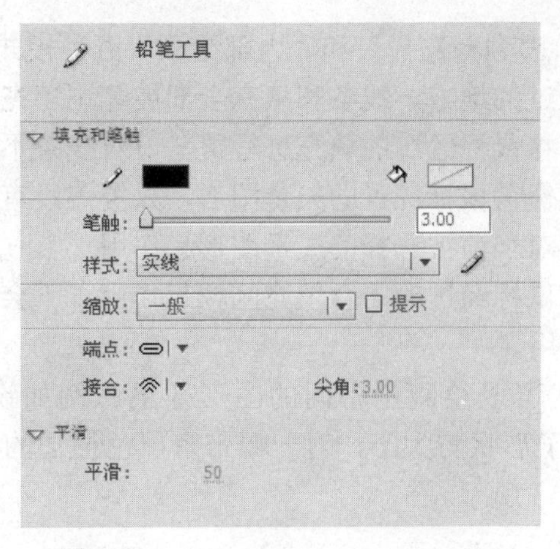


图 2-49 “铅笔工具”属性面板

（2）铅笔工具的操作方法

铅笔工具的使用方法如下：将鼠标指针移至舞台，待其变为 形状时，按住鼠标左键并拖动即可绘制线条。注意在绘制之前，应选择合适的铅笔模式。

“铅笔工具”有三种模式，单击“铅笔模式”按钮，将弹出一个下拉列表，如图 2-50 所示，在不同的模式下，所绘制线条的效果是不一样的，它们的对比效果如图 2-51 所示。下面对这三种模式进行说明。

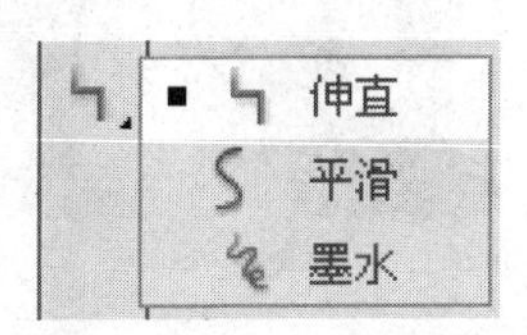


图 2-50 铅笔模式

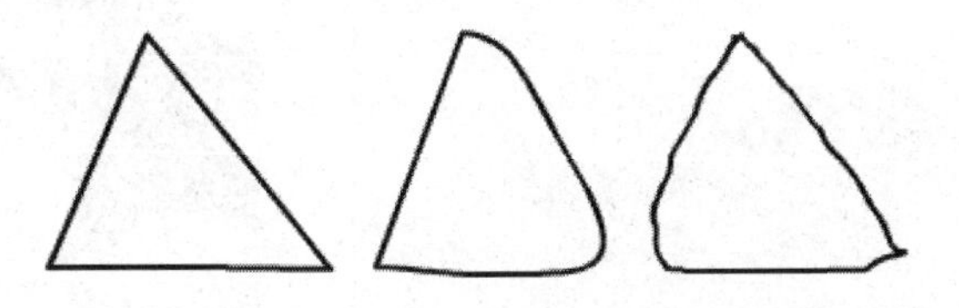

图 2-51 伸直、平滑和墨水模式效果

- 伸直模式：绘制直线，即降低线条的平滑度，并且可将三角形、椭圆和矩形的相近形状转化为对应的基本图形。
- 平滑模式：绘制平滑的曲线。
- 墨水模式：对绘制的线条不进行任何加工。

**2. 刷子工具**

刷子工具可以在画面上绘制出具有一定笔触效果的特殊填充。选择工具箱中的“刷子工具” 或者按 B 键，可调用该工具。

（1）设置刷子工具属性

在使用刷子工具之前，需要对其属性进行相关设置，如图 2-52 所示，主要是调整颜色和平滑度，“刷子工具”颜色指的就是填充颜色，使用它绘制出来的图形是没有笔触颜色的。

（2）刷子工具的操作方法

刷子工具的使用方法与铅笔工具相似，将鼠标指针移至舞台，按住鼠标左键并拖动即可进行绘制。注意在绘制之前，应选择合适的刷子模式。

单击“刷子模式”按钮 右下角的下三角，在弹出的下拉列表中包含了“标准绘画”、

“颜料填充”、“后面绘画”、“颜料选择”和“内部绘画”五种模式。

- 标准绘画：笔刷经过的地方，线条和填充全部被笔刷填充所覆盖。
- 颜料填充：笔刷只将鼠标经过的填充进行覆盖，对线条不起作用。
- 后面绘画：笔刷不覆盖鼠标经过的矢量图形，只覆盖没有图形的部分。
- 颜料选择：笔刷只对当前被选择的矢量图形起作用。
- 内部绘画：笔刷对鼠标经过的闭合填充区域起作用，不会对其他区域起作用，这对于上色操作非常有用。

选择不同的刷子模式可以绘制出不同的图形效果。例如设定当前填充色为红色：#CC0000，定义合适的刷子形状与大小，对一幅带有黑色描边的矢量图进行各类刷子模式的绘制，对比效果如图 2-53 所示。

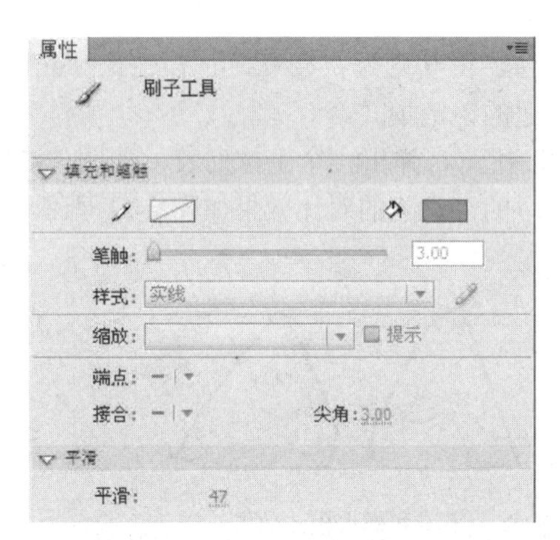


图 2-52 “刷子工具”属性面板

图 2-53 各类刷子模式效果

### 3. 喷涂刷工具

喷涂刷工具的作用类似于粒子喷射器，使用它可以一次将形状图案“刷”到舞台上。默认情况下，喷涂刷工具使用当前选中的填充颜色喷射粒子点。但是，可以使用喷涂刷工具将影片剪辑或图形元件作为图案应用。选择工具箱中的“喷涂刷工具”或者按 B 键，可调用该工具。

（1）设置喷涂刷工具属性

在使用喷涂刷工具之前，需要在“喷涂刷工具”属性面板中进行相关设置，如图 2-54 所示，可以发现它的特点：基本上是由元件和画笔组成的。

（2）喷涂刷工具的操作方法

喷涂刷工具的使用方法与刷子工具相似，将鼠标指针移至舞台，按住鼠标拖动可进行绘制。在默认情况下，“喷涂刷工具”的属性面板是“默认形状”，用户可以建立自己的图形，然后选择图形，按 F8 键，将图形转换为“图形元件”或“影片剪辑元件”，这样在喷涂时就可以选择刚准备好的“图形元件”或“影片剪辑元件”了，如图 2-55 所示。

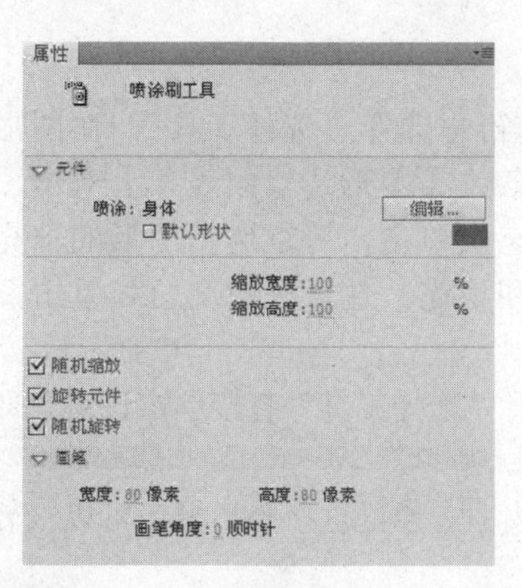


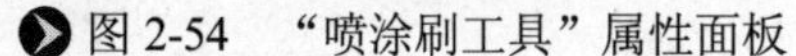
图 2-54　“喷涂刷工具”属性面板

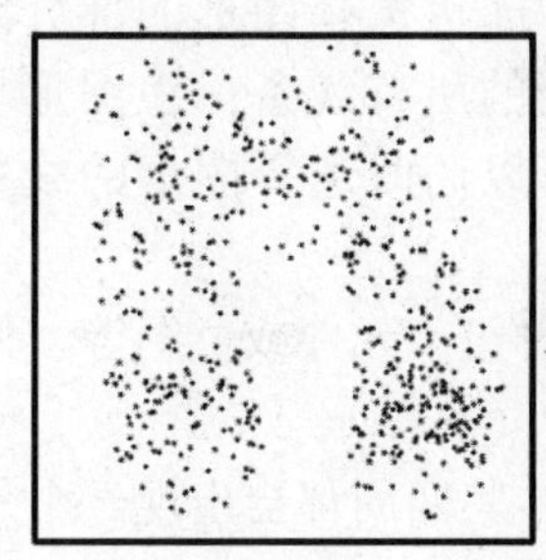
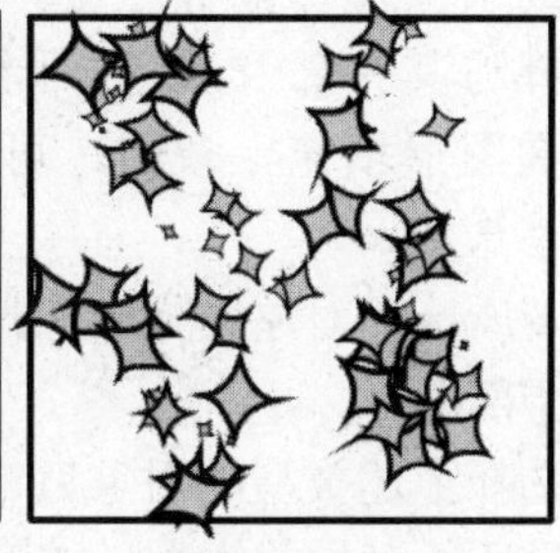

图 2-55　“喷涂刷工具”应用效果

## 2.7　选择工具和部分选择工具

### 1. 选择工具

选择工具是 Flash 中使用频率最高的工具，它的主要功能是选择对象、移动对象、编辑线条、平滑/伸直对象等，如图 2-56 所示。

图 2-56　选择工具功能

（1）选择工具的功能按钮

“选择工具”无对应的属性面板，只有三个功能按钮，分别为“贴紧至对象”、“平滑”和“伸直”按钮，如图 2-57 所示，各功能按钮的作用如下。

贴紧至对象
平滑
伸直

图 2-57　选择工具功能按钮

- 贴紧至对象：当其呈按下状态时，在移动或修改对象时可对对象进行自动捕捉，起到辅助的作用。
- 平滑：可以使线条或填充的边缘接近于弧线。用“选择工具”选择图形后，多次单击“平滑”按钮，可以使图形接近于圆形。
- 伸直：可以使线条或填充的边缘接近于折线。用“选择工具”选择图形后，多次单击“伸直”按钮，弧线会变成折线。

（2）选择工具的操作方法

① 选择单个对象。绘制了一个图形后，在工具箱中选择“选择工具”，在图形边缘的线条上单击鼠标左键，即可选择图形的部分线条；在图形边缘的线条上双击，可以选择与其相邻及颜色相同的所有线条；在图形填充上单击，可以选择图形的填充部分；在图形填充上双击，可以同时选择图形的线条和填充；在舞台的空白处单击，可以取消选择。

若所选的对象为文本、群组、元件或位图等，使用“选择工具”直接单击该对象即可将其全部选择。

选择上述类型的对象后，其四周都会出现一个外边框，通过这些外边框，可以很轻松地知道所选对象的类型，如图 2-58 所示。

文本

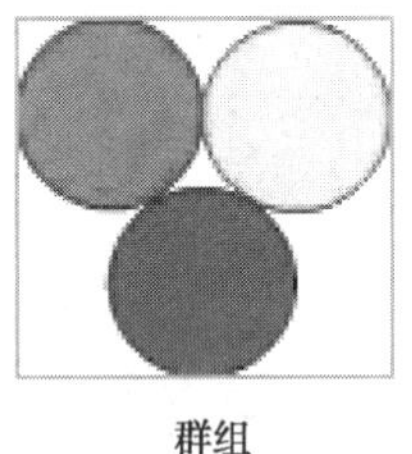

群组

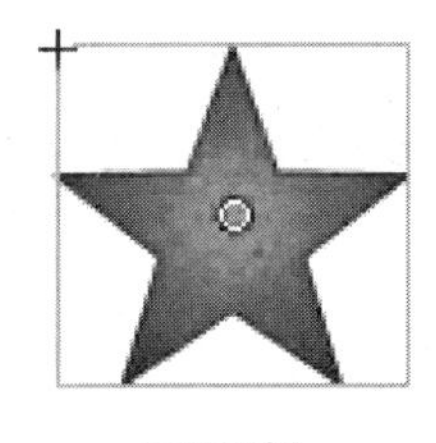

元件实例

位图



图 2-58　选择不同对象时的外边框

② 选择多个对象。

若要选择舞台中的全部对象，可以执行“编辑”→“全选”菜单命令或者按 Ctrl+A 组合键。

若要选择舞台中的部分对象，可以通过点选和框选的方法来实现。

点选对象：选择工具箱中的“选择工具”，按住 Shift 键的同时逐个单击对象；若要取消选择对象，再次单击该对象即可。

框选对象：选择“选择工具”，将其移至舞台上，按住鼠标左键拖曳出一个选框，则在框中的对象全部被选择。

③ 移动对象。选择“选择工具”，将鼠标指针移动至对象上，按住鼠标左键并拖动到目标位置即可移动对象。

④ 复制对象。选择“选择工具”，按住 Ctrl 键的同时单击鼠标并拖动对象，到目标位置后释放鼠标，然后释放 Ctrl 键即可复制对象。

⑤ 修改对象。选择“选择工具”，在没有选择图形的情况下，将鼠标指针移至图形的边缘，拖动鼠标，到目标位置后释放即可修改对象。

### 2. 部分选择工具

部分选择工具主要用于选择边框、编辑节点、移动边框等，如图 2-59 所示，它可以使对象以锚点的形式进行显示，然后通过移动锚点或方向线来修改图形的形状。选择工具箱中的“部分选取工具” 或者按 A 键，可调用该工具。

图 2-59 "部分选择工具"应用效果

## 2.8 钢笔工具

钢笔工具可以对绘制的图形具有非常精确的控制，如对绘制的节点、节点的方向点等都可以很好地控制，因此钢笔工具适合喜欢精准绘制的设计人员。选择工具箱中的"钢笔工具"或者按 P 键即可调用该工具。



### 1. 设置钢笔工具属性

选择"钢笔工具"，展开"钢笔工具"属性面板，如图 2-60 所示，可以设置笔触高度、笔触颜色、笔触样式等参数。

### 2. 设置钢笔工具首选参数

按 Ctrl+U 组合键，弹出"首选参数"对话框，在"类别"列表框中选择"绘画"选项，这时在其右侧显示了有关"钢笔工具"的三个参数，如图 2-61 所示。下面对其进行简要说明。

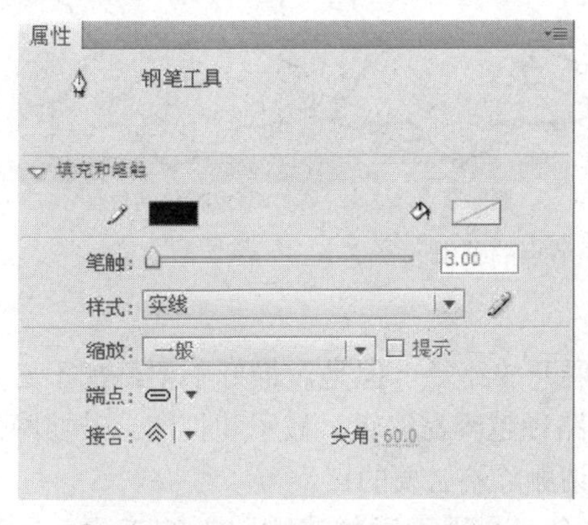


图 2-60 "钢笔工具"属性面板

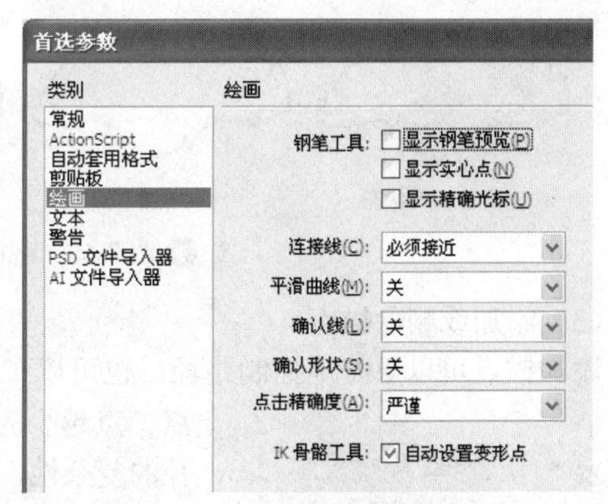


图 2-61 "首选参数"对话框

- 显示钢笔预览：选中该复选框，在使用"钢笔工具"时，就会提前预览到线段的位置；未选中该复选框，则没有预览显示。
- 显示实心点：选中该复选框，则未选择的锚点显示为实心点，选择的锚点显示为空心点。

- 显示精确光标：选中该复选框后，鼠标指针显示为╳形状；取消选中该复选框，鼠标指针显示为形状。

### 3. 钢笔工具的操作方法

（1）用钢笔工具绘制线条

使用钢笔工具可以绘制出非常复杂的线条效果，如果在舞台上的各个地方单击，那么各个单击点将会依次连接，形成一条折线，如图 2-62 所示；如果将“单击”改成“按住鼠标左键拖动”，那么就可以创建曲线了，如图 2-63 所示。

在按住鼠标左键进行拖动时，开始拖动的位置将形成“控制点”，像一个钉子一样将曲线钉住，不管以后怎么调整，曲线一定会经过这个点；拖动之后会出现“控制柄”，它决定了曲线的走向，如图 2-64 所示。

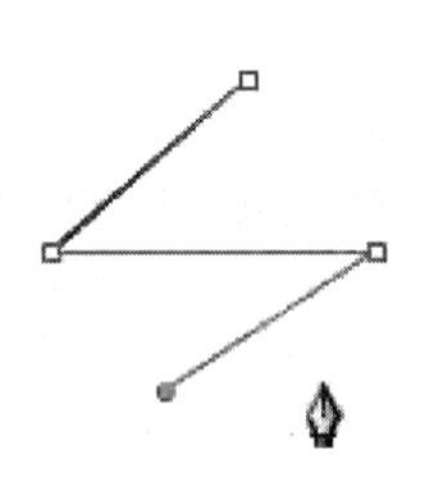

图 2-62　创建折线

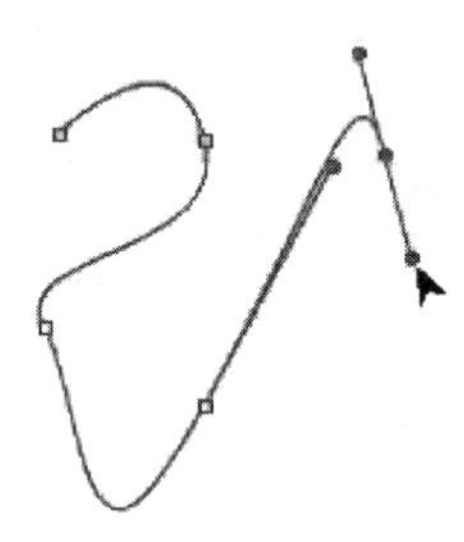

图 2-63　创建曲线

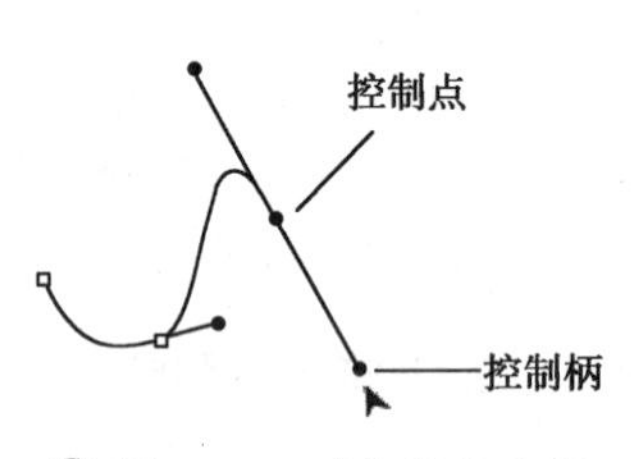


图 2-64　对曲线的分析

（2）编辑路径节点

钢笔工具除了具有绘制图形的能力外，还可以进行路径节点的编辑操作，如图 2-65 所示；同时，使用钢笔工具创建的线条还可以使用“部分选取工具”进行调整，两种工具配合使用，能够创建出复杂、丰富的图形效果。

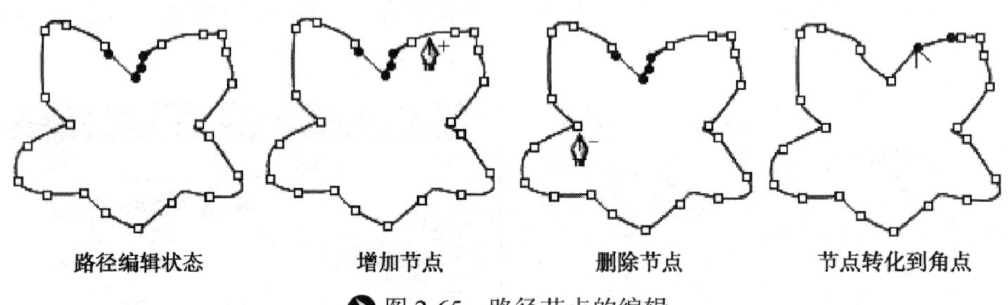


图 2-65　路径节点的编辑

（3）添加或删除锚点

添加锚点可以更好地控制路径，也可以扩展开放路径。但是，最好不要添加不必要的点。点越少的路径越容易编辑、显示和打印。若要降低路径的复杂性，请删除不必要的点。

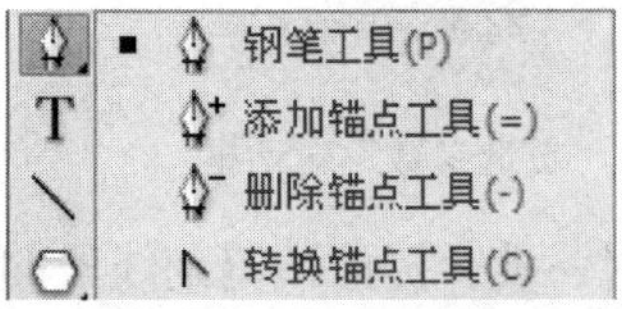

钢笔工具(P)
添加锚点工具(=)
删除锚点工具(-)
转换锚点工具(C)

图 2-66　添加或删除锚点的工具

工具箱包含三个用于添加或删除点的工具：钢笔工具、添加锚点工具和删除锚点工具，如图 2-66 所示。

默认情况下，当将钢笔工具定位在选中路径上时，它会变为添加锚点工具；当将钢笔工具定位在锚点上时，它会变为删除锚点工具。

不要使用 Delete、Backspace 和 Clear 键，或者执行“编辑”→“剪切”或“编辑”→“清除”菜单命令来删除锚点；这些键和命令会删除点和与之相连的线段。

（4）在直线段和曲线段之间转换线段

若要将线条上的线段从直线段转换为曲线段，需将转角点转换为平滑点。也可以反过来操作。

若要将转角点转换为平滑点，需使用“部分选择工具”选择该点，然后按住 Alt 键并拖动该点以放置切线手柄。若要将平滑点转换为转角点，可用钢笔工具单击相应的点。指针旁边的插入标记 指示指针位于平滑点上方。

## 2.9 套索工具

套索工具和 Photoshop 的套索工具功能相似。在 Flash CS5 中，套索工具有三种模式：套索工具模式、多边形模式及魔术棒模式。对于矢量图形，可以使用套索工具模式或多边形模式进行选择；对于打散的位图，除了可以使用套索工具模式和多边形模式外，还可以使用魔术棒模式。



### 1. 套索工具模式

使用套索工具模式选取图形时，首先要调用“套索工具”，此时舞台中的鼠标指针变成形状，按住鼠标左键并拖动，即可选中图形的某一区域。

### 2. 多边形模式

选择“套索工具”后，在其选项区中单击“多边形模式”按钮，使其呈按下状态，即可切换到多边形模式，然后在舞台上通过单击绘制选区即可。

### 3. 魔术棒模式

魔术棒模式一般用于选择位图中相邻及相近的像素颜色。在使用时，首先单击“魔术棒”按钮，使其呈按下状态，然后将鼠标指针移至分离的位图上，鼠标指针会变成魔术棒的形状，单击后即可选中与单击位置颜色相同或相近的区域。

使用魔术棒模式选取时，还可以使用“魔术棒设置”对话框进行设置，如图 2-67 所示。

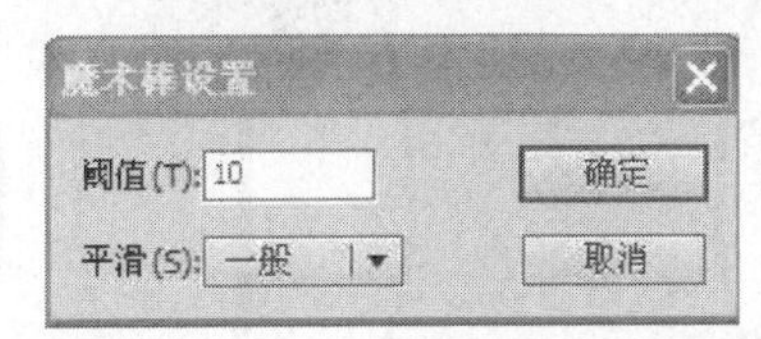


图 2-67　“魔术棒设置”对话框

“魔术棒设置”对话框中各个选项的含义如下。

- 阈值：在该数值框中输入数值，可以定义选择范围内相邻或相近像素颜色值的相近程度，数值越大，选择的范围就越大。
- 平滑：该下拉列表框用于设置选择区域的边缘平滑程度。

## 案例 5　甲壳虫——对图形进行着色

### 案例描述

使用基本绘图工具及颜色填充工具，创建如图 2-68 所示的“甲壳虫”效果。

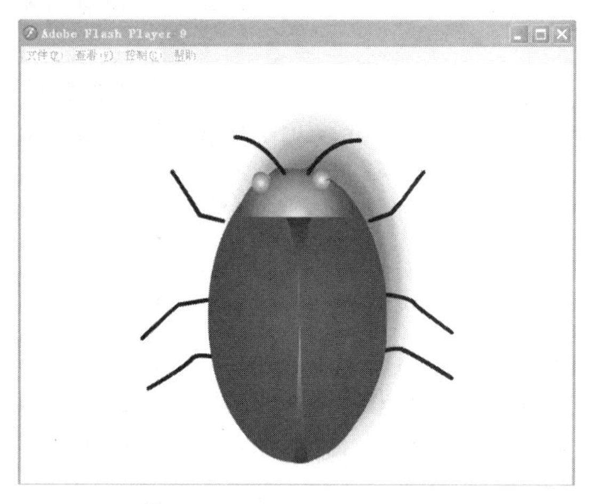


图 2-68　“甲壳虫”效果



### 案例分析

- 通过使用工具箱中的钢笔工具、椭圆工具、线条工具、选择工具等完成甲壳虫外形的绘制，通过使用颜料桶工具及颜色面板完成甲壳虫颜色的填充。
- 该案例主要涉及图形色彩及颜色填充的相关知识。

### 操作步骤

1. 新建 Flash 文档，按 Ctrl+S 组合键打开“另存为”对话框，选择保存路径，输入文件名“甲壳虫”，然后单击“确定”按钮，回到工作区。

2. 新建一个图层“翅膀”，选择“钢笔工具”，在舞台上绘制一个如图 2-69 所示的形状。

3. 新建一个图层“头部”，选择“椭圆工具”，在舞台上绘制一个无边框的黑色椭圆。利用“选择工具”选择椭圆的下半部分，按 Delete 键删除，如图 2-70 所示。

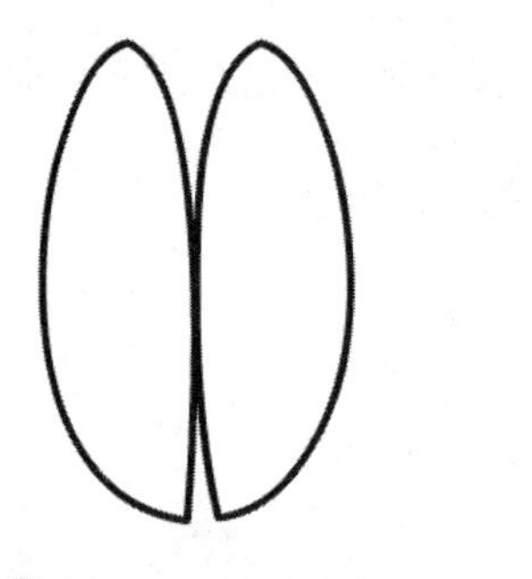

图 2-69　绘制翅膀

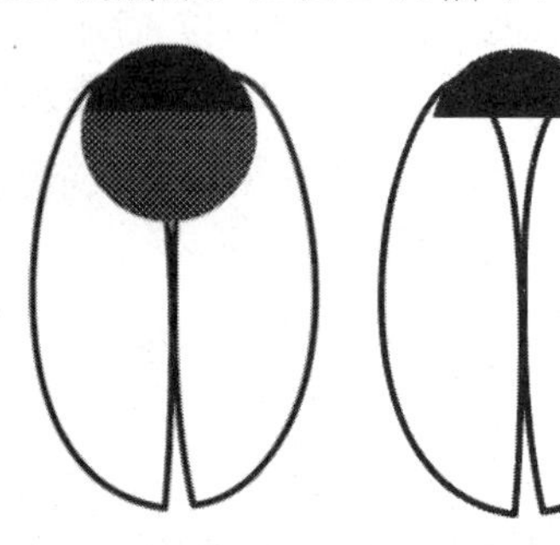

图 2-70　绘制头部

4. 新建一个图层“眼睛”，使用“椭圆工具”绘制一个小的无边框的白色椭圆，使用“选择工具”再复制一个小椭圆，如图 2-71 所示，移动到合适位置，作为甲壳虫的眼睛。

5. 新建一个图层“腿”，使用“线条工具”绘制甲壳虫的触角和腿，再使用“选择工具”调整绘制的直线，使其呈弯曲状，如图 2-72 左图所示。

6. 新建一个图层“椭圆”，使用“椭圆工具”绘制一个无边框的灰色椭圆，整体效果如图 2-72 右图所示。

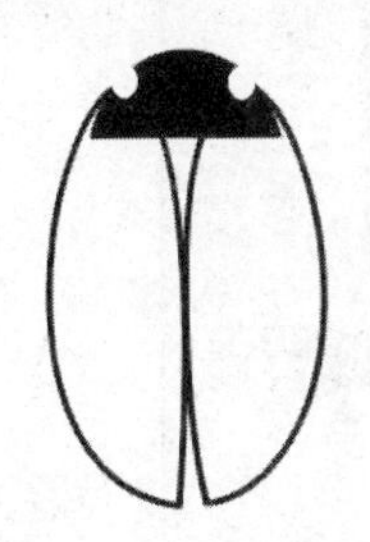

图 2-71　绘制眼睛

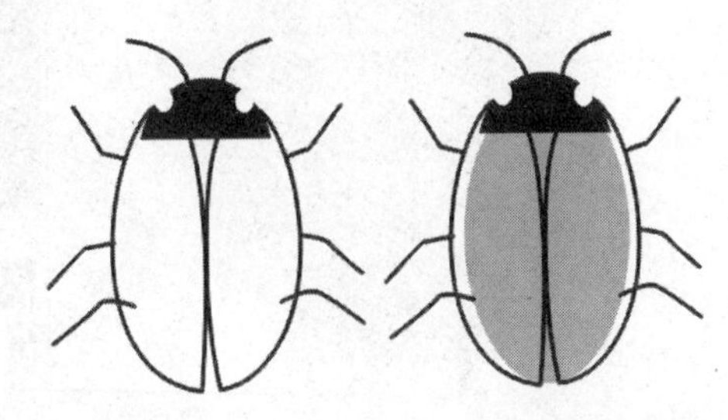

图 2-72　绘制触角、腿和灰色椭圆

7. 选择“填充颜色”，打开样本面板，选择面板最下面的由红到黑的径向渐变颜色样本，再使用“颜料桶工具”给两个翅膀填充由红到黑的“径向渐变”颜色。使用“选择工具”，双击翅膀图形的线条部分，将线条全部选中，然后按 Delete 键删除线条，如图 2-73 所示。



8. 打开颜色面板，如图 2-74 所示，自定义由黄到黑的“径向渐变”颜色，再使用“颜料桶工具”给头部填充由黄到黑的“径向渐变”颜色。

9. 用与步骤 7 相同的操作方法，选择“填充颜色”，打开样本面板，选择面板最下面的由白到黑的径向渐变颜色样本，再使用“颜料桶工具”给两个眼睛填充由白到黑的“径向渐变”颜色，给步骤 6 中绘制的椭圆也填充由白到黑的“径向渐变”颜色，如图 2-73 所示。

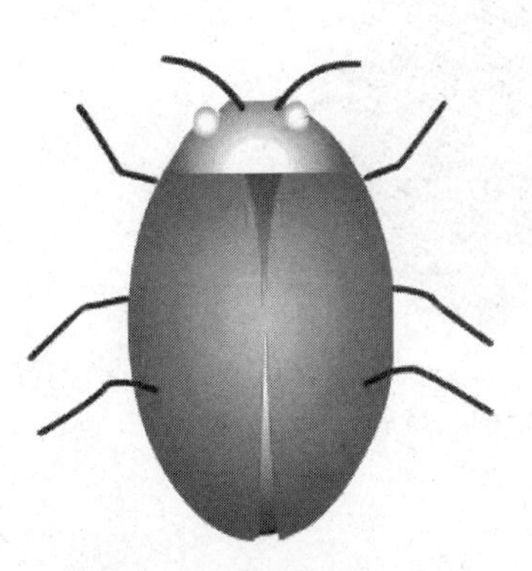

图 2-73　颜色填充效果

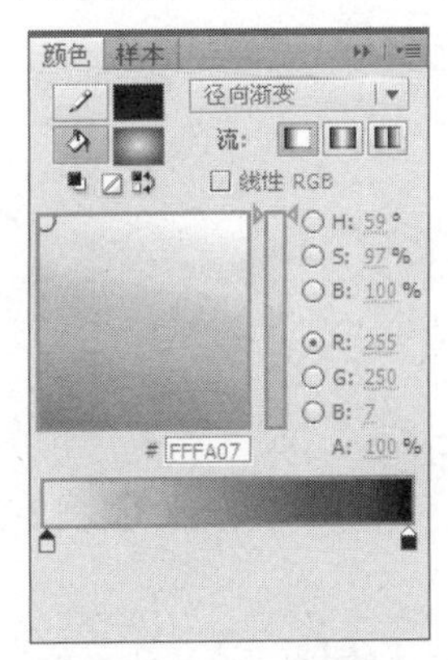


图 2-74　颜色面板

10. 为了进一步增加甲壳虫的立体感，在最下面再建立一个“阴影”图层，再次使用“椭圆工具”绘制一个无线条的椭圆，其大小比甲壳虫的外形大一些，如图 2-75 左图所示。打开颜色面板，如图 2-75 右图所示，自定义由黑到白的“径向渐变”颜色，并将左侧的黑色颜色指针移动到如图 2-75 右图所示的位置；再选择右侧的白色指针，单击 A: 0 %，把阴影的透明度调整为 0。

11. 最后的图层结构及效果如图 2-76 所示。按 Ctrl+S 组合键保存文件，然后按 Ctrl+Enter 组合键测试影片，播放效果如图 2-68 所示。

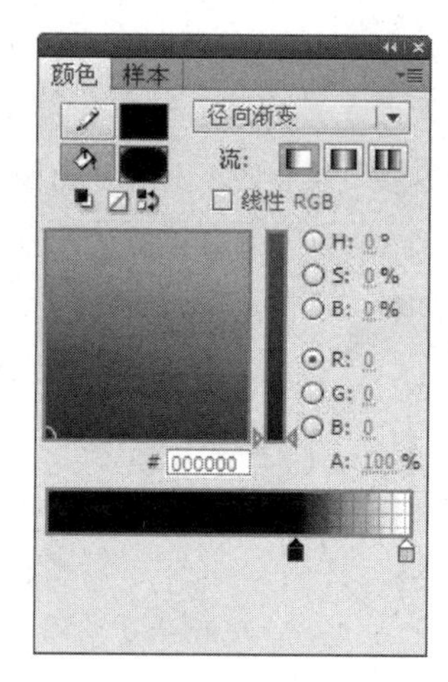


图 2-75　绘制阴影并调整径向渐变颜色

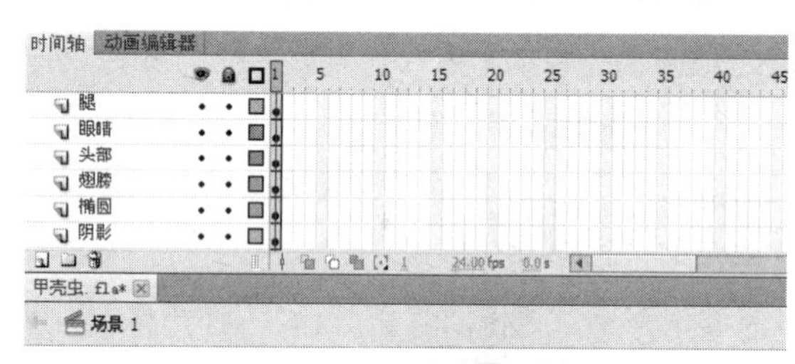




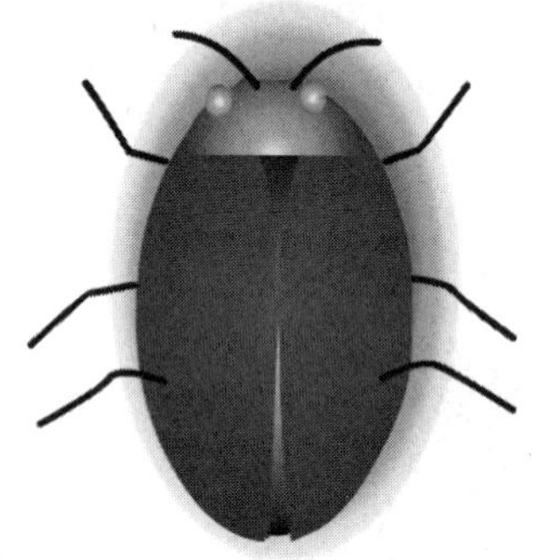

图 2-76　图层结构及最后效果

## 2.10 滴管工具

简单地讲，Flash 中的滴管工具就是一个风格提取器，可以吸取线条的笔触颜色、笔触高度及笔触样式等基本属性，并且可以将其应用于其他图形的笔触。同样，滴管工具也可以吸取填充的颜色或位图等信息，并将其应用于其他图形的填充。选择工具箱中的“滴管工具”或者按 I 键，可调用该工具。

该工具没有与其对应的属性面板和功能选项区，操作方法如下。

### 1. 吸取笔触属性

调用滴管工具后，将鼠标指针移至目标图形的边缘，待其变为形状时单击鼠标左键，这时“滴管工具”自动转换为“墨水瓶工具”，鼠标指针变成墨水瓶形状。

### 2. 吸取填充属性

调用滴管工具后，将鼠标指针移至目标图形的填充区域，待其变为形状时单击鼠标左键，这时“滴管工具”自动转换为“颜料桶工具”，鼠标指针变为颜料桶形状。

需要注意的是，在吸取填充属性时，单击鼠标左键后鼠标指针变为形状，说明该颜料桶处于锁定状态，需要在工具箱的颜料桶选项区中单击“锁定填充”按钮进行解锁。

## 2.11 墨水瓶工具

墨水瓶工具可以用来改变线条颜色、宽度和类型，还可以为只有填充的图形添加边缘线条。选择工具箱中的“墨水瓶工具”或者按 S 键，可调用该工具。

### 1. 设置墨水瓶工具属性

“墨水瓶工具”的属性面板与“线条工具”的属性面板相似，如图 2-77 所示。在其面板中可以进行笔触颜色、笔触高度、笔触样式等相关设置，各参数的含义可参照 2.2 节“线条工具”所述。

图 2-77　“墨水瓶工具”属性面板

### 2. 墨水瓶工具操作方法

（1）使用墨水瓶工具修改已有的线条

在“墨水瓶工具”属性面板中设置好相应参数后，将鼠标指针移至舞台上，待其变为形状时，在图形的边缘处单击鼠标左键，即可修改图形的边缘线条，如图 2-78 所示。

（2）为填充图形添加线条

在“墨水瓶工具”属性面板中设置好参数后，将鼠标指针移至舞台上，并在图形的内部或边缘处单击鼠标左键，可为其添加线条，如图 2-79 所示。

图 2-78　修改已有线条　　图 2-79　添加线条

## 2.12 颜料桶工具

填充功能是 Flash 中比较复杂的一个功能，颜料桶工具可以对封闭的区域填充颜色，也可以对已有的填充区域进行修改。单击工具箱中的“颜料桶工具”或者按 K 键，可调用该工具。

### 1. 设置颜料桶工具属性

“颜料桶工具”的属性面板与“墨水瓶工具”的相似，但是“颜料桶工具”只有一个“填充按钮”可用，用于修改填充颜色，其他的选项都不能用，如图 2-80 所示。

### 2. 颜料桶工具的操作方法

将鼠标指针移至舞台中，待其变为形状时，在图形内部单击鼠标左键，即可为图形填充颜色。如果对带有空隙的图形进行填充，还需要选择合适的“空隙大小”。

选择颜料桶工具后，单击其选项区中的“空隙大小”下拉按钮，在弹出的下拉菜单中选择不同的选项，可设置对封闭区域或带有缝隙的区域进行填充，如图 2-81 所示。

图 2-80 “颜料桶工具”属性面板

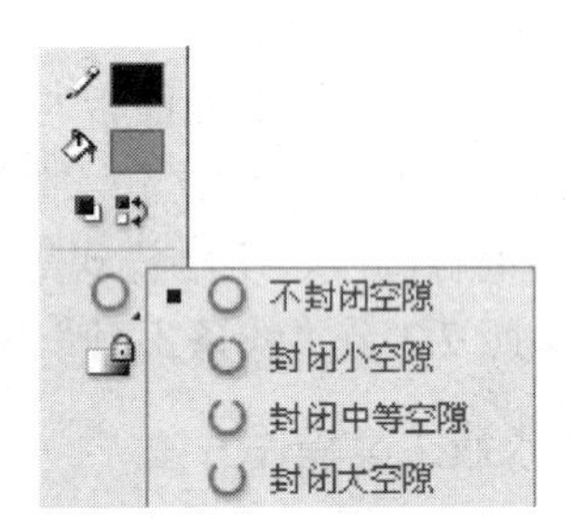


图 2-81 “空隙大小”选项

- 不封闭空隙：默认情况下选择的是该选项，表示只能对完全封闭的区域填充颜色。
- 封闭小空隙：表示可以对极小空隙的未封闭区域填充颜色。
- 封闭中等空隙：表示可以对比极小空隙略大的空隙的未封闭区域填充颜色。
- 封闭大空隙：表示可以对有较大空隙的未封闭区域填充颜色。

可以结合“颜色面板”和“渐变变形工具”对图形进行纯色、线性渐变、放射状渐变、位图等形式的填充，形成色彩丰富的填充效果，如图 2-82 所示，这些知识将在 3.1 节“颜色面板”中详细介绍。

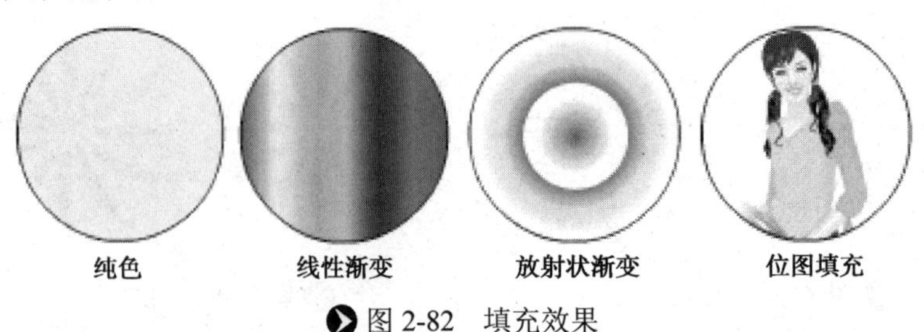


图 2-82 填充效果

## 2.13 橡皮擦工具

橡皮擦工具就像现实中的橡皮擦一样，用于擦除舞台中的矢量图形。选择工具箱中的“橡皮擦工具”或者按 E 键，可调用该工具。

### 1. 水龙头功能

水龙头模式用来清除所有与点击区域相连的线条和填充，在进行大范围编辑时经常使用。使用方法如下：单击橡皮擦功能区中的“水龙头”按钮，将鼠标指针移到舞台上，待其变为水龙头形状时，在图形的线条或填充上单击，即可将整个线条或填充删除。

需要注意的是，双击工具箱中的“橡皮擦工具”可以擦除舞台上所有未锁定的可见对象，包括线条、填充、位图、群组和实例等。

### 2. 修改橡皮擦形状

橡皮擦工具没有对应的属性面板，可在橡皮擦的功能选项区中修改橡皮擦的形状与大小。在“橡皮擦形状”下拉菜单中，系统预设了圆形和正方形两种形状，每种形状都有从小到大五种尺寸，如图 2-83 所示。

### 3. 橡皮擦模式

单击“橡皮擦工具”选项区中的“橡皮擦模式”按钮，弹出的下拉菜单中包含了五种橡皮擦模式，分别为“标准擦除”、“擦除填色”、“擦除线条”、“擦除所选填充”和“内部擦除”模式，如图 2-84 所示。选择不同的模式擦除图形，会得到不同的效果，如图 2-85 所示。

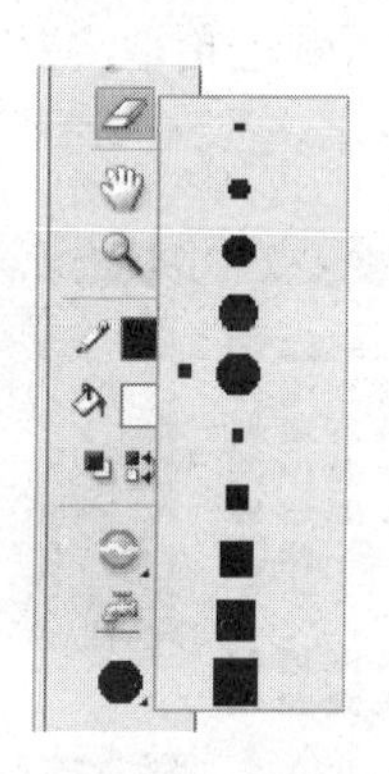

图 2-83　橡皮擦的形状与大小

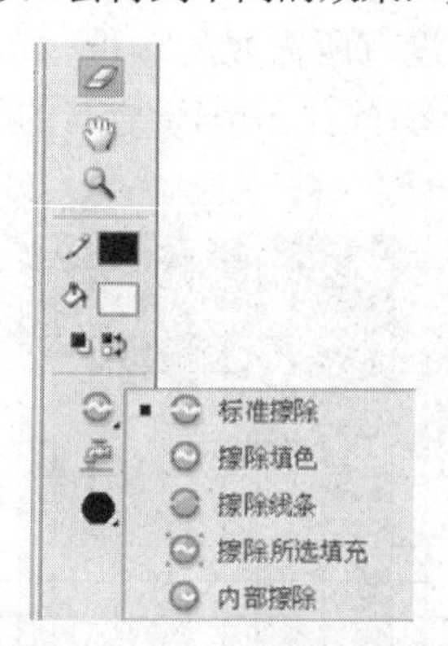


图 2-84　橡皮擦的模式

正常模式

标准擦除

擦除填色

擦除线条

擦除所选填充

内部擦除

图 2-85　各类擦除模式效果

- 标准擦除：默认的模式，可以擦除橡皮擦经过的所有矢量图形。
- 擦除填色：选择该模式后，只擦除图形中的填充部分而保留线条。
- 擦除线条：该模式和“擦除填色”模式的效果相反，保留填充而擦除线条。
- 擦除所选填充：选择该模式后，只擦除选区内的填充部分。
- 内部擦除：选择该模式后，只擦除橡皮擦落点所在的填充部分。

## 2.14 辅助工具

### 1. 手形工具

当舞台的空间不够大或者所要编辑的图形对象过大时，可使用手形工具移动舞台，将需要编辑的区域显示在舞台中。选择工具箱中的“手形工具”或者按 H 键，可调用该工具，待鼠标指针变为形状时，按住鼠标左键即可移动舞台。

### 2. 缩放工具

“缩放工具”用于对舞台进行放大或缩小控制，选择工具箱中的“缩放工具”或者按 M 键（或 Z 键），可调用该工具。调用缩放工具后，在其选项区中有“放大”和“缩小”两个功能按钮，可用于放大和缩小舞台。

### 3. 笔触颜色和填充颜色



“笔触颜色”按钮和“填充颜色”按钮主要用于设置图形的笔触和填充颜色，在其上单击可打开调色板，从中选择要使用的颜色，可以调节颜色的透明度，如图 2-86 所示。

若调色板中没有所需要的颜色，可以单击右上角的“颜色拾取”按钮，弹出“颜色”对话框，在该对话框中编辑所需的颜色，如图 2-87 所示。

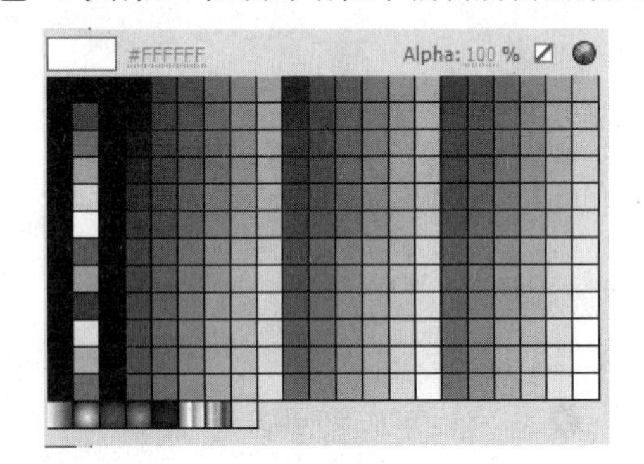


图 2-86 调色板

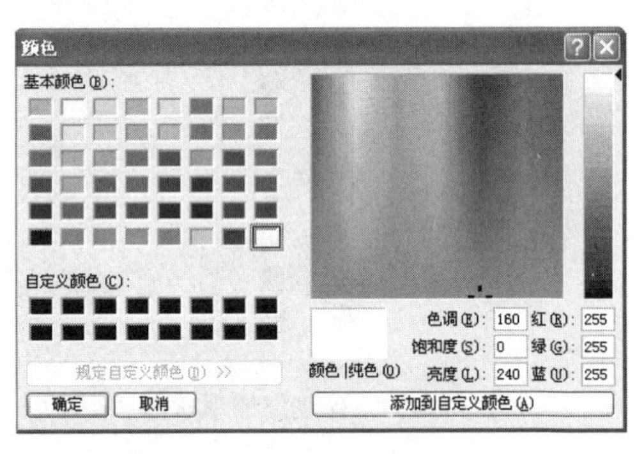


图 2-87 “颜色”对话框

“笔触颜色”和“填充颜色”还常用来对图形的笔触和填充颜色进行修改。方法是首先选择要修改的笔触或填充，单击“笔触颜色”和“填充颜色”按钮，在弹出的调色板中选中一种颜色即可。

### 知识拓展

#### Flash 绘图小技巧

### 1. “选择工具”拖拉法

在 Flash 中可以灵活借助“选择工具”进行拖拉绘图，制作出丰富多彩的图形效果。下面以绘制一个鲨鱼为例，来讲述拖拉绘图的具体操作方法。

① 通过“线条工具”绘制一个鲨鱼轮廓，如图 2-88 所示。

② 通过“选择工具”拖拉出鲨鱼鱼身圆弧的造型，如图 2-89 所示。

图 2-88　鲨鱼轮廓

图 2-89　拖拉出鱼身圆弧造型

③ 在鱼身中间画一条直线，用“颜料桶工具”将鱼身的上半部分填充为灰色，再使用“椭圆工具”绘制出鱼的眼睛，如图 2-90 所示。

图 2-90　鲨鱼效果图

### 2. 描图法

对于没有美术功底的人来讲，在 Flash 中画一些简单的图形还可以，如家具、建筑等，但绘制动物等复杂图形就不行了。现在告诉你一个捷径，描图法可轻松解决这个问题。

初学者在绘画时，可以先在 Flash 中导入一张参考图，放在一个图层上，将该图层锁定，然后新建一个图层，这时候，就可以在新的图层上开始“做”画了，其实是“描”画，可以使用工具箱中的钢笔工具或铅笔工具勾勒出图像的轮廓，然后使用选择工具精确地勾拉、修改，最后进行上色，所需的图形就绘制出来了。

描图法对于没有绘图基础的人来讲不失为一个好办法，这里面的关键是要有耐心，多画几次，多描几次，等到自己觉得熟练了，可以尝试放弃描画而改为徒手画，时间久了，绘图基本功就提高了。

### 3. 覆盖删除法

当多个不同颜色的矢量图形放在一起时，上面的图形会把下面的图形覆盖住，利用这个原理可以实现很多特殊的绘图效果。如图 2-91 所示，首先绘制一个黄色的圆球和一个红色的圆球，然后将红球拖放在黄球上面，覆盖住黄球的一部分区域，最后选中红球并将其删除，就可生成一个月亮图形。

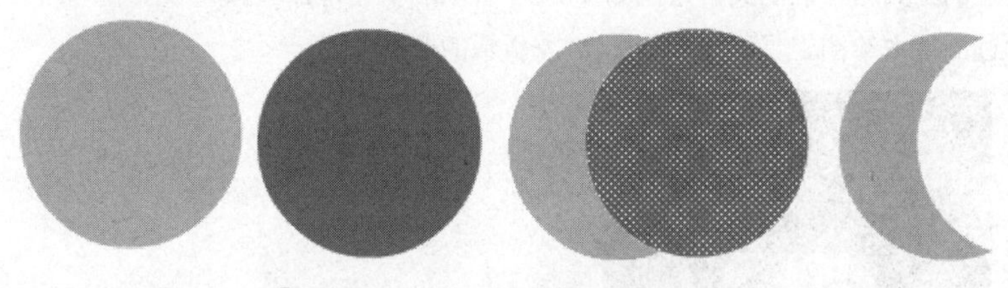

图 2-91　用覆盖删除法绘制月亮

覆盖删除法在 Flash 绘图中被广泛应用，在绘制案例 2 中的草地、大树及白云时，实际上也采用了覆盖删除法。通常使用这种方法来绘制草地、烟雾、云彩、树木、山丘等形状，如图 2-92 所示。

图 2-92　覆盖删除法绘图样例

## 思考与实训

### 一、填空题

1．能完成选择对象、移动对象、编辑线条、编辑边界节点等主要功能的是________工具。

2．铅笔工具有________、________和________三种绘画模式。

3．若要更改线条或图形形状轮廓的笔触颜色、宽度和样式，可使用________工具。



4．________工具用于平移当前的画面，________工具用于对当前场景进行放大或缩小的操作。

5．在使用刷子工具时，________笔刷模式只将鼠标经过的填充进行覆盖，对线条不起作用。

6．在使用橡皮擦工具时，选择________模式，只擦除图形中的填充部分而保留线条；________模式保留填充而擦除线条。

7．在使用套索工具时，________模式一般用于选择位图中相邻及相近的像素颜色。

8．使用选择工具复制图形时，应在按住________键的同时单击鼠标左键并拖动对象；使用线条工具时，按住________键可以绘制特定角度的直线和闭合图形。

9．在任意变形工具选项区中有四个功能按钮，其中________按钮可以等比例缩放图形，________按钮用于对图形进行复杂的变形操作。

10．钢笔工具组中包括钢笔工具、________、删除锚点工具和________四种。

11．在 Flash 中，如果要选取所有图层中的所有对象，那么可以在按住________键的同时进行选取。

### 二、上机实训

1．使用学过的工具箱中的工具，绘制如图 2-93 所示的卡通形象。

2．利用学过的基本绘图工具，绘制如图 2-94 所示的花瓶画面。

图 2-93　卡通形象

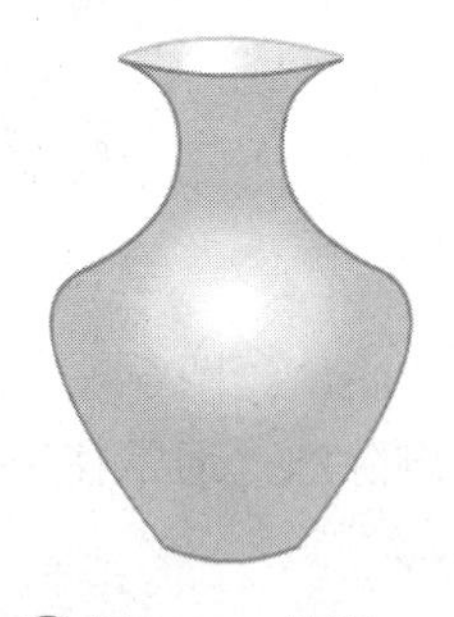

图 2-94　花瓶

# 模块3

# 图形对象编辑

## 案例 6 花朵的绘制——颜色填充及变形

### 案例描述

使用颜色面板、样本面板和变形面板，绘制如图 3-1 所示的“花朵”效果。

图 3-1 “花朵”效果图

### 案例分析

- 使用颜色面板设置花瓣颜色渐变效果。
- 使用样本面板的填充功能填充叶子。
- 使用变形面板，运用缩放、倾斜、旋转及“复制并应用变形”功能，绘制花瓣。

### 操作步骤

1. 新建 Flash 文档，按 Ctrl+S 组合键打开“另存为”对话框，选择保存路径，输入文件名“花朵”，然后单击“确定”按钮，回到工作区。

2. 绘制一个花瓣。

（1）执行“插入”→“新建元件”菜单命令，新建一个元件，命名为“花瓣”，类型选择“图形”；打开颜色面板，设置笔触的颜色为#FFFF00；填充颜色类型为“径向渐变”，内部颜色参数为#FFFFFF，外部颜色参数为#FFCC00，如图 3-2 所示。

（2）选择“椭圆工具”，拖动鼠标绘制出一个椭圆，用“转换锚点工具”把左边调整为尖角，再用“选择工具”适当调整上下边缘的弧度，最后用“部分选择工具”调整部分节点的位置，制作如图 3-3 所示的花瓣效果。

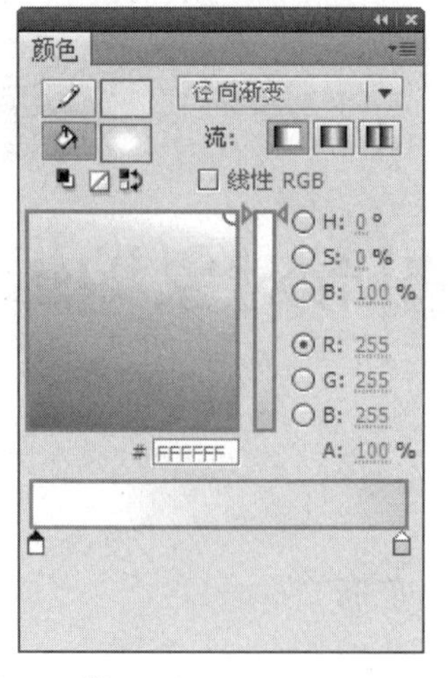


图 3-2 颜色面板

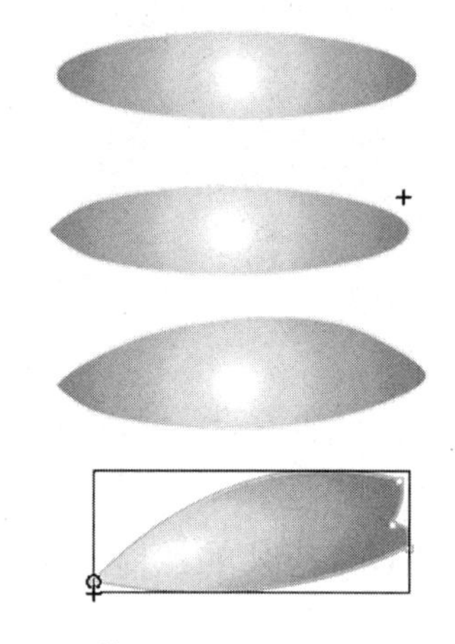

图 3-3 绘制花瓣

3. 新建一个类型为“图形”，名称为“花蕊”的元件，打开颜色面板，设置笔触的颜色为#FFFF00；填充颜色类型为“径向渐变”，内部颜色参数为#FFFFFF，外部颜色参数为#FFCC00，如图 3-4 所示。选择“椭圆工具”，按住 Shift 键在舞台上拖出一个正圆作为花蕊。



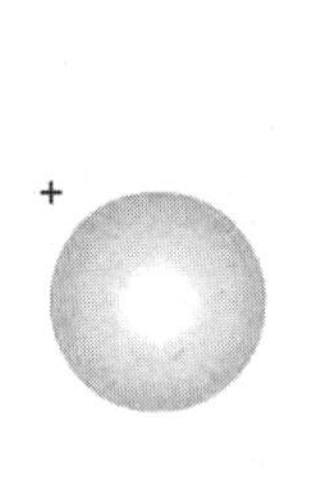

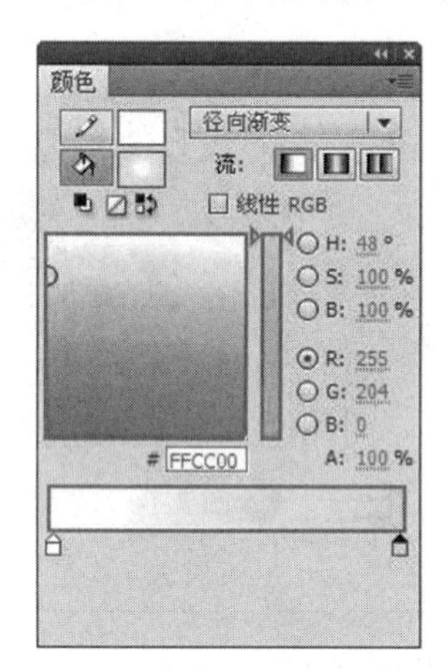


图 3-4 绘制花蕊

4. 回到场景 1 中，把图层 1 改名为“花瓣”，从“库”中把元件“花瓣”拖到舞台上并选中，然后选择“任意变形工具”，拖动花瓣的中心点到花瓣的左下角位置，如图 3-5 所示。

5. 选择花瓣，打开变形面板，设置“旋转”值为 30°，如图 3-6 所示。连按 11 次“复制并应用变形”按钮，绘制出所有花瓣，效果如图 3-6 所示。

6. 新建一个名为“花蕊”的图层，从“库”中把元件“花蕊”拖到舞台上，并调整到花的中心。效果如图 3-7 所示。

7. 新建一个名为“花茎”的图层，选择“线条工具”，设置笔触的参数为“颜色：#336600；笔触：5；样式：实线”，绘制一个细长的直线作为花朵的茎，用“选择工具”调整其弧度，效果如图 3-8 所示。

8. 新建一个类型为“图形”，名称为“叶子”的元件，选择“线条工具”，设置笔触的参数为“颜色：#33CC66；笔触：0.25；样式：实线”，绘制一条斜线作为叶子的一条边，然后用“选择工具”调整线条的弧度。用同样的方法绘制叶子的另一条边和叶脉。如图 3-9 所示，设置“填充颜色”为 009933，用“颜料桶工具”填充叶子内部的颜色。

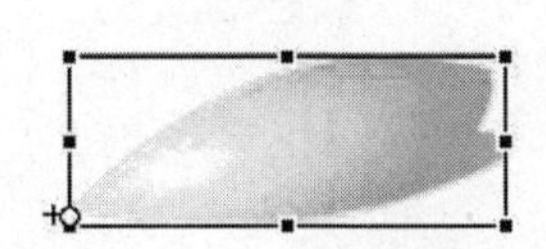

图 3-5　调节花瓣的中心点

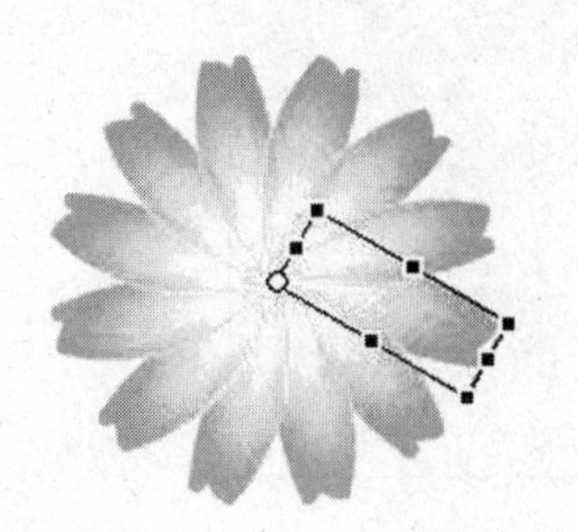

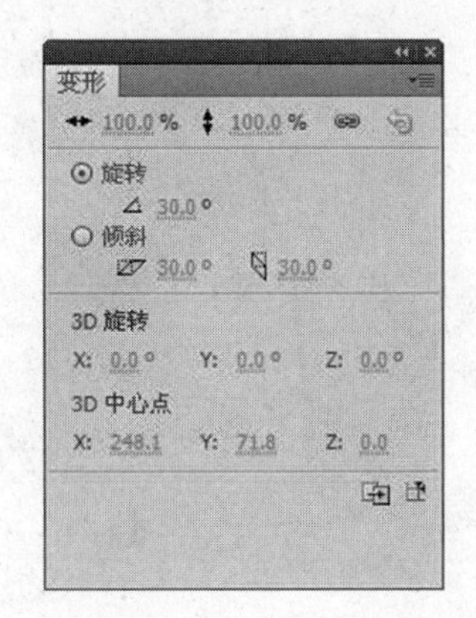


图 3-6　绘制花瓣

图 3-7　添加花蕊

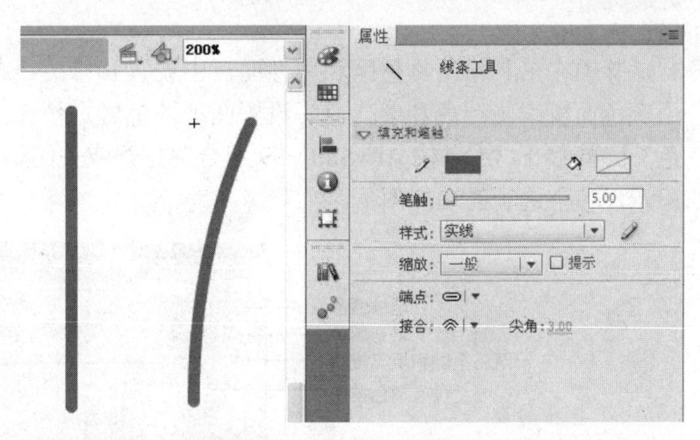


图 3-8 “线条工具”参数

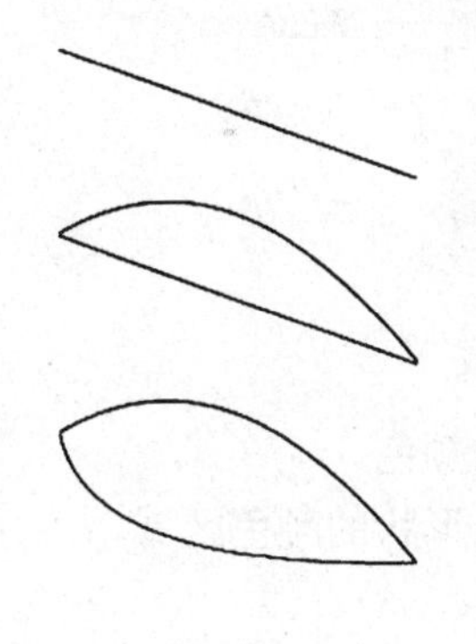

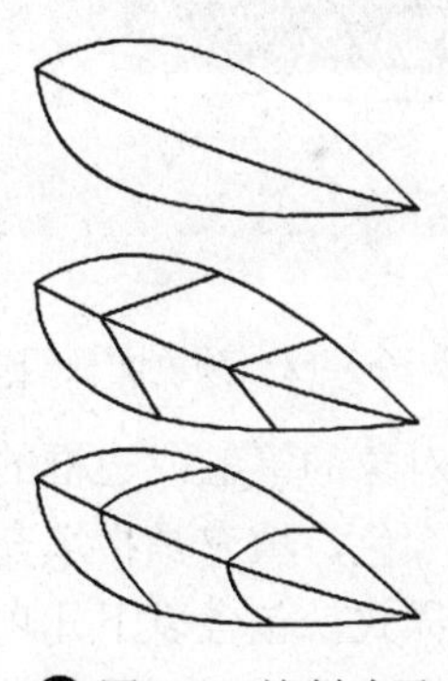

图 3-9　绘制叶子

9. 在场景 1 中新建一个图层“叶子”，从“库”中把元件“叶子”拖到舞台上并选中，打开变形面板，适当地调整“倾斜”、“旋转”和“比例”参数，如图 3-10 所示，制作两片叶子。

10. 用同样的方法再制作一个花朵，并使用“任意变形工具”或变形面板来调整它们的位置和大小。调整后的效果如图 3-11 所示。

11. 执行“文件”→“保存”菜单命令或者按 Ctrl+S 组合键，保存文件。

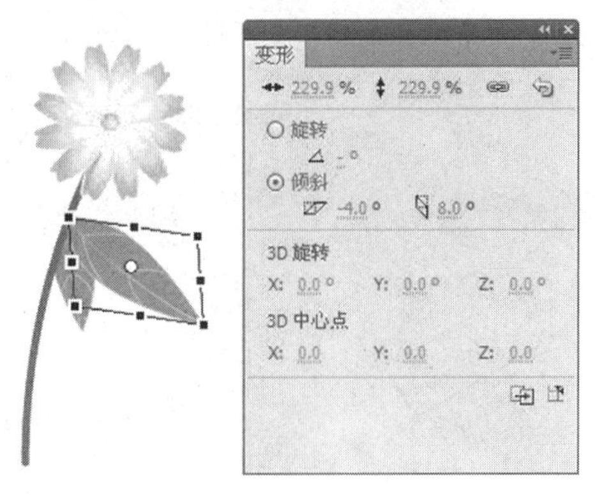

图 3-10　调整叶子

图 3-11　最终效果

## 3.1 颜色面板

除了在工具箱的颜色区和属性面板中设置和修改线条及填充图形的颜色外，还可以使用颜色面板编辑纯色和渐变色，设置图形的笔触、填充及透明度等。执行“窗口”→“颜色”菜单命令，或者按 Alt+Shift+F9 组合键打开或关闭颜色面板。颜色面板的组成如图 3-12 所示，各个选项的功能如下。



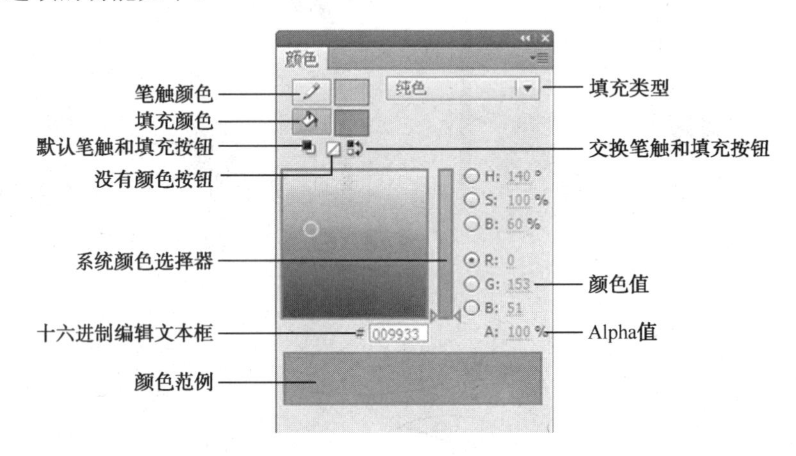


图 3-12　颜色面板组成

- 笔触颜色：设置和更改图形对象的笔触或边框的颜色。
- 填充颜色：设置和更改填充颜色，填充是指填充形状的颜色区域。
- 填充类型：设置和更改填充样式，包含以下几项。
  - 无：删除填充。
  - 纯色：提供一种单一的填充颜色。
  - 线性渐变：产生一种沿线性轨道混合的渐变。
  - 放射状渐变：产生从一个中心焦点出发沿环形轨道向外混合的渐变。
  - 位图填充：用可选的位图图像平铺所选的填充区域。选择“位图”时，系统会弹出一个对话框，通过该对话框选择本地计算机上的位图图像，并将其添加到库中；也可以将此位图用作填充，其外观类似于形状内填充了重复图像的马赛克图案。

图 3-13 所示为背景填充分别为线性渐变、放射状渐变及位图填充时的对比效果。

图 3-13 背景填充对比效果

- 颜色值：默认模式，可以显示或更改填充的红、绿和蓝的色彩密度。
- Alpha 值：可设置实心填充的透明度，或者设置渐变填充的当前所选滑块的透明度。Alpha 值为 0%时创建的填充不可见（即透明）；Alpha 值为 100%时创建的填充不透明。
- 颜色范例：显示当前所选颜色。如果从“填充类型”中选择某个渐变填充样式（线性或放射状），则“颜色范例”将显示所创建的渐变内的颜色过渡。如图 3-14 所示，在渐变条下方的合适位置单击鼠标，可以添加一个色块，将色块拖到下面可删除色块。

图 3-14 添加色块

- 系统颜色选择器：使用户能够直观地选择颜色。单击“系统颜色选择器”，然后拖动十字准线指针，直到找到所需颜色。
- 十六进制编辑文本框：“十六进制编辑文本框”显示以#开头的 6 位字母数字组合，是十六进制模式的颜色代码，代表一种颜色。若要使用十六进制值更改颜色，可直接输入一个新的值。
- 溢出类型：能够控制超出渐变限制的颜色（当在“填充类型”中选择渐变类型选项时会出现“溢出类型”选项）。
  - 扩展：默认类型，将指定的颜色应用于渐变末端之外。
  - 镜像：利用反射镜像效果使渐变颜色填充形状。指定的渐变色以下面的模式重复：从渐变的开始到结束，再以相反顺序从渐变的结束到开始，再从渐变的开始到结束，直到所选形状填充完毕。
  - 重复：从渐变的开始到结束重复渐变，直到所选形状填充完毕。

图 3-15 所示为背景填充为线性渐变时三种溢出类型的对比效果。

图 3-15 溢出对比效果

## 3.2 样本面板

样本面板提供了系统预定的颜色样本，如图 3-16 所示，可以直接在该面板中选择笔触颜色和填充颜色。执行“窗口”→“样本”菜单命令或者按 Ctrl+F9 组合键可以打开或关闭样本面板。单击样本面板右上角的按钮，弹出如图 3-17 所示的样本面板菜单。

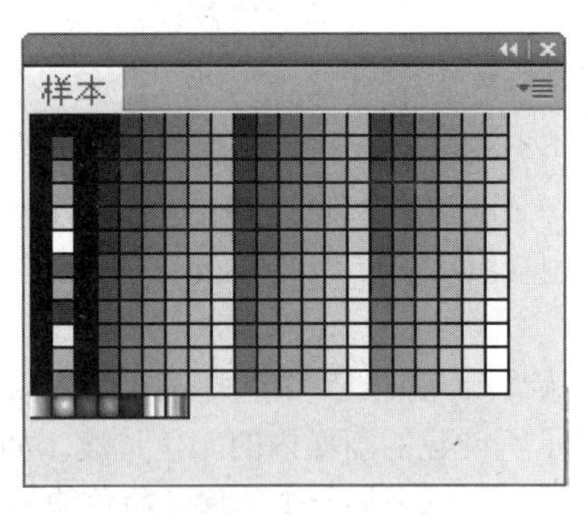


图 3-16 样本面板

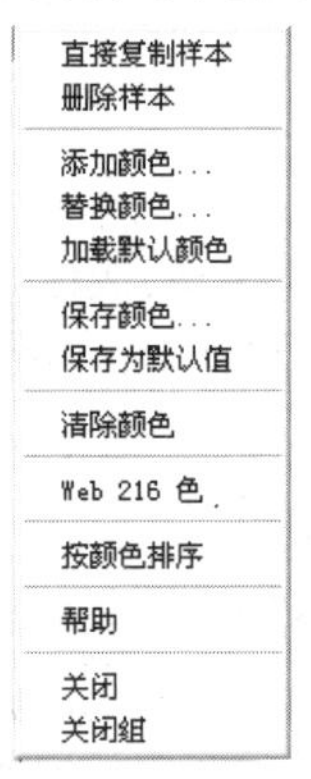


图 3-17 样本面板菜单



### 1. 复制、删除样本和清除颜色

- 直接复制样本：从样本面板菜单中选择“直接复制样本”选项，所选颜色的副本即被添加到面板中的颜色样本的后面，如图 3-18 所示。
- 删除样本：将选中的样本从当前面板中删除。
- 清除颜色：从面板中删除黑白两色以外的所有颜色，如图 3-19 所示。

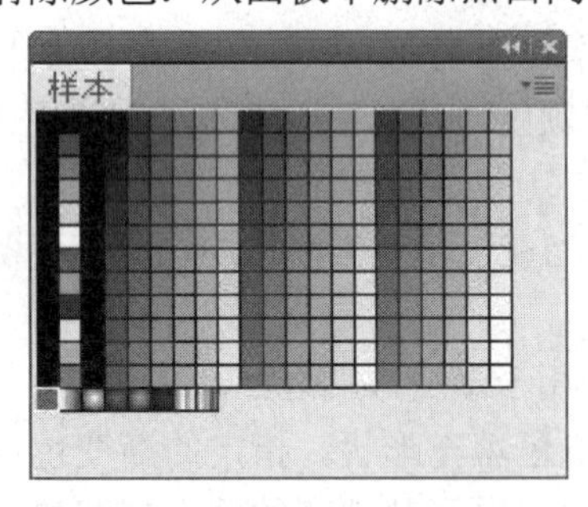


图 3-18 直接复制样本

图 3-19 清除颜色

### 2. 加载和保存默认调色板

修改样本后，可以将当前调色板保存为默认调色板，或者用默认调色板替换当前调色板，还可以加载 Web 安全调色板以替换当前调色板。打开样本面板菜单，执行相应命令。

- 加载默认颜色：用默认调色板替换当前调色板。
- 保存为默认值：将当前调色板保存为默认调色板。创建新文件时将使用新的默认调色板。
- Web 216 色：加载 Web 安全 216 色调色板。
- 按颜色排序：按照色相对调色板中的颜色进行排序，以便更容易地定位颜色。

### 3. 导入和导出调色板

使用 Flash 颜色设置文件（CLR 文件）可以在 Flash 文件之间导入/导出 RGB 颜色和渐变色。使用颜色表文件（ACT 文件）可以导入/导出 RGB 调色板，但不能导入/导出渐变。使用 GIF 文件可以导入调色板，但不能导入渐变。

（1）导入调色板

在样本面板菜单中选择“添加颜色”选项，打开“导入色样“对话框，如图 3-20 所示。选择素材文件“木纹.gif”，单击“打开”按钮，导入的颜色附加到当前的调色板中，如图 3-21 所示。

图 3-20 “导入色样”对话框

若要用导入的颜色替换当前的调色板，则从菜单中选择“替换颜色”选项，打开“导入色样”对话框，定位到所需文件，单击“打开”按钮。导入的颜色替换当前调色板中的颜色，如图 3-22 所示。

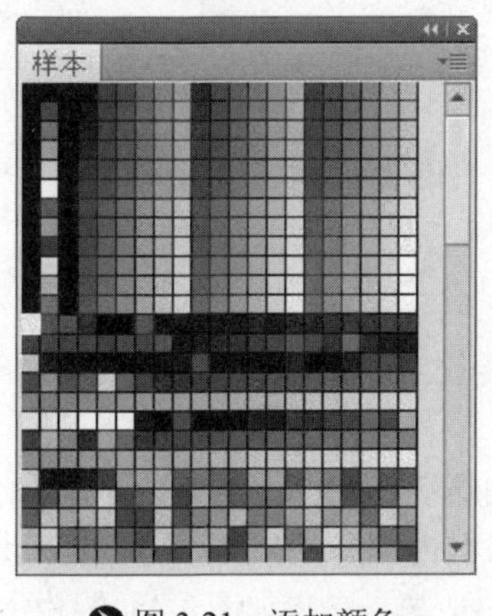


图 3-21 添加颜色

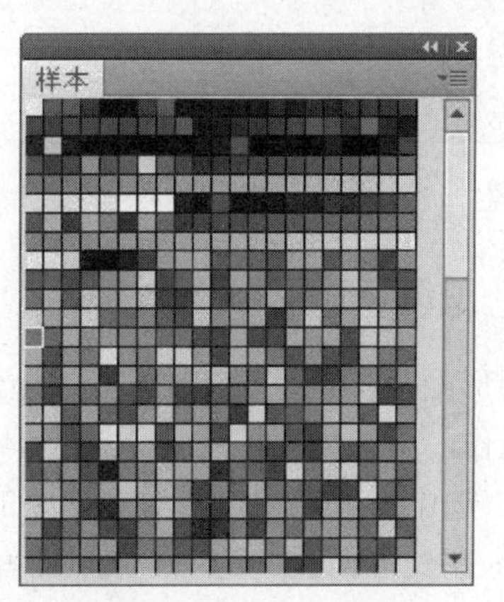


图 3-22 替换颜色

（2）导出调色板

在样本面板菜单中选择“保存颜色”选项，打开“导出色样”对话框，输入文件名，“另存为类型”选择“Flash 颜色设置”或“颜色表”，单击“保存”按钮。

## 3.3 变形面板

除了可以使用“任意变形工具”外，还可以使用变形面板来变形对象。使用该面板可以对选中对象进行更加精确的缩放、旋转、倾斜和创建副本操作。

执行“窗口”→“变形”菜单命令或者按 Ctrl+T 组合键，可打开变形面板。

### 1. 使用变形面板缩放对象

变形面板中的第一行记录了被编辑对象与对象原始状态的大小比例关系，设置相应参数即可对选中对象进行缩放操作。各个选项的作用如下。

- 水平文本框：输入缩放百分比数值，按 Enter 键确认，改变选中对象的水平宽度。
- 垂直文本框：输入缩放百分比数值，按 Enter 键确认，改变选中对象的垂直高度。
- “约束”按钮：单击该按钮，可使水平文本框和垂直文本框内的数据比例一致。
- “复制并应用变形”按钮：单击该按钮，可以复制选中的对象并进行变形。
- “重置”按钮：单击该按钮，可以使选中的对象恢复到变形前的状态。



打开素材文件“缩放原图.fla”，选择小鹿，设置变形面板参数，如图 3-23 所示。对小鹿执行缩放操作的前后对比效果如图 3-24 所示。

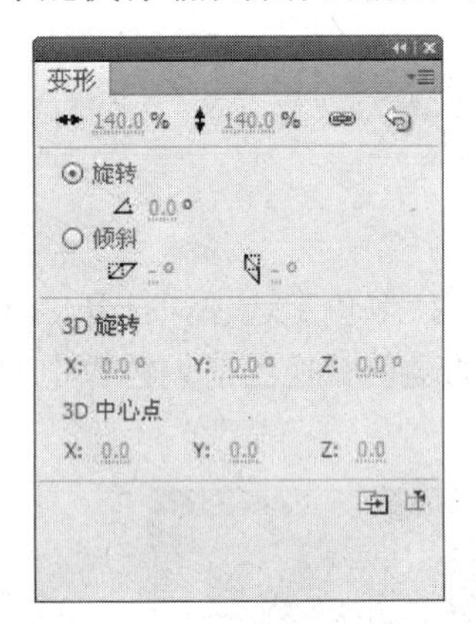


图 3-23　设置变形面板参数

图 3-24　缩放操作的前后对比效果

### 2. 使用变形面板旋转对象

变形面板中的“旋转”选项用于对对象进行旋转设置，此工具经常配合“编辑中心点”操作，方法如下。

① 选中对象，将位于对象中心的“中心点”移到底端中间位置，如图 3-25 所示。

② 在变形面板中选中“旋转”单选按钮，在输入框内填写“45.0°”，按 Enter 键，效果如图 3-25 中图所示。若单击“复制并应用变形”按钮，效果如图 3-25 右图所示。

### 3. 使用变形面板倾斜对象

变形面板中的“倾斜”选项提供了两种倾斜对象的方式，表示以底边为准来倾斜对象，表示以左边为准来倾斜对象。分别运用两种方式使对象倾斜 45° 的效果如图 3-26 所示。

编辑对象的中心点

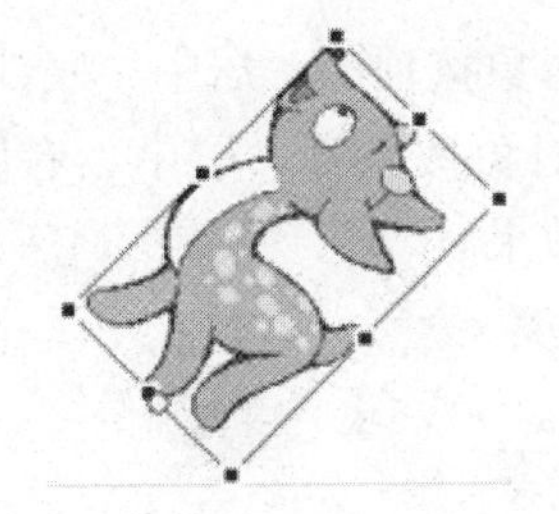

旋转 45°效果

复制并应用变形效果

图 3-25　旋转操作的前后对比效果

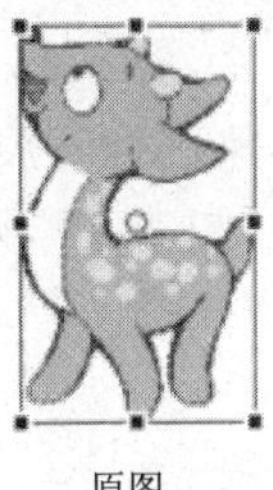

原图

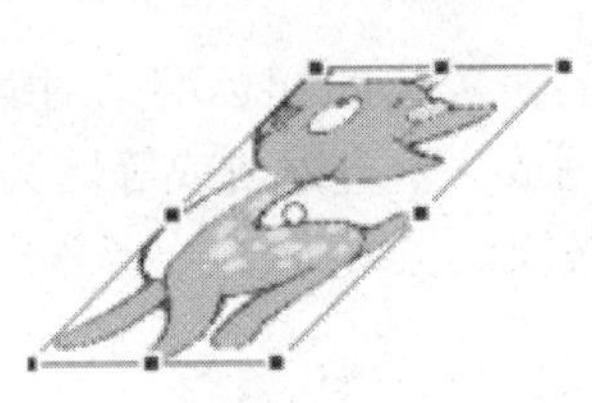

以底边为准倾斜 45°效果

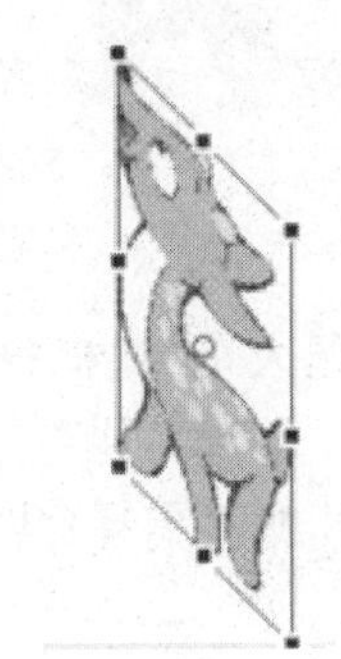

以左边为准倾斜 45°效果



图 3-26　倾斜操作的前后对比效果

## 3.4 对齐面板

若要将舞台上的多个对象有规律地对齐、分布或匹配大小，可以使用对齐面板来实现。执行“窗口”→“对齐”菜单命令或者按 Ctrl+K 组合键，即可打开对齐面板，如图 3-27 所示。该面板分为与舞台对齐、对齐、分布、匹配大小和间隔五个区域，各组按钮的作用如下。

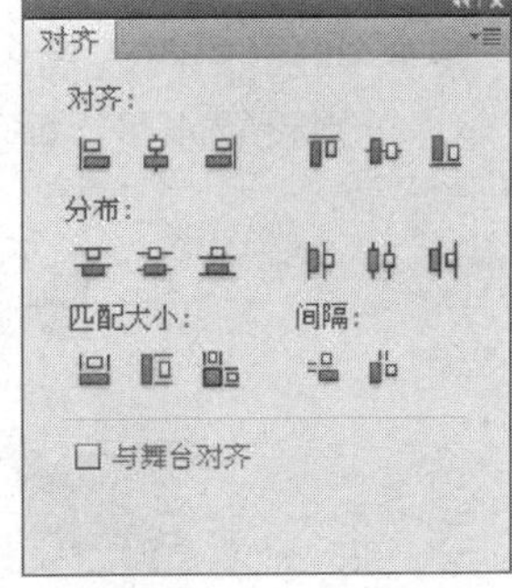


图 3-27　对齐面板

- “与舞台对齐”复选框：可以调整选中对象相对于舞台尺寸的对齐方式和分布；如果没有选中该复选框，则是两个或两个以上对象之间的相互对齐和分布。
- 垂直对齐 ▯▯▯：使对象在垂直方向上分别向左、居中、向右对齐。
- 水平对齐 ▯▯▯：使对象在水平方向上分别向上、居中、向下对齐。图 3-28 所示为在垂直方向上左对齐的对比效果。

原图

左对齐

相对于舞台左对齐

图 3-28　垂直左对齐的对比效果

● 垂直等距分布 ：使对象按顶部、居中、底部进行垂直等距分布。

● 水平等距分布 ：使对象按左侧、居中、右侧进行水平等距分布。图 3-29 所示为水平居中分布的对比效果。

原图

水平居中分布

相对于舞台水平居中分布

图 3-29 水平居中分布的对比效果

● 匹配大小 ：以最大的对象为匹配标准，对其他对象进行宽度和高度的调整，即对其他对象进行水平缩放、垂直缩放或等比例缩放。图 3-30 所示为匹配高度和相对于舞台匹配宽度的效果。

匹配宽度

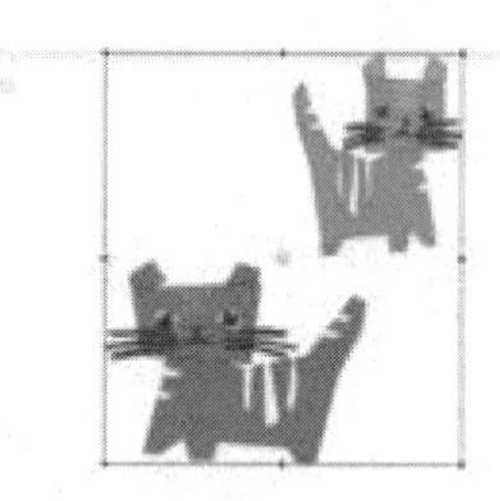
匹配高度

相对于舞台匹配宽度

图 3-30 匹配高度和相对于舞台匹配宽度的效果

● 间隔 ：使多个对象的间隔距离在垂直或水平方向自动调整。图 3-31 所示为分别设置水平、垂直平均间隔和相对于舞台垂直平均间隔的效果。

水平平均间隔

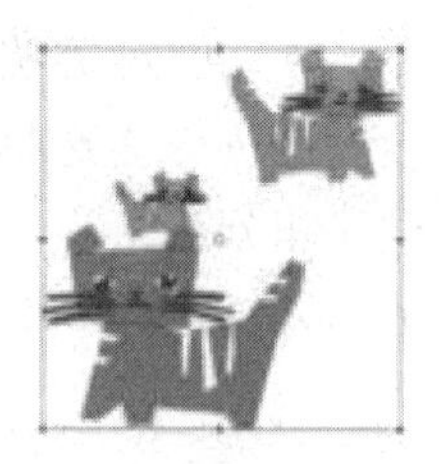
垂直平均间隔

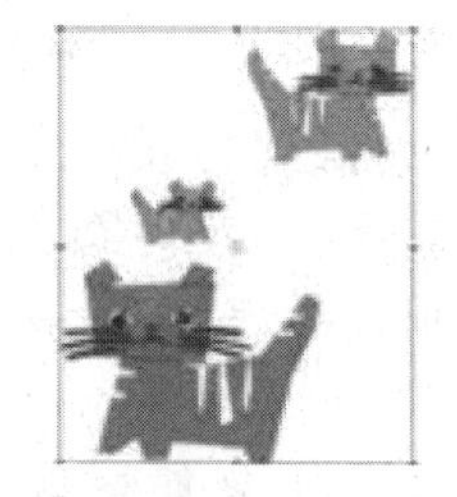
相对于舞台垂直平均间隔

图 3-31 设置水平、垂直平均间隔和相对于舞台里垂直平均间隔的效果

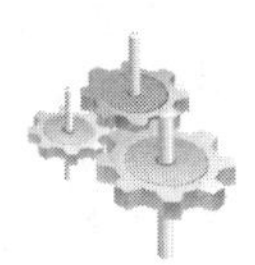

## 案例 7 制作马路——对象的变形及对齐

### 案例描述

使用变形面板和对齐面板，制作如图 3-32 所示的“马路”效果。

图 3-32　“马路”效果图

## 案例分析

- 使用变形面板制作群山及大小不同的树木效果。
- 使用对齐面板调整重叠的山及树的间隔和对齐效果。



## 操作步骤

1. 打开素材文件“马路.fla”，如图 3-33 所示。

图 3-33　“马路”素材文件

2. 执行“插入”→“新建元件”菜单命令，新建一个元件，命名为“群山”，类型选择“影片剪辑”；打开库面板，将名为“山”的元件拖到舞台中央，如图 3-34 所示。

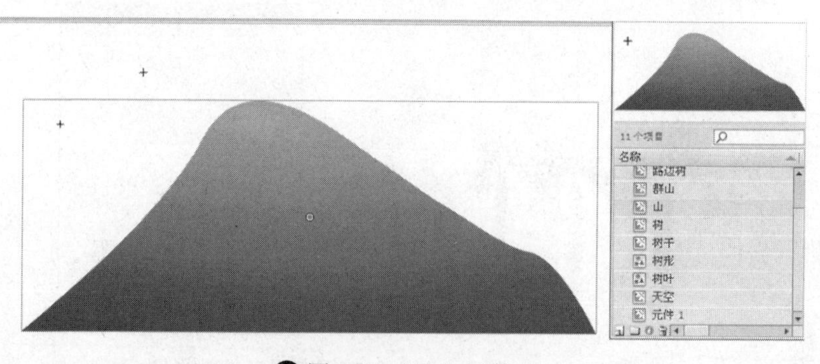


图 3-34　“山”元件

3. 选中舞台上的实例“山”，打开变形面板，调整水平文本缩放百分比数值为 80%，按 Enter 键确认，改变选中对象的大小。再单击“复制并应用变形”按钮三次，复制选中的“山”并进行变形。效果如图 3-35 所示。

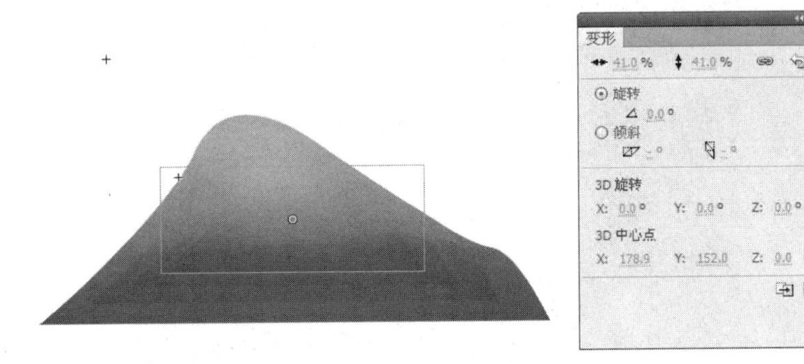


图 3-35　复制“山”并应用变形后的效果图

4. 按 Ctrl+A 组合键或者用鼠标拖动法选中四个“山”（全选），打开对齐面板，先单击“底对齐”按钮，再分别单击“左侧分布”按钮和“右侧分布”按钮各一次，然后再一次单击“左侧分布”按钮和“右侧分布”按钮，调整出层叠的群山效果，如图 3-36 所示。



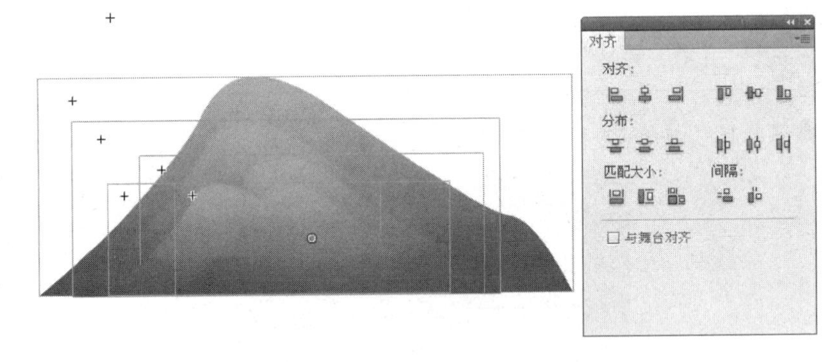


图 3-36　“群山”效果图

5. 执行“插入”→“新建元件”菜单命令，新建一个类型为“影片剪辑”，名称为“路边树”的元件，打开库面板，将名为“树”的元件拖到舞台中央。

6. 选中舞台上的实例“树”，打开变形面板，调整水平文本缩放百分比数值为 80%，按 Enter 键确认，改变舞台上树的大小。再单击“复制并应用变形”按钮五次，复制选中的“树”并进行变形。然后用鼠标分别调整六棵树，由大到小、从左到右依次大体排列，如图 3-37 所示。

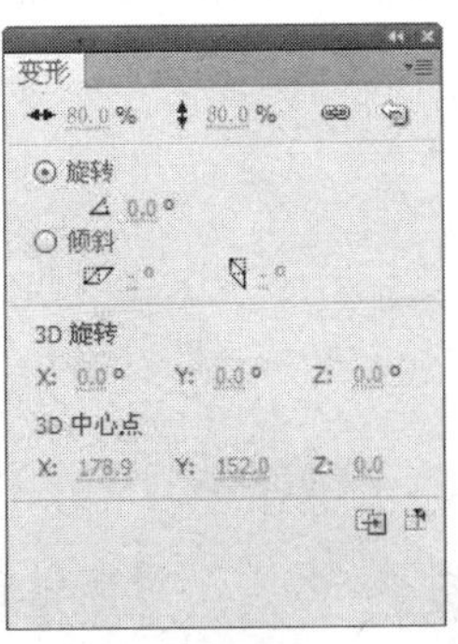


图 3-37　复制“树”并应用变形后的效果图

7. 按 Ctrl+A 组合键或者用鼠标拖动法选中六棵树，打开对齐面板，先单击“垂直中齐”按钮 ，再单击“水平平均间隔”按钮 ，调整出路边树由近及远、由大到小的透视效果，如图 3-38 所示。

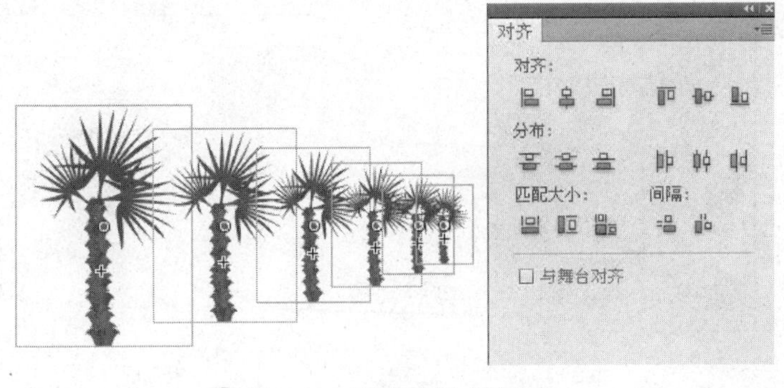


图 3-38 “路边树”效果图

8. 回到场景 1，新建一个图层，命名为“群山”，打开库面板，把名为“群山”的元件拖到舞台上两次，选中其中一个实例，单击“任意变形工具”按钮，调整大小与位置和旋转角度并放到路的左边。用同样的方法调整另一个实例的大小、旋转角度与位置并放到路的右边，如图 3-39 所示。



9. 再新建一个图层，命名为“路边树”，打开库面板，把名为“路边树”的元件拖到舞台上两次，用“任意变形工具”分别调整两个实例的大小与位置并放到路的两边，如图 3-40 所示。

图 3-39 “群山”调整效果图

图 3-40 “马路”最终效果图

10. 执行“文件”→“保存”菜单命令或者按 Ctrl+S 组合键，保存文件。

## 3.5 对象的组合与合并

### 1. 组合对象

要将多个元素作为一个对象来处理，可将它们进行组合。选择要组合的对象（可以是形状、其他组、元件、文本等）后，通过以下两种方法进行组合。

命令：执行“修改”→“组合”菜单命令。

快捷键：按 Ctrl+G 组合键。

组合对象的前后对比效果如图 3-41 所示。将多个对象合成一组，不仅方便选择和移动，还可以对组进行复制、缩放和旋转等操作，而且可以在组中选择单个对象进行编辑，而不必取消对象组合。

组合前　　　　组合后

图 3-41　组合对象的前后对比效果

（1）编辑组或组中的对象

① 选择要编辑的组，执行“编辑”→“编辑所选项目”菜单命令，或者用“选择工具”双击该组。页面上不属于该组的部分都将变暗，表明不属于该组的元素是不可访问的。



② 编辑该组中的任意元素。

③ 执行“编辑”→“全部编辑”菜单命令，或者用“选择工具”双击舞台上的空白处，复原组的状态后，即可处理舞台中的其他元素。

（2）取消组合对象

“取消组合”命令可以将组合的对象分开，并将组合的元素返回到组合之前的状态，如图 3-42 左图所示。取消组合的方法有以下两种。

命令：执行“修改”→“取消组合”菜单命令。

快捷键：按 Ctrl+Shift+G 组合键。

（3）分离组合对象

“分离”命令可以将组、实例和位图分离为单独的可编辑元素。选择对象，使用以下两种方法执行“分离”操作。

命令：执行“修改”→“分离”菜单命令。

快捷键：按 Ctrl+B 组合键。

分离后的效果如图 3-42 右图所示，虽然“分离”会极大地减小导入图形的文件大小，但分离操作不是完全可逆的，它会对对象产生如下影响。

取消组合对象　　　　分离对象

图 3-42　取消组合对象和分离对象的对比效果

① 切断元件实例到其主元件的链接。

② 放弃动画元件中除当前帧之外的所有帧。

③ 将位图转换成填充。

④ 在应用于文本块时，会将每个字符放入单独的文本块中。

⑤ 应用于单个文本字符时，会将字符转换成轮廓。

### 2. 合并对象

若要通过合并或改变现有对象来创建新形状，可以执行“修改”→“合并对象”菜单中相应的命令，合并效果如图 3-43 所示。

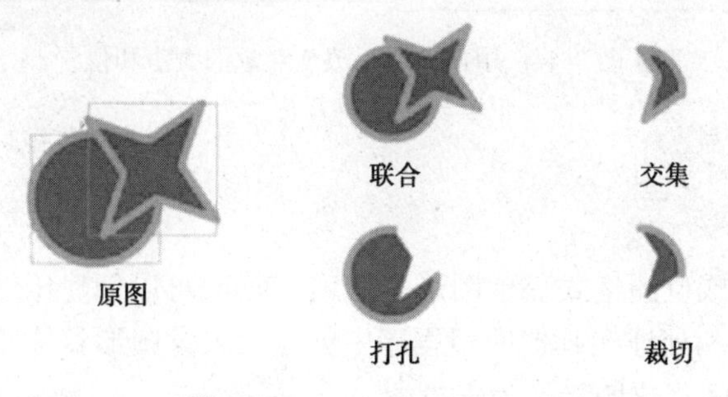




图 3-43　合并对象效果

- 联合：将两个或多个形状合成单个形状，将生成一个“对象绘制”模型形状，它由联合前形状上所有可见的部分组成，形状上不可见的重叠部分被删除。

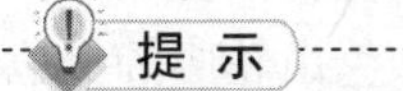


与使用“组合”命令不同的是，使用“联合”命令合成的形状将无法分离。

- 交集：交集创建两个或多个对象的交集，生成的“对象绘制”形状由合并的形状的重叠部分组成。形状上任何不重叠的部分都被删除，生成的形状使用堆叠在最上面的形状的填充和笔触。
- 打孔：删除被最上面的对象覆盖在下面的所选对象的交叠部分，并完全删除最上面的形状。
- 裁切：使用一个对象的形状裁切另一个对象。最上面的对象定义裁切区域的形状，保留与最上面的形状重叠的任何下层形状部分，删除下层形状的非重叠部分，并完全删除最上面的形状。

只有在“对象绘制”模式下绘制的图形，才能进行交集、打孔和裁切对象的操作。打孔和裁切生成的形状保持为独立的对象，不会合并为单个对象（不同于可合并多个对象的“联合”命令）。

## 3.6 信息面板

使用信息面板可以查看选中对象的大小、位置、颜色和鼠标指针的信息，也可在信息面板中输入相应参数，精确设置选中对象的大小和位置，如图 3-44 所示。执行“窗口”→

“信息”菜单命令或者按 Ctrl+I 组合键可打开信息面板。

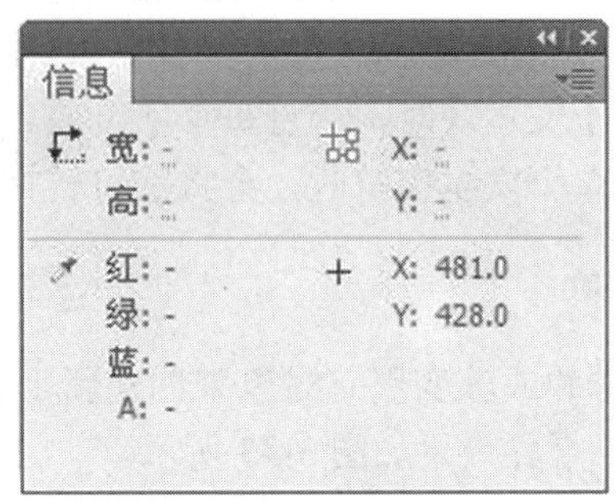


图 3-44 用信息面板改变对象的大小和位置

## 3.7 矢量图和位图

计算机以矢量图或位图格式显示图形。使用 Flash 可以创建压缩矢量图形并将它们制作为动画，可以导入和处理在其他应用程序中创建的矢量图形和位图图形，还可以将导入的位图分离为像素或者将位图转换为矢量图。



### 1. 关于矢量图和位图

矢量图使用直线和曲线（称为矢量）描述图像，这些矢量还包括颜色和位置属性。例如，树叶图像可以由创建树叶轮廓的线条所经过的点来描述。树叶的颜色由轮廓的颜色和轮廓所包围区域的颜色决定。矢量图文件的大小与图形的复杂程度有关，与图形的尺寸和大小无关，所以矢量图的大小不会影响图形的显示效果。图 3-45 是矢量图局部放大后的效果。

位图使用在网格内排列的被称为像素的彩色点来描述图像。例如，树叶的图像由网格中每个像素的特定位置和颜色值来描述。位图文件的大小由图形尺寸和色彩深度决定，所以位图的大小会严重影响图形的显示效果。图 3-46 是位图局部放大后的效果。

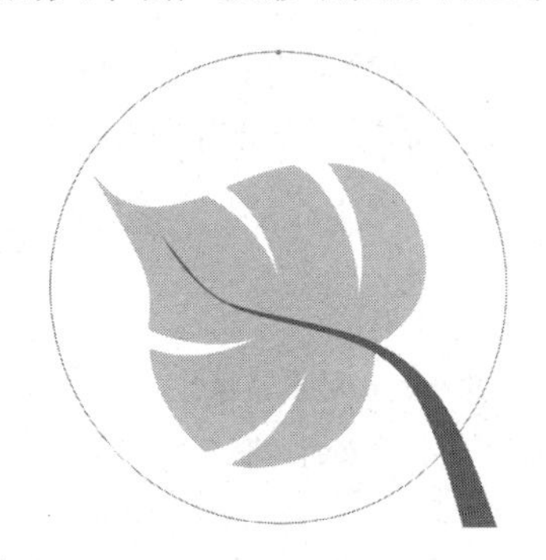

图 3-45 矢量图局部放大后的效果

图 3-46 位图局部放大后的效果

在 Flash 中，判断图片是位图还是矢量图的方法如下：选择工具箱中的“选择工具”，选中图形，如图 3-47 所示，以点的形式显示的为矢量图形，周围出现一个边框的为位图。

矢量图

位图

图 3-47　判断图片是位图还是矢量图

### 2. 导入并设置位图属性

执行“导入”→“导入到舞台”或“导入”→“导入到库”菜单命令，选择相应的素材图片，即可将位图导入 Flash 中。



选择导入的位图，通过属性面板可以显示并改变该位图的像素尺寸及其在舞台上的位置，还可以交换位图实例，即用当前文档中的其他位图的实例替换该实例，如图 3-48 所示。

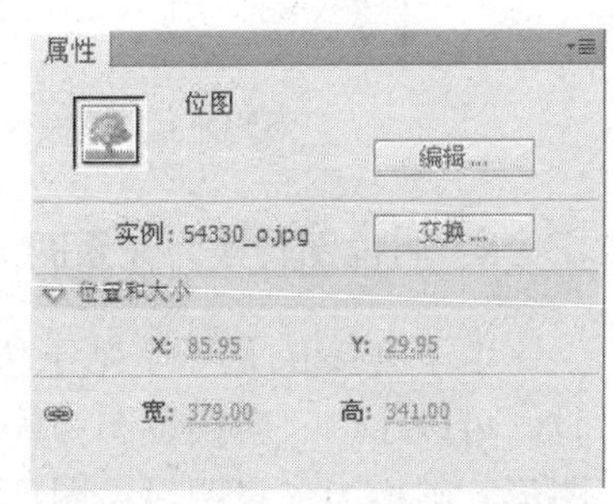


图 3-48　“位图”属性面板

通过库面板可以查看已导入的位图并进一步设置位图属性，如图 3-49 所示。在库面板中选择一个位图，单击库面板底部的“属性”按钮，弹出“位图属性”对话框，如图 3-50 所示。勾选“允许平滑”复选框，可以对导入的位图应用消除锯齿功能，平滑图像的边缘。在“压缩”下拉列表中选择“无损（PNG/GIF）”选项，单击“测试”按钮，在该对话框的底部可查看压缩后的结果。

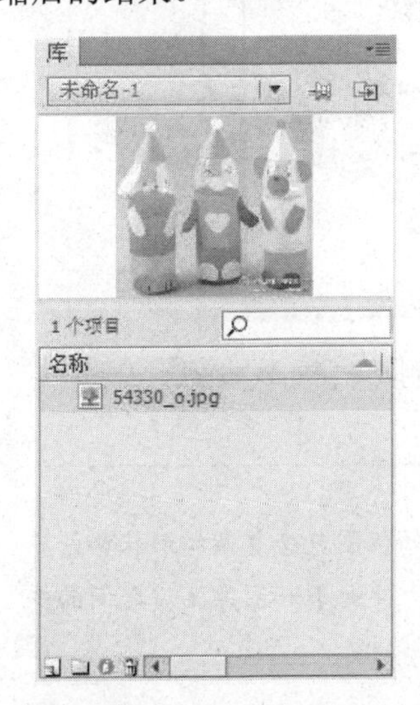


图 3-49　库面板

图 3-50　“位图属性”对话框

### 3. 将位图应用为填充

若要将位图作为填充应用到图形对象，可使用颜色面板中的位图填充。将位图应用为填充时，会平铺该位图以填充对象。

① 在舞台上绘制一个矩形。

② 打开颜色面板，如图 3-51 所示。在“填充类型”下拉列表中选择“位图填充”，打开“导入到库”对话框。

③ 选择文件“位图_小鱼.jpg”，单击“打开”按钮，矩形被位图填充。

④ 使用“渐变变形工具”缩放、旋转并倾斜图像及其位图填充，调整后的效果如图 3-52 所示。

图 3-51　颜色面板

图 3-52　位图填充效果

### 4. 将位图转换为矢量图

由于 Flash 是一个基于矢量图形的软件，有些操作针对位图图像是无法实现的，这时，可以通过“转换位图为矢量图”命令将位图转换为具有可编辑的离散颜色区域的矢量图形。转换为矢量图后，图形会像素化显示，移动图形时，图内离散区域的轮廓会随着鼠标移动，移动矢量图与移动位图时的对比效果如图 3-53 和图 3-54 所示。

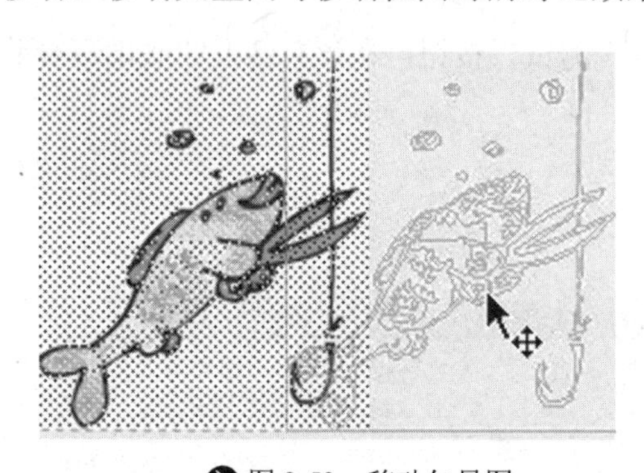

图 3-53　移动矢量图

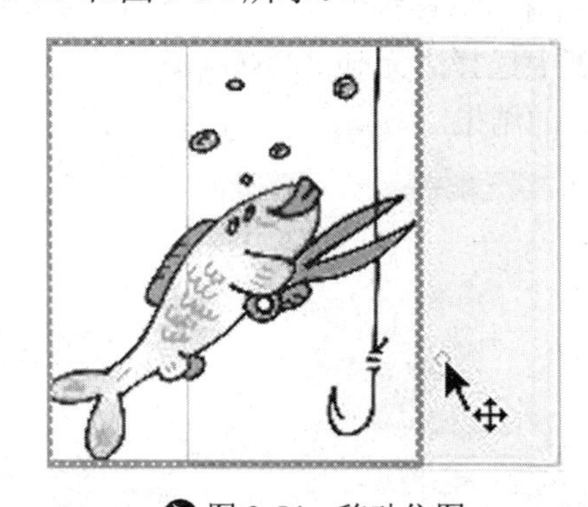

图 3-54　移动位图

**说 明**

将图像作为矢量图形处理，通常可以减小文件大小。但如果导入的位图包含复杂的形状和许多颜色，则转换后的矢量图形的文件要比原始的位图文件大。若要找到文件大小和图像品质之间的平衡点，需要设置“转换位图为矢量图”对话框中的各种参数。

选择当前场景中的位图，执行“修改”→“位图”→“转换位图为矢量图”菜单命令，打开“转换位图为矢量图”对话框，如图 3-55 所示。

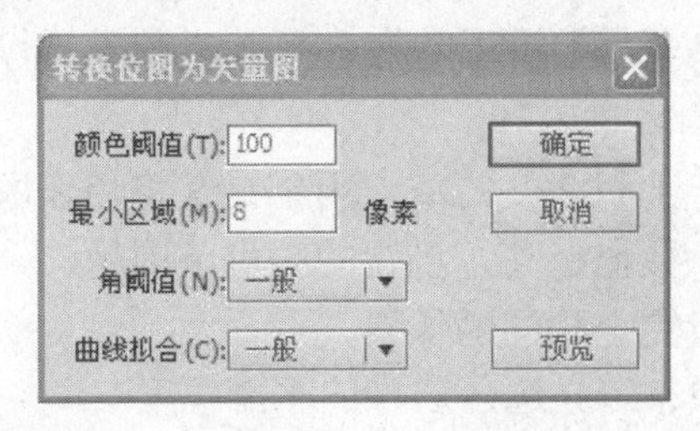


图 3-55 “转换位图为矢量图”对话框

在“颜色阈值”输入框中输入一个介于 1 和 500 的值。当将两个像素进行比较后，如果它们在RGB颜色值上的差异低于该颜色阈值，则两个像素被认为颜色相同。如果增大了该阈值，则意味着降低了颜色的数量。

在“最小区域”输入框中输入一个介于 1 和 1 000 的值，用于设置在指定像素颜色时要考虑的周围像素的数量。

在“曲线拟合”下拉列表框中选择一个选项，来确定绘制轮廓所用的平滑程度。

在“角阈值”下拉列表框中选择一个选项来确定保留锐边还是进行平滑处理。

要创建接近原始位图的矢量图形，可设置为“颜色阈值：10；最小区域：1 像素；曲线拟合：像素；角阈值：较多转角”。图 3-56 所示为应用以上设置和应用图 3-55 设置的对比效果。

图 3-56　图像对比效果

## 3.8 分离命令

位图导入 Flash 后是作为一个对象存在的，可使用“任意变形工具”对其变形，但是无法对其中的局部进行修改。当需要修改位图时，可使用“分离”命令将位图分离，位图分离后会将图像中的像素分散到离散的区域中，分别选中这些区域即可进行编辑。可以使用“套索工具”中的“魔术棒工具”选择已经分离的位图区域。若要使用分离的位图进行涂色，可用“滴管工具”选择该位图，然后用“颜料桶工具”或其他绘画工具将该位图应用为填充。

### 1. 分离位图

选择需要分离的位图。执行“修改”→“分离”菜单命令或者按 Ctrl+B 组合键。

### 2. 更改分离位图的填充区域

选择“套索工具”中的“魔术棒工具”，打开“魔术棒设置”对话框，如图 3-57 所示，根据需要设置以下参数。

- 阈值：输入一个介于 1 和 200 的值，用于定义将相邻像素包含在所选区域内必须达到的颜色接近程度，数值越高，包含的颜色范围越广。如果输入 0，则只选择与单击的第一个像素颜色完全相同的像素。
- 平滑：选择一个选项来定义选区边缘的平滑程度。

单击“魔术棒工具”按钮，选择一个区域，填充新的颜色，如图 3-58 所示。

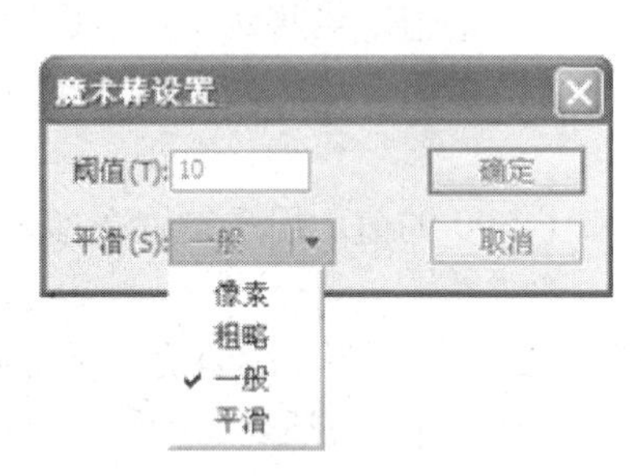


图 3-57 “魔术棒设置”对话框

图 3-58 填充效果



使用 Flash 绘画和涂色工具修改位图的其他部分。

### 3. 使用“滴管工具”应用填充

选择“滴管工具”，单击舞台上分离的位图。“滴管工具”会将该位图设置为当前的填充，并将活动工具更改为“颜料桶工具”。

执行下列操作之一应用填充：选择“颜料桶工具”，单击现有图形对象，将位图应用为填充。用椭圆、矩形或钢笔工具画出一个新对象，该对象会将分离的位图作为填充。

图 3-59 所示为应用素材“蛋宝宝.jpg”分离位图后，填充在“风筝”图形上的效果。

图 3-59 将分离的位图作为填充

## 3.9 改变线条和形状

### 1. 线条的端点和接合

选择铅笔、钢笔、墨水瓶等工具后，属性面板会提供多种线条和接合处的端点形状，如图 3-60 所示。

使用“钢笔工具”，分别改变端点为“无”、“圆角”和“方形”，绘制的线条如图 3-61 所示。也可以选择已绘制的线条，对其端点进行改变，其中“无”和“方形”近似，只是“无”短一截儿。

图 3-60 “形状”属性面板

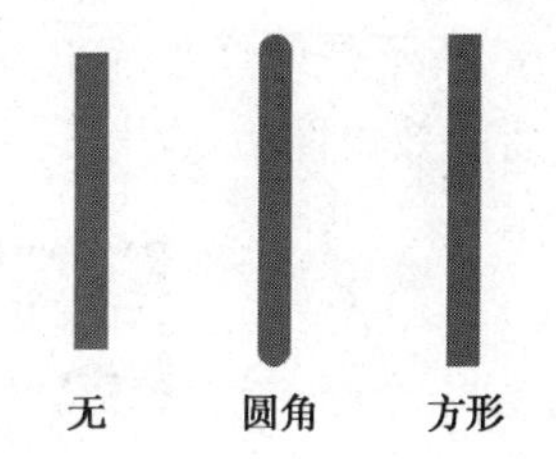


图 3-61 三种端点的形状



接合是指两条线段相接处，也就是拐角的端点形状。如图 3-62 所示，接合点的形状有三种：尖角、圆角和斜角，其中斜角是指被“削平”的“方形”端点。

选择“尖角”后，左侧会出现一个限制尖角的文本框，对尖角的限制数值分别为 3、2 和 1，随着数值降低，尖角被逐渐“削平”，如图 3-63 所示。

图 3-62 三种接合点的形状

图 3-63 尖角的限制数值

### 2. 伸直和平滑线条

伸直操作可以稍稍弄直已经绘制的线条和曲线，它不影响已经伸直的线段。平滑操作使曲线变柔和，并减少曲线整体方向上的凸起或其他变化，同时还会减少曲线中的线段数，不过，平滑只是相对的，它并不影响直线段。如果在改变大量非常短的曲线段的形状时遇上困难，该操作尤其有用。选择所有线段并将它们弄平滑可以减少线段数量，从而得到一条更易于改变形状的柔和曲线。

根据每条线段的原始曲直程度，重复应用平滑和伸直操作会使每条线段更平滑、更直。

若要平滑每个选中笔触的曲线，需选择“选取工具”，然后在工具箱的“选项”部分单击“平滑”按钮 。随着“平滑”按钮的每次单击，所选笔触会逐渐变得平滑起来。

若要输入用于平滑操作的特定参数，需执行“修改”→“形状”→“平滑”命令。在弹出的“高级平滑”对话框中为“上方的平滑角度”、“下方的平滑角度”和“平滑强度”参数输入适当的值，如图 3-64 所示。

若要稍稍伸直所有选中的填充轮廓或曲线，需选择“选择工具”，然后在工具面板的

“选项”部分单击“伸直”按钮 。

若要输入用于伸直操作的特定参数，需执行“修改”→“形状”→“伸直”菜单命令。在弹出的“高级伸直”对话框中，为“伸直强度”参数输入适当的值，如图 3-65 所示。

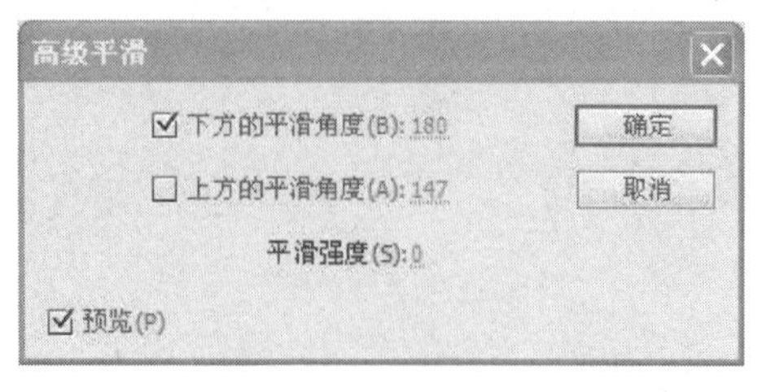

图 3-64 “高级平滑”对话框

图 3-65 “高级伸直”对话框

如图 3-66 所示是用“铅笔工具”画了图形的初步形状，将其选中后重复应用平滑和伸直操作调整后的效果图。

6次应用平滑操作效果

2次应用伸直操作效果

图 3-66 重复应用平滑和伸直操作效果图

### 3. 修改形状

在制作动画的过程中，常常需要将线条转换为填充。“将线条转换为填充”命令可以实现对线条的填充。

选择图形中需要转换为填充的线条，如图 3-67 所示。

执行“修改”→“形状”→“将线条转换为填充”菜单命令，选中的线条将转换为填充形状，在属性面板中设置填充颜色，选中的线条即改变为填充色。

选取工具箱中的“墨水瓶工具”，对填充的线条重新进行描边处理。在属性面板中设置“笔触颜色”为调色板底部的七彩色、“笔触高度”为 4，对图形重新进行描边处理，效果如图 3-68 所示。

图 3-67 选择图形中需要转换为填充的线条

图 3-68 描边后的图形效果

将线条转换为填充可以加快一些动画的绘制，但可能会增大文件大小。

## 3.10 扩展/收缩填充及柔化填充边缘

### 1. 扩展/收缩填充

当需要向外扩展图形或向内收缩图形时，可以使用 Flash 的“扩展填充”功能。选择单个或多个填充图形，执行“修改”→“形状”→“扩展填充”菜单命令，弹出“扩展填充”对话框，如图 3-69 所示。

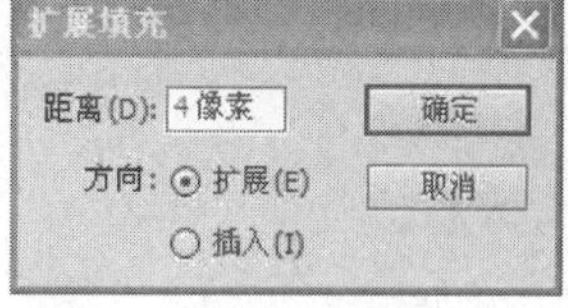


图 3-69 “扩展填充”对话框

“扩展填充”对话框中各个选项的含义如下。

- 距离：可以设置以像素为单位的扩展距离。
- 方向：选中“扩展”单选按钮将以图形的轮廓为界，向外扩展、放大填充；选中“插入”单选按钮则将以图形的轮廓为界，向内收紧、缩小填充。



该功能在没有笔触且不包含很多细节的小型单色填充形状上使用效果最好，如图 3-70 所示为对所选图形进行“扩展填充”时选择“扩展”与“插入”的前后对比效果。

原图

选择“扩展”

选择“插入”

图 3-70 “扩展填充”效果

### 2. 柔化填充边缘

“柔化填充边缘”与“扩展填充”命令相似，都是对图形的轮廓进行放大或缩小填充，不同的是“柔化填充边缘”可以在填充边缘产生多个逐渐透明的图形层，形成边缘柔化的效果。选择单个或多个填充图形，执行“修改”→“形状”→“柔化填充边缘”菜单命令，弹出“柔化填充边缘”对话框，如图 3-71 所示。

柔化填充边缘
距离(D): 4像素　确定
步长数(N): 4　取消
方向: 扩展(E)
插入(I)

图 3-71 “柔化填充边缘”对话框

“柔化填充边缘”对话框中各个选项的含义如下。

- 距离：边缘柔化的范围，数值在 1～144 像素之间。
- 步长数：柔化边缘生成的渐变层数，最多可以设置 50 个层。
- 方向：选择边缘柔化的方向是向外扩散还是向内插入，即柔化边缘时是放大还是缩小形状。

与“扩展填充”命令相似，该功能在没有笔触且不包含很多细节的小型单色填充形状上使用效果最好。如图 3-72 所示为对所选图形进行“柔化填充边缘”时选择“扩展”与“插入”的前后对比效果。

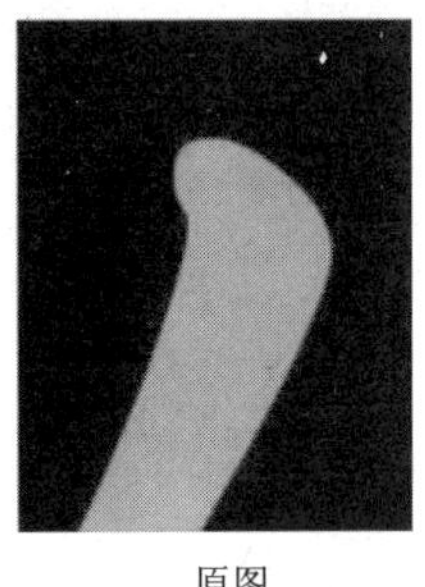

原图

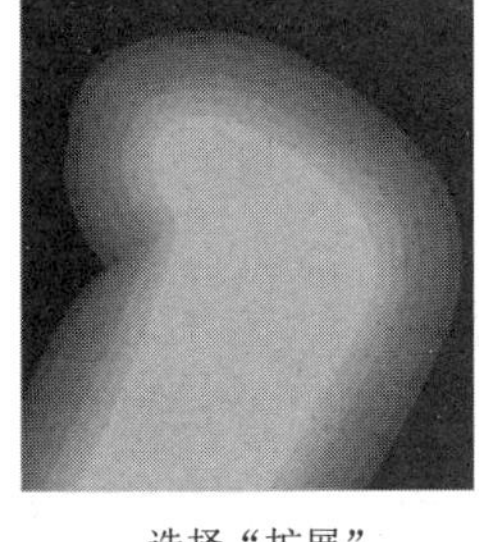

选择“扩展”

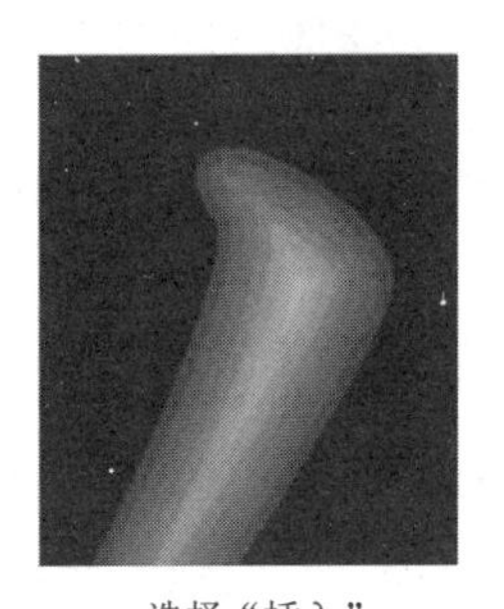

选择“插入”

图 3-72 “柔化填充边缘”效果

## 思考与实训



### 一、填空题

1．若将图 3-73 左图所示的两个对象变为图 3-73 右图所示的对象，可以使用菜单“修改”→“合并对象”中的________命令。

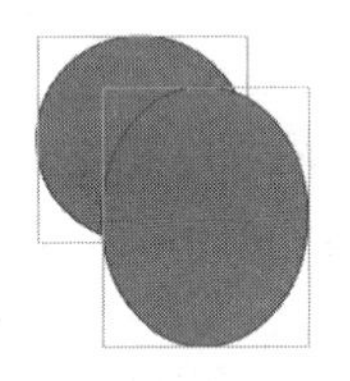

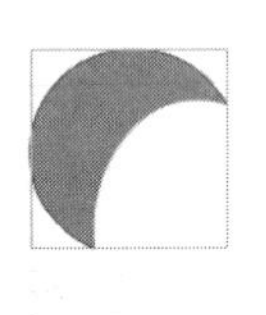

图 3-73 第 1 题素材

2．使用________面板可以对选中对象进行较精确的缩放、旋转、倾斜和创建副本操作，该面板中的“旋转”选项用于对对象进行旋转设置，经常配合________操作。

3．在 Flash CS5 中，Ctrl+B 组合键的作用是________，Ctrl+A 组合键的作用是________。

4．只有在________模式下绘制的图形，才能进行交集、打孔和裁切合并对象的操作。

5．用来改变动画中某个对象的高度可以使用“任意变形工具”，也可以使用________面板来调整参数。

6．计算机以________或________格式显示图形，________文件的大小与图形的复杂程度有关，与图形的尺寸和大小无关。

7．位图导入 Flash 后是作为一个________存在的，当需要修改位图时，可使用________命令将位图分离。

8．如果希望将如图 3-74 左图所示的图形变为图 3-74 右图所示的图形效果，那么可以打开变形面板，然后在旋转选项中输入“30°”，单击 5 次________按钮。

图 3-74 第 8 题素材

9．在“魔术棒设置”对话框中，________用于定义将相邻像素包含在所选区域内必须达到的颜色接近程度，数值越高，包含的颜色范围________。

10．当需要向外扩展图形或向内收缩图形时，可以使用________功能。方法为选择单个或多个填充图形，执行________命令。

## 二、上机实训

1．利用素材文件“轮船.flv”制作如图 3-75 所示的效果。

图 3-75　合成效果



2．使用“柔化填充边缘”命令，利用素材文件“雪花.fla”提供的“雪花”(见图 3-76)，制作如图 3-77 所示的“宝石花”效果。

图 3-76　“雪花”效果

图 3-77　“宝石花”效果

提　示

选中“雪花”，执行“柔化填充边缘”命令，在弹出的“柔化填充边缘”对话框中将“距离”设为 100 像素，“步长数”设为 5，选择“插入”单选按钮。

# 模块4

# 应用文本

## 案例 8　动态显示屏——传统文本工具的使用

### 案例描述

使用传统文本工具，创建如图 4-1 所示的“动态显示屏”效果，当在输入框中输入任意字符时，输出框中能即时显示字符。



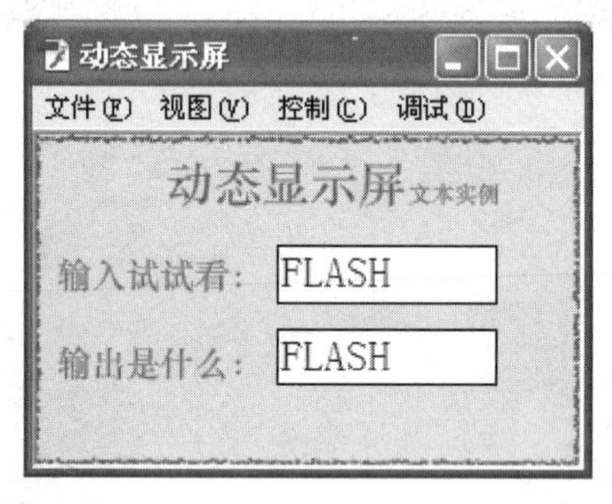


图 4-1　“动态显示屏”效果图

### 案例分析

- 创建“静态文本”、“动态文本”、“输入文本”三种类型的文本。
- 本案例主要练习工具箱中“文本工具”的使用方法，以及如何通过该工具制作丰富的文字效果。

### 操作步骤

1. 新建一个 Flash 文档，选择 ActionScript 2.0 类型，按 Ctrl+S 组合键打开“另存为”对话框，选择保存路径，输入文件名“动态显示屏”，然后单击“确定”按钮，回到工作区。

2. 执行“修改”→“文档”菜单命令，打开“文档属性”对话框，设置背景色为#66FFFF，文档宽度为 250 像素，高度为 150 像素。

3. 选择“文本工具”，展开属性面板，设置文本格式为静态文本、华文中宋、22 点、红色、可读性消除锯齿，如图 4-2 所示。在舞台上方输入标题“动态显示屏”。

4. 选择“文本工具”，展开属性面板，设置文本格式为静态文本、华文中宋、16 点、红色、可读性消除锯齿，并单击“切换下标”按钮$T_1$，如图 4-3 所示。在“动态显示屏”的右边输入“文本实例”。

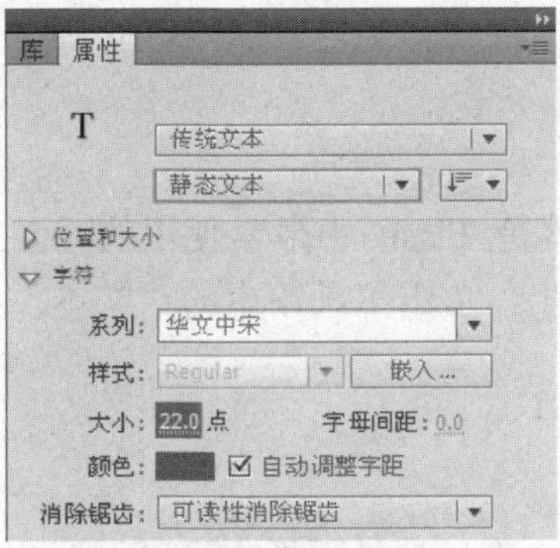

图 4-2　设置标题文本属性

图 4-3　设置下标文本属性

5．选择“文本工具”，采用同样的方法输入说明性文本“输入试试看:”和“输出是什么:”，在属性面板中设置文本类型为静态文本、华文中宋、16 点、红色、可读性消除锯齿。

6．选择“文本工具”，展开属性面板，设置文本格式为输入文本、宋体、深蓝色、20 点、单行、可读性消除锯齿，单击“在文本周围显示边框”按钮，在“变量”框中输入变量“txt1”，如图 4-4 所示，然后在舞台上用鼠标拖出一个白色带黑边的矩形输入文本框。

7．选择“文本工具”，展开属性面板，设置文本格式为动态文本、宋体、深蓝色、20 点、单行、可读性消除锯齿，单击“在文本周围显示边框”按钮，在“变量”框中输入变量“txt1”（跟输入文本框的变量一致），如图 4-5 所示，然后在舞台上用鼠标拖出一个白色带黑边的矩形动态文本框。

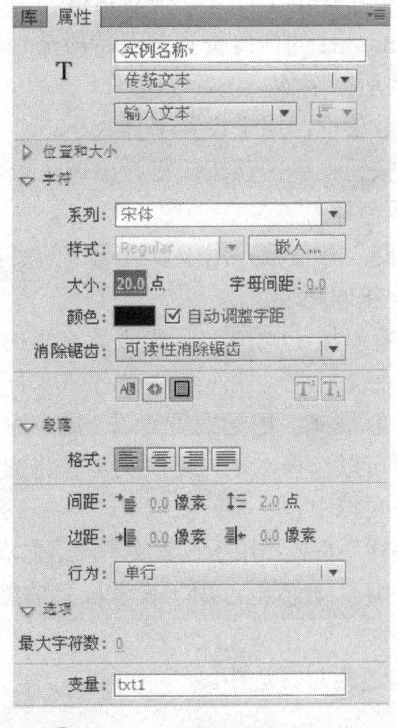


图 4-4　设置输入文本属性

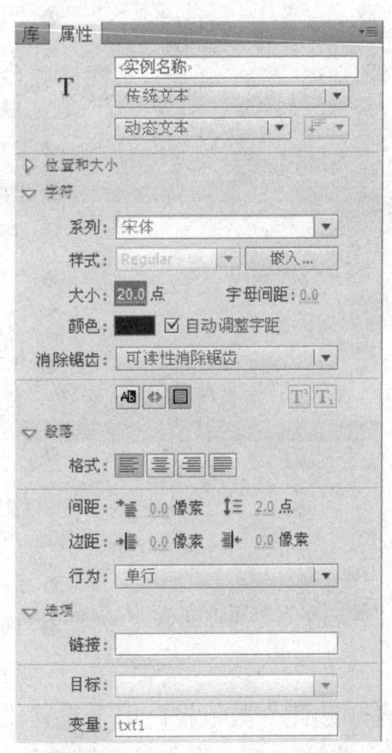


图 4-5　设置动态文本属性

8．按 Ctrl+S 组合键保存文件，按 Ctrl+Enter 组合键测试影片，比如在输入文本框中输入字符 Flash 时，下面的动态文本框中就会即时显示字符 Flash，形成动态显示屏的效果。

# 4.1 传统文本工具

一部好的 Flash 动画离不开文字的配合，文本是 Flash 中最常使用的元素之一。在 Flash 作品中输入一段文字，就要使用“文本工具”，单击工具箱中的“文本工具”按钮 T 或者按 T 键，都可调用该工具。

## 1. 传统文本类型

选择“文本工具”，展开文本工具的属性面板。在该属性面板中可以设置文本类型、字体大小、字体格式等有关字体的属性，“传统文本类型”下拉列表中提供了三种文本类型，分别为静态文本、动态文本和输入文本。



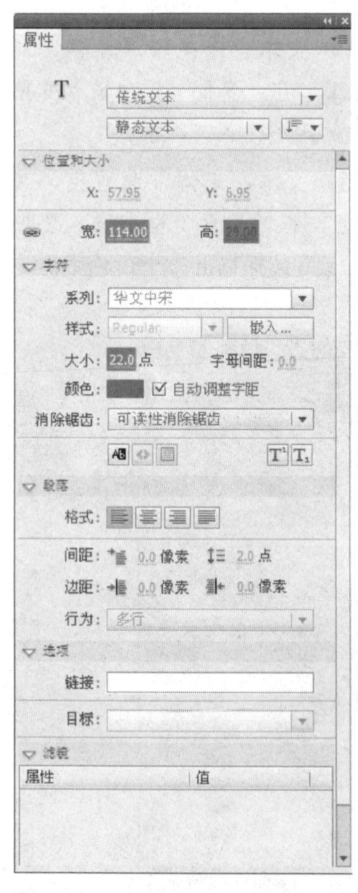


图 4-6 “静态文本”属性面板

（1）静态文本

静态文本正如其名称，即静态的文本，是 Flash 传统文本工具默认的文本类型，它的属性面板如图 4-6 所示。

下面以“静态文本”属性面板为例，对一些常用属性进行简单介绍。

- “文本类型”下拉列表框：可以选择静态文本、动态文本和输入文本三种文本类型。
- “系列”下拉列表框：可以选择文本的字体。
- “嵌入”按钮：用于打开一个对话框。为确保文件发布在 Internet 的任何位置都保持所需外观，可以嵌入文件所需字体。
- “大小”数值框：用于设置字体大小。
- “颜色”按钮：单击该按钮将弹出调色板，然后选择文本颜色即可。
- “字母间距”数值框：用于设置选中的字符或整个文本的字符间距。
- “字符位置”按钮 $T^1$ $T_1$：用于设置文本的位置——上标或下标。
- “可选按钮” AB：用于设置查看 Flash 应用程序的用户是否可以选择文本、复制文本并将文本粘贴到一个独立文档中。
- 段落“格式”按钮：用于设置文本段落的对齐方式。
- 段落“间距”数值框：用于设置段落的缩进值与行距。
- 段落“边距”数值框：用于设置段落的左边距与右边距。
- “链接”文本框：用于输入链接地址。
- “滤镜”列表框：可以对文本添加滤镜。

创建静态文本时，可以将文本放在单独的一行中，该行会随着输入内容的增多而扩展，也可以将文本放在定宽字段或定高字段中，这些字段会自动扩展和折行。在使用文本工具输入文本时，文本框上会出现一个控制柄，静态文本的控制柄在文本框右上角，如图 4-7 所示。

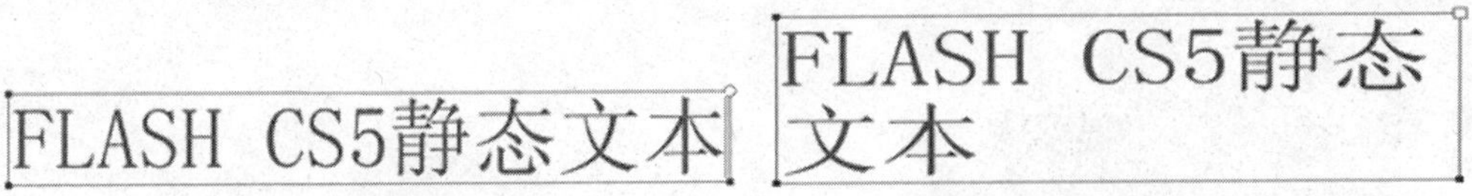

FLASH CS5静态文本　　FLASH CS5静态文本

扩展的静态水平文本　　定义宽度的静态水平文本

图 4-7　静态文本控制柄

（2）动态文本

动态文本显示动态更新的文本，如天气预报、股票信息等。其属性面板如图 4-8 所示。

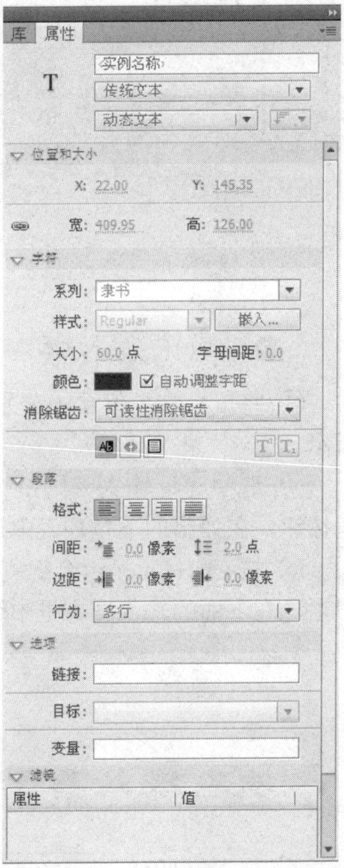

- 实例名称：给文本字段实例命名，以便于在动作脚本中引用该实例。
- 多行显示模式：当文本框包含的文本多于一行时，可以使用单行、多行和多行不换行进行显示。
- “在文本周围显示边框”按钮：显示文本框的边框和背景。
- 变量：动态文本的变量名称。

动态文本的控制柄在文本框右下角，如图 4-9 所示。

（3）输入文本

输入文本在输出播放文件时，可以实现文字输入，能够通过用户的输入得到特定的信息，比如用户名称、用户密码等。

输入文本的属性面板如图 4-10 所示，其中“行为”下拉框中还包括了“密码”选项。选择了“密码”选项后，用户的输入内容全部用*进行显示，而“最大字符数”则规定用户输入字符的最大数目。

（4）创建“登录窗口”实例步骤

① 打开素材文件“输入文本背景.fla”。

② 选择“文本工具”或者按 T 键，将属性面板中的文本类型设置为输入文本、文本字体设置为宋体、文本大小设置为 24 点、文本颜色设置为黑色、字体呈现方法设置为“使用设备字体”，单击“在文本周围显示边框”按钮使其处于选中状态，如图 4-11 所示。

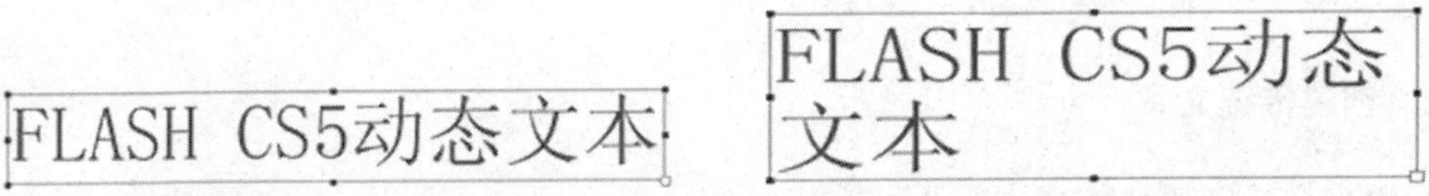

库　属性
T
实例名称
传统文本
动态文本
位置和大小
X: 22.00　Y: 145.35
宽: 409.95　高: 126.00
字符
系列: 隶书
样式: Regular　嵌入...
大小: 60.0 点　字母间距: 0.0
颜色:　☑ 自动调整字距
消除锯齿: 可读性消除锯齿
段落
格式:
间距: 0.0 像素　2.0 点
边距: 0.0 像素　0.0 像素
行为: 多行
选项
链接:
目标:
变量:
滤镜
属性　值

图 4-8　“动态文本”属性面板

FLASH CS5动态文本　　FLASH CS5动态文本

扩展的动态水平文本　　定义宽度的动态水平文本

图 4-9　动态文本控制柄

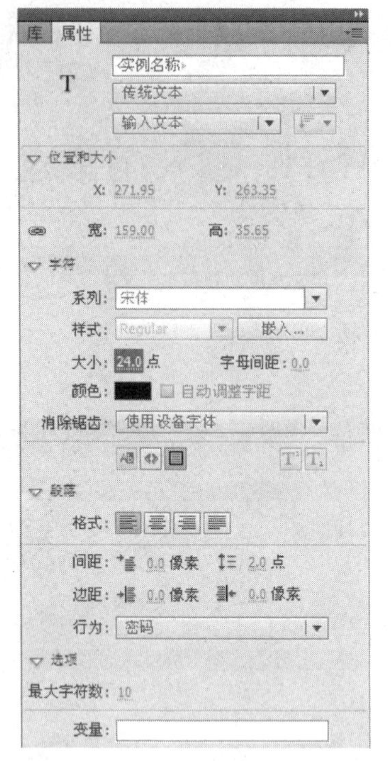


图 4-10　“输入文本”属性面板

图 4-11　设置输入文本属性

③ 将鼠标移至舞台，分别在舞台上创建输入文本“欢迎进入售票系统”，如图 4-12 所示。

④ 选中“请输入密码：”右侧的输入文本，然后单击属性面板“行为”右侧的下三角按钮，在弹出的下拉列表中选择“密码”选项。

⑤ 按 Ctrl+Enter 组合键测试影片，将鼠标放在上面的输入文本框上，可在其中输入用户名，在下面的输入文本框中输入密码，如图 4-13 所示。

图 4-12　创建输入文本

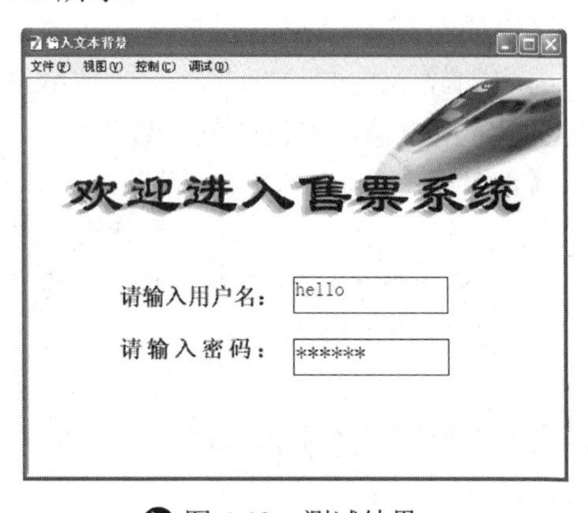


图 4-13　测试结果

## 2. 创建传统文本

一般来说，创建传统文本有两种方法。

① 单击输入。使用“文本工具”在画面上单击，就可以进行文字输入了。这时会看到右上角有一个小的圆形文本输入框，该文本框可以随着文本内容自动调整宽度。

② 拖框输入。使用“文本工具”在画面上拖拉出文字的范围框。可以看到文本框的右上角出现了一个小方框，该文本框限制了文本的范围，输入的文字将在规定的范围内呈现。

## 4.2 安装新字体

在制作 Flash 动画时，经常会因为动画风格的需要而加入一些新的字体。Flash 软件字体少，不是软件本身的问题，而是计算机本身没有安装更多的字体，如 Windows XP、Windows 2003 等操作系统，虽说安装的是中文版本，但默认只有几种常见的字体，因此常需要用户自己动手安装新字体。

安装新字体时，可以通过执行“开始”→“设置”→“控制面板”→“字体”菜单命令，打开“字体”（Fonts）窗口，执行“文件”→“安装新字体”菜单命令，如图 4-14 所示。打开“添加字体”对话框，从安装光盘或下载的字体安装包中安装即可，如图 4-15 所示。新建 Flash 文档后，新字体就会出现在字体列表中。

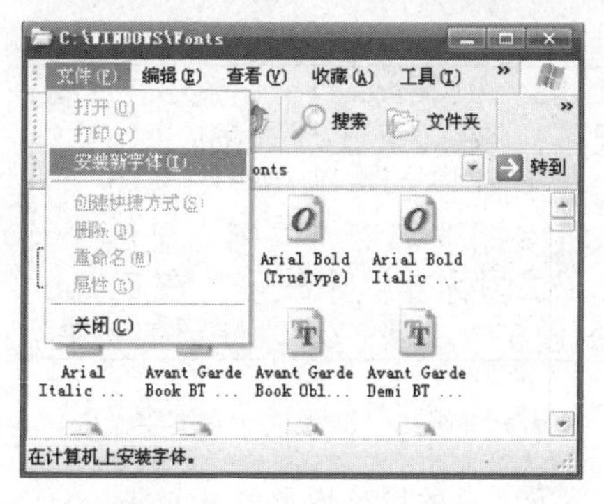


图 4-14　“字体”窗口

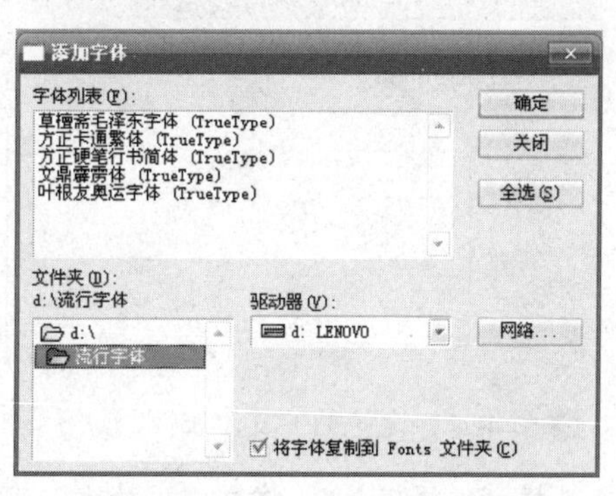


图 4-15　“添加字体”对话框

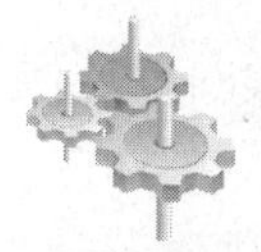

## 案例 9　段落分栏——应用 TLF 文本

### 案例描述

使用 TLF 文本工具，创建如图 4-16 所示的“TLF 文本段落分栏”效果。TLF 文本具有很多段落样式，为在 Flash 中创建内容较多的文本提供了强大的排版方式。

文本布局框架

文本布局框架 TLF 出现之前，Flash 中的文本排版支持是非常简陋的，相信很多朋友都深有同感，显然 Adobe 试图弥补这个缺陷，在 Flash Player10 中，我们可以使用 TLF 来增强文本布局，并实现一些之前很难实现的工作（比如对阿拉伯文的支持等等）。在使用 TFL 之前，你需要了解下面几点：如果用 FB 编译项目，且使用到了 TLF，SDK 版本必须为 4.0 或以上。

图 4-16　“TLF 文本段落分栏”效果图

## 案例分析

● 使用 TLF 文本工具对文字进行设置。

● 练习 TLF 文本工具的段落排版分栏，从而熟悉 TLF 文本工具的段落样式的设置。

## 操作步骤

1. 新建 Flash 文档，选择 ActionScript 3.0 类型，按 Ctrl+S 组合键打开“另存为”对话框，选择保存路径，输入文件名“TLF 段落分栏”，然后单击“确定”按钮，回到工作区。

2. 选择“文本工具”，展开文本属性面板，设置文本引擎为“TLF 文本”，文本类型为“可编辑”，文字大小为 22 点，如图 4-17 所示。然后在舞台上用鼠标拖动出一个任意大小的矩形框。

3. 在矩形框中输入一定数量的文字，或者将外部文字导入，如图 4-18 所示。这时在矩形框的右下方出现一个红色网格，这说明文本框中的文本没有被完全显示出来。

库
属性
实例名称
TLF 文本
可编辑
字符
系列：宋体
样式：Regular
嵌入...
大小：22.0 点
行距：120
%

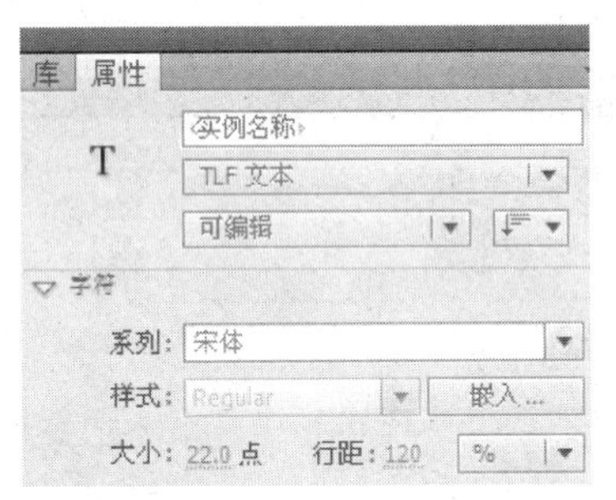

图 4-17　设置 TLF 文本属性

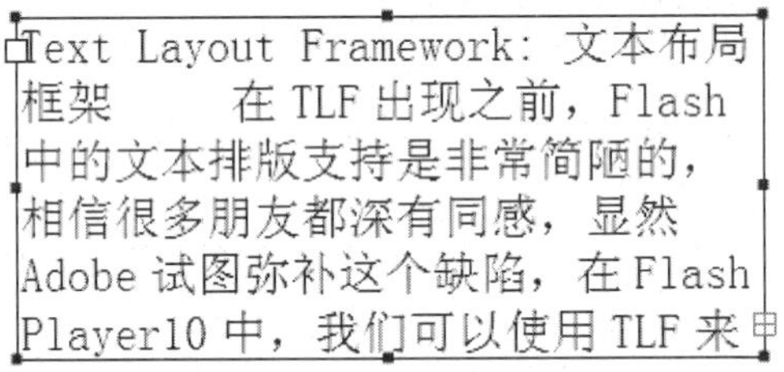

Text Layout Framework：文本布局
框架　　在 TLF 出现之前，Flash
中的文本排版支持是非常简陋的，
相信很多朋友都深有同感，显然
Adobe 试图弥补这个缺陷，在 Flash
Player10 中，我们可以使用 TLF 来

图 4-18　输入或导入文字

4. 选择“选择工具”，将文本框拉大，直到右下方红色的网格图形消失。

5. 在文本属性面板中，设置左右边距为 6 像素，缩进为 30 像素。

6. 在文本属性面板的“容器和流”栏中设置列为 3，列间距为 18 像素。最后效果如图 4-19 所示。

7. 选择“文本工具”。设置字符大小为 40 点，段落左右边距、缩进均为 0 像素。在舞台中段落分栏的上方单击，并在矩形框中输入“文本布局框架”，如图 4-20 所示。

文本布局框架 TLF 出现之前，Flash 中的文本排版支持是非常简陋的，相信很多朋友都深有同感，显然 Adobe 试图弥补这个缺陷，在 Flash
Player10 中，我们可以使用 TLF 来增强文本布局，并实现一些之前很难实现的工作（比如对阿拉伯文的支持等等）。
在使用 TFL 之前，你需要了解下面几点：如果用 FB 编译项目，且使用到了 TLF，SDK 版本必须为 4.0 或以上。

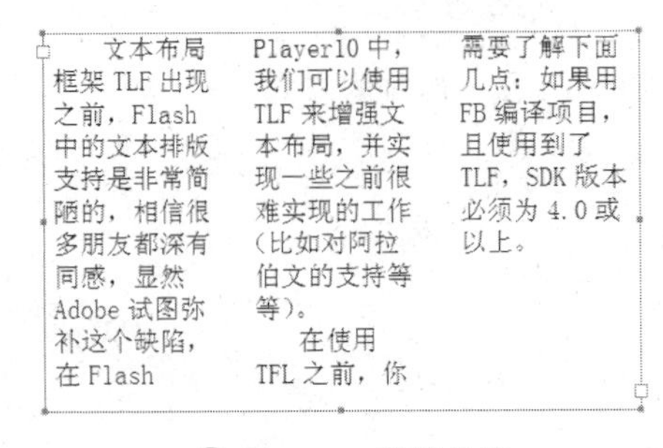

图 4-19　段落分栏

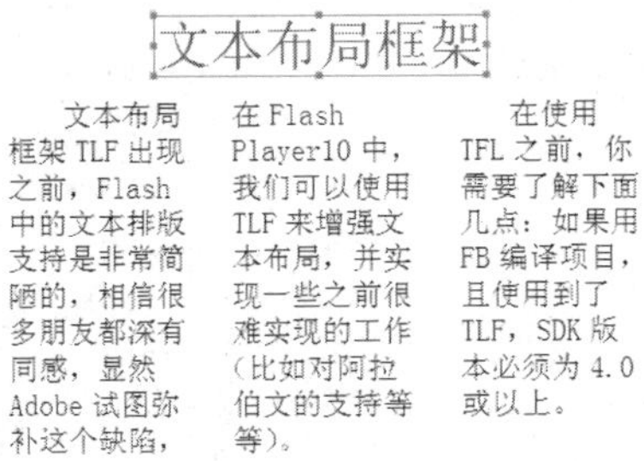

文本布局框架
文本布局框架 TLF 出现之前，Flash 中的文本排版支持是非常简陋的，相信很多朋友都深有同感，显然 Adobe 试图弥补这个缺陷，
在 Flash Player10 中，我们可以使用 TLF 来增强文本布局，并实现一些之前很难实现的工作（比如对阿拉伯文的支持等等）。
在使用 TFL 之前，你需要了解下面几点：如果用 FB 编译项目，且使用到了 TLF，SDK 版本必须为 4.0 或以上。

图 4-20　添加文字

8. 选择“选择工具”，选中“文本布局框架”文本框，执行“修改”→“分离”菜单命令或者按 Ctrl+B 组合键，将文本框分离，如图 4-21 所示。

9. 使用“选择工具”选择“框架”二字，在“绘制对象”属性面板中设置笔触颜色为红色，填充颜色为无色☐，笔触大小为 1，笔触样式为实线，如图 4-22 所示。

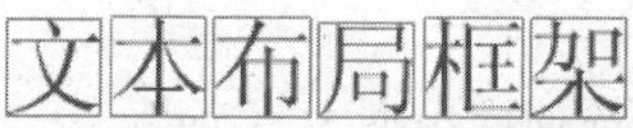

文本布局框架

图 4-21 分离文本框

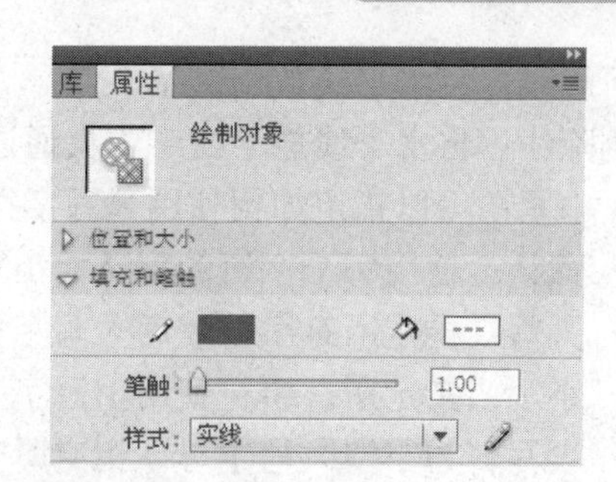


图 4-22 设置“框架”二字的属性

10. 按 Ctrl+S 组合键保存文件，按 Ctrl+Enter 组合键测试影片。

## 4.3 应用 TLF 文本

从 Flash CS5 开始有了新文本工具——文本布局框架（TLF），该工具用来向 Flash 文件添加文本。TLF 支持更多丰富的文本布局功能和对文本属性的精细控制功能。与以前的传统文本相比，TLF 文本可以加强对文本的控制。



与传统文本相比，TLF 文本增加了下列功能。

① 更多字符样式，包括行距、连字、加亮颜色、下画线、删除线、大小写等。

② 更多段落样式，包括支持多列、末行对齐选项、边距、缩进等。

③ 控制更多亚洲字符数字，包括标点挤压、避头尾法则类型等。

④ 为 TLF 文本应用 3D 旋转、色彩效果、混合模式等属性，而无须将 TLF 文本放置于影片剪辑元件中。

⑤ 文本可按顺序排列在多个文本容器中。

⑥ 能够针对阿拉伯语和希伯来语文字创建从右到左的文本。

⑦ 支持双向文本，其中从右到左的文本可包含从左到右的文本的元素。

### 1. 设置 TLF 文本属性

选择“文本工具”或者按 T 键，打开 TLF 文本属性面板。默认文本类型是 TLF 文本。

（1）设置字符样式

展开文本工具的属性面板，通过“字符”和“高级字符”部分可以设置文本类型、字体大小、字体格式等有关字体的属性，如图 4-23 所示。

- 行距：文本行之间的垂直间距。
- 加亮显示：加亮颜色。
- 字距调整：在特定字符之间加大或缩小距离。
- 旋转：旋转各个字符。
  - 0°：表示强制所有字符不进行旋转。
  - 270°：主要应用于具有垂直方向的罗马文字体。
  - 自动：通常用于亚洲字体，仅旋转需要旋转的那些字符。

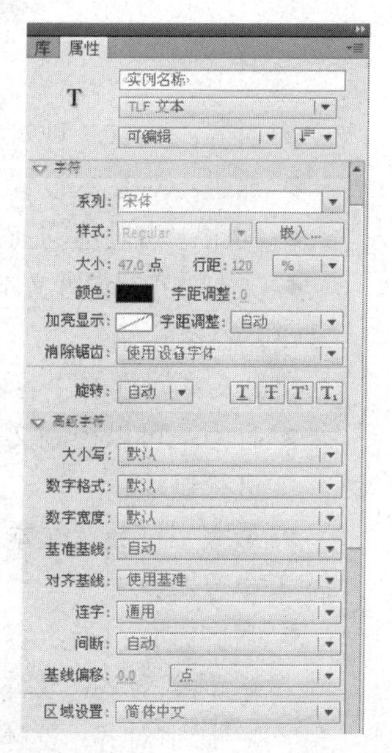


图 4-23 设置字符样式

- 下画线：将水平线放于文字下。
- 删除线：将水平线放于文字中央通过的位置。
- 大小写：可以指定如何使用大写字符和小写字符，包括以下值。
  - 默认：使用每个字符的默认大小写。
  - 大写：指定所有字符使用大写字型。
  - 小写：指定所有字符使用小写字型。
  - 大写转为小型大写字母：指定所有大写字符使用小型大写字型。
  - 小写转为小型大写字母：指定所有小写字符使用小型大写字型。
- 数字格式：允许用户指定在使用字体提供等高和变高数字时应用的数字样式。
- 数字宽度：允许用户指定在使用字体提供等高和变高数字时是使用等比数字还是定宽数字。

（2）设置段落样式

要设置段落样式，则需使用文本属性面板的“段落”和“高级段落”部分，其中的三种效果如图 4-24 所示。其属性面板如图 4-25 所示。

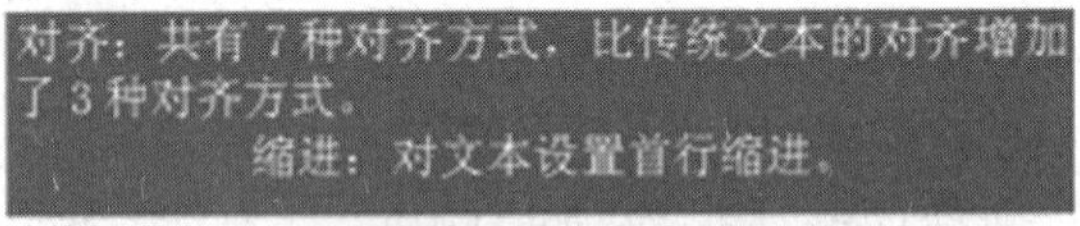

对齐：共有 7 种对齐方式，比传统文本的对齐增加了 3 种对齐方式。
缩进：对文本设置首行缩进。

两端对齐，末行居中对齐

对齐：共有 7 种对齐方式，比传统文本的对齐增加了 3 种对齐方式。
缩进：对文本设置首行缩进。

两端对齐，末行右对齐

对齐：共有 7 种对齐方式，比传统文本的对齐增加了 3 种对齐方式。
缩 进：对 文 本 设 置 首 行 缩 进。

两端对齐

图 4-24　段落样式效果

- 对齐：共有 7 种对齐方式，比传统文本的对齐增加了 3 种对齐方式。
- 缩进：对文本设置首行缩进。
- 间距：为段落的前后间距指定像素值。
- 文本对齐：设置文本的对齐范围。在字母间进行字距调整或者在单词间进行字距调整。

（3）容器和流

TLF 文本属性的“容器和流”部分，控制整个文本容器的选项，如图 4-26 所示。

- 行为：可以控制文本容器是以单行、多行、多行不换行的方式，还是以密码的方式进行显示。
- 最大字符数：文本容器中允许的最大字符数，仅适用于类型设置为“可编辑”的文本容器。
- 对齐方式：指定容器内文本的几种对齐方式，包括以下四种。
  - 顶部对齐：文本与容器顶部对齐。
  - 居中对齐：文本与容器中心对齐。
  - 底部对齐：文本与容器底部对齐。
  - 两端对齐：两端对齐容器内的文本。

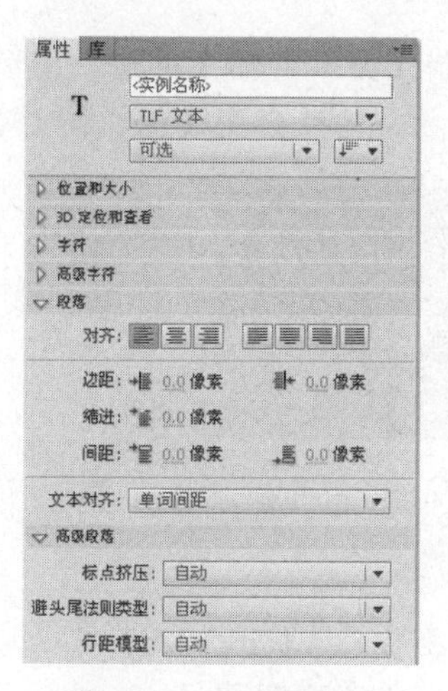


图 4-25　段落样式

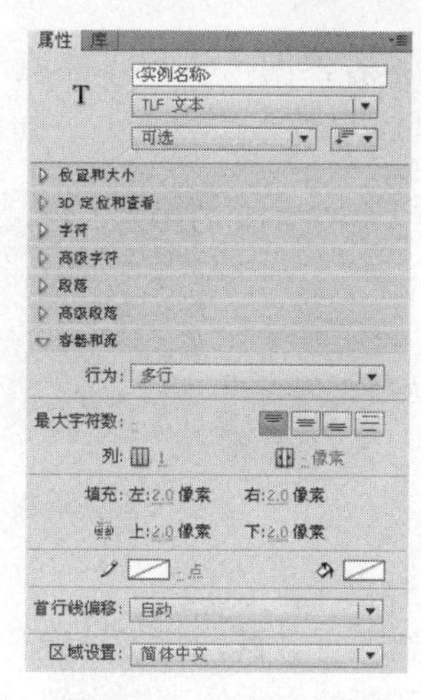


图 4-26　容器和流

- 列数：指定容器内文本的列数。
- 列间距：指定容器内每列之间的间距。
- 填充：指定文本和容器之间的边距宽度。
- 边框颜色及笔触宽度 1.0 点：指定容器周围边框的颜色，设置笔触宽度。
- 背景色：指定容器背景的颜色。
- 首行线偏移：指定首行文本与容器顶部的对齐方式，如图 4-27 所示，包括以下值。
  - 点：指定首行文本基线和框架上内边距之间的距离（以点为单位）。
  - 自动：将行的顶部与容器顶部对齐。
  - 上缘：文本容器的上内边距和首行文本的基线之间的距离是字体中最高字型的高度。
  - 行高：文本容器的上内边距和首行文本的基线之间的距离是行的行高。

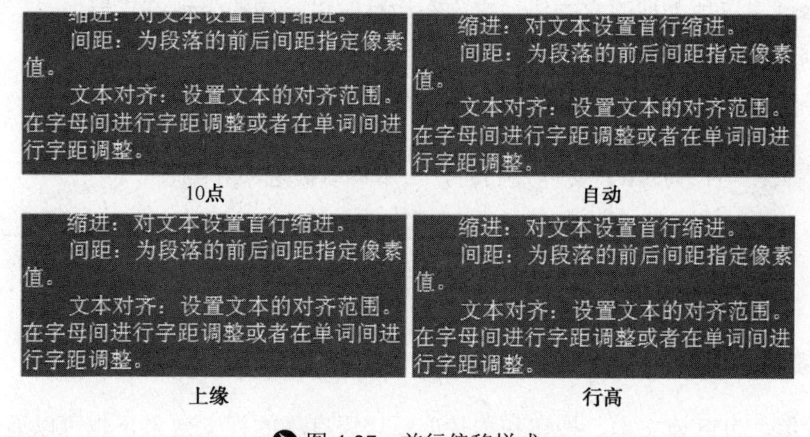


图 4-27　首行偏移样式

### 2. 跨多个容器的流动文本

文本容器之间的串接和链接仅对于 TLF 文本可用，不适用于传统文本块。文本容器可以在各个帧之间和在元件内串接，要求所有串接容器位于同一时间轴内。

要链接两个或更多的文本容器，执行以下操作。

① 使用“选择工具”选择文本容器。

② 单击文本容器的“进口”端或“出口”端（文本容器上的进、出口端位置基于容器的流动方向和垂直或水平设置），如图 4-28 所示。指针会变成已加载文本的图标。

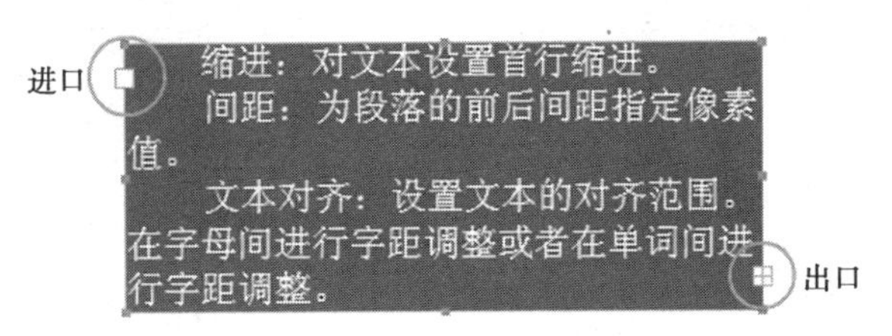


图 4-28　文本容器的进、出口端

③ 然后执行以下操作之一。

- 要链接到现有容器，将指针定位到目标文本容器上。
- 要链接到新的文本容器，在舞台的空白区域单击或拖动。

容器链接后，文本可在其间流动，如图 4-29 所示。左边的文本容器显示不了的内容都流到右边的文本容器中了。



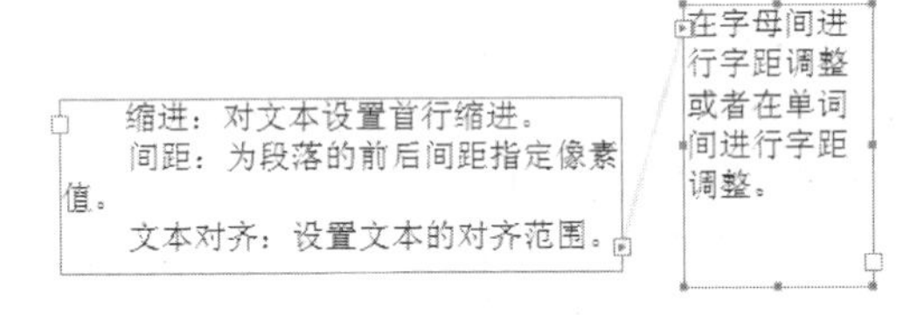


图 4-29　文本在容器间流动

### 3. TLF 文本类型

借助于 TLF 文本属性面板中的“文本类型”下拉列表框 可编辑 ，可以使用 TLF 文本创建三种类型的文本块，文本在运行时以不同的表现方式表现。

- 只读：当作为 SWF 文件发布时，文本无法被选中或编辑。
- 可选：当作为 SWF 文件发布时，文本可以被选中并可复制到剪贴板，但不可以编辑。对于 TLF 文本，次选项是默认选项。
- 可编辑：当作为 SWF 文件发布时，文本可以被选中和编辑。

## 知识拓展

### 滤镜的使用

#### 1. 滤镜概述

使用滤镜，可以为文本、按钮和影片剪辑增添有趣的视觉效果，也可以通过补间创建动态滤镜效果。可以为一个对象添加多个滤镜，也可以删除多余的滤镜。

#### 2. 应用滤镜

① 选择文本、按钮或影片剪辑对象。例如，选中如图 4-30 所示的文本。

② 打开属性面板，单击“添加滤镜”按钮，打开如图 4-31 所示的下拉列表，在列表中选择一种滤镜，比如选择“发光”。

图 4-30　选中文本

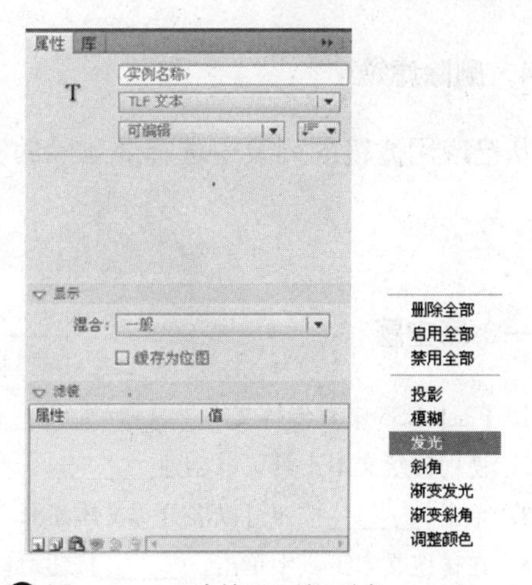


图 4-31　“滤镜”下拉列表

③ 设置滤镜参数。在如图 4-32 所示的面板中，设置“发光”滤镜的参数为“模糊：X、Y 均为 5 像素；强度：500%；品质：低；颜色：#00CCFF；挖空”。滤镜效果如图 4-33 所示。

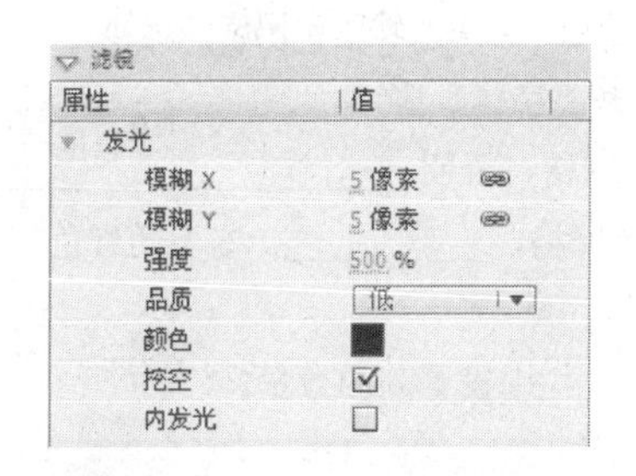


图 4-32　“滤镜”面板

图 4-33　文本的“发光”滤镜效果

### 3. 复制和粘贴滤镜

可以通过复制滤镜和粘贴滤镜的操作，把已有的滤镜效果直接应用于其他对象。

① 选择要从中复制滤镜的对象，如选中文本“学好 Flash”。

② 打开“滤镜”面板，选择要复制的滤镜，如“发光”，然后单击“剪贴板”按钮，在下拉菜单中选择“复制所选”。

③ 选择要应用滤镜的对象，如文本“原来很轻松”，然后单击“剪贴板”按钮，在下拉菜单中选择“粘贴”，效果如图 4-34 所示。

图 4-34　粘贴滤镜效果

### 4. 删除滤镜

从已应用滤镜的列表中选择要删除的滤镜，然后单击“删除滤镜”按钮。

## 思考与实训

### 一、填空题

1. Flash CS5 中有传统文本工具和________两种文本工具。
2. 使用传统文本工具可以创建________、________和________三种文本类型。
3. 单击________按钮可以展开“文本工具”属性面板。
4. 在传统文本工具中单击________按钮可以将文字转换为下标。
5. ________，是 Flash 传统文本工具默认的文本类型。
6. 静态文本属性面板中的“系列”下拉列表框的功能是__________________。
7. 如果将文本放在定宽字段或定高字段中，这些字段会自动扩展和________。
8. 动态文本显示________的文本。
9. “输入文本”面板的“多行”下拉框中有_______个选项，如果要输入密码应该选择_______选项。
10. 安装新字体时，可以通过执行________命令，打开“字体”窗口。
11. 创建 TLF 文本时，如果矩形框的右下角出现红色网格，说明______________________。
12. 创建 TLF 文本时，如果矩形框的右下角出现红色网格，__________，右下角红色的网格图形会消失。
13. 创建 TLF 文本分栏时，在文本属性面板的________栏中设置列的数量。
14. 将文本框分离的快捷键是________。
15. TLF 文本属性面板“旋转”栏中的 0° 表示________。

### 二、上机实训

1. 使用 TLF 文本面板的“容器和流”属性，制作“跨多个容器的流动文本”，如图 4-35 所示。

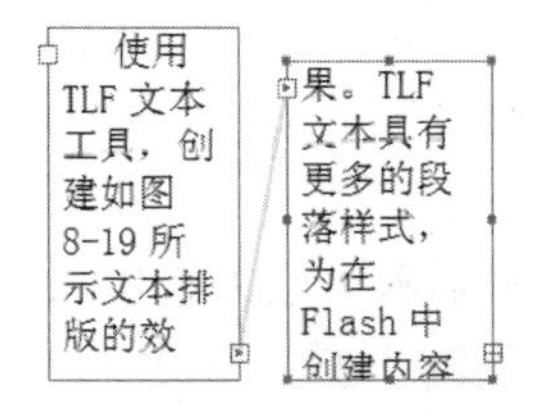


图 4-35 制作“跨多个容器的流动文本”

2. 使用 TLF 文本工具将一段文字分为两栏。
3. 使用传统文本工具设计一个“学生管理系统”的登录对话框。
4. 制作出如图 4-36 所示的文本效果。

图 4-36 文本效果

5．使用滤镜设计出如图 4-37 所示的模糊文本效果。（参考素材文件“模糊字.fla”）

图 4-37　模糊文本效果

# 模块5

# 基础动画

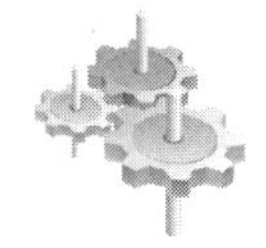

## 案例 10　顽皮的猴子——逐帧动画

### 案例描述

用逐帧动画打造“顽皮的猴子”效果，如图 5-1 所示。

图 5-1 “顽皮的猴子”效果图

### 案例分析

- 利用“变形工具”对提供的椰子树和猴子的图片进行一系列的调整。
- 制作关键帧，利用“变形工具”和“编辑多个帧”逐帧调整猴子的位置和大小，实现顽皮猴子的效果。

### 操作步骤

1. 启动 Flash CS5 后，新建一个 ActionScript 3.0 文档，并保存为“顽皮的猴子.swf”。

2. 双击屏幕下方时间轴中的“图层 1”，将其改名为“椰子树”。执行“文件”→“导入”→“导入到舞台”菜单命令，在打开的“导入”窗口中选择素材文件“椰子树.png”，单击“确定”按钮，舞台中出现了椰子树的图片，如图 5-2 所示。将其放到舞台中合适的位置。

3. 使用“选择工具”在椰子树图片上单击鼠标右键，在弹出的菜单中选择“复制”命令（也可直接按 Ctrl+C 组合键），再选择“粘贴”命令（或者按 Ctrl+V 组合键），这样就变成了 2 个椰子树。使用这种方法再复制 6 个椰子树，如图 5-3 所示。

图 5-2　舞台中的椰子树

图 5-3　复制的椰子树

4. 使用“选择工具”单击任意一个椰子树图片，单击“变形”按钮，打开变形面板。将“缩放宽度”、“缩放高度”均设为 50%。使用这种方法逐一调整椰子树的大小及位置，如图 5-4 所示。

5. 选择右下方的椰子树，执行“修改”→“变形”→“水平翻转”菜单命令，效果如图 5-5 所示。

图 5-4　调整椰子树的大小及位置

图 5-5　水平翻转后的效果

6. 新建一个图层，将其改名为“猴子”。

7. 执行“文件”→“导入”→“导入到舞台”菜单命令，在打开的“导入”窗口中选择素材文件“猴子 1.png”，单击“确定”按钮，舞台中出现了猴子的图片，如图 5-6 所示。将其放到舞台中合适的位置。

8. 在“猴子”图层第 10 帧单击鼠标右键，在弹出的菜单中选择“空白关键帧”命令（或者按 F7 快捷键）插入一个空白关键帧，执行“文件”→“导入”→“导入到舞台”菜单命令，在打开的“导入”窗口中选择文件“猴子 2.png”，将图片导入舞台，如图 5-7 所示。

9. 用同样的方法在第 20、30 帧处分别导入“猴子 3.png”、“猴子 4.png”，如图 5-8 所示。

10. 调整“猴子 1”～“猴子 4”四张图片的大小和位置。

11. 在“椰子树”图层第 30 帧处单击鼠标右键，在弹出的菜单中选择“插入关键帧”命令（或者按 F6 键），如图 5-9 所示。

12. 按 Ctrl+S 组合键保存文件，按 Ctrl+Enter 组合键测试影片。

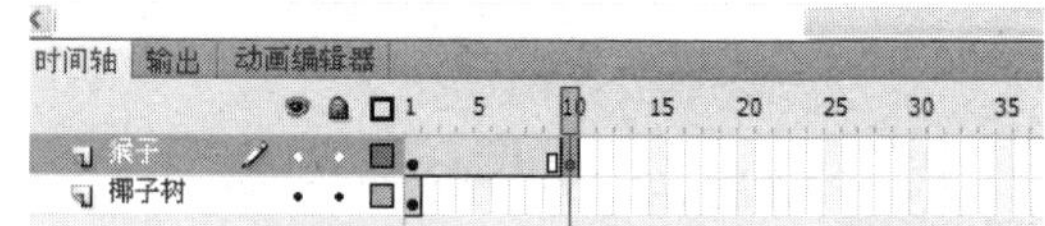


图 5-6　导入猴子图片时间轴及舞台的对应效果

图 5-7　在第 10 帧插入图片

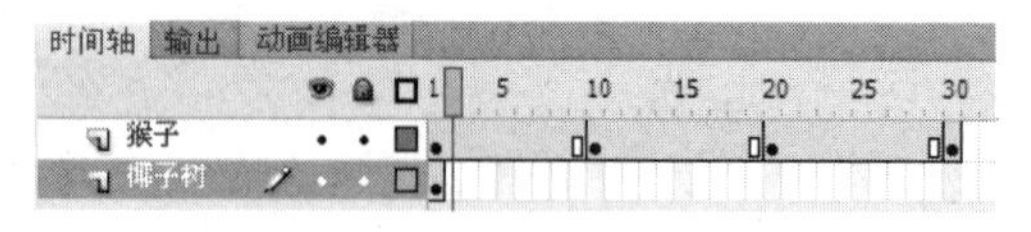


图 5-8　“猴子”图层时间轴效果

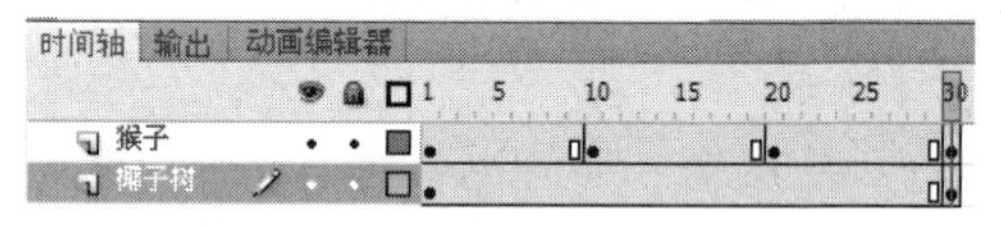


图 5-9　“椰子树”图层时间轴效果



## 5.1 时间轴的基本操作

时间轴主要用于对图层和帧进行组织和管理。时间轴的主要组件包括图层、帧和播放头，如图 5-10 所示。

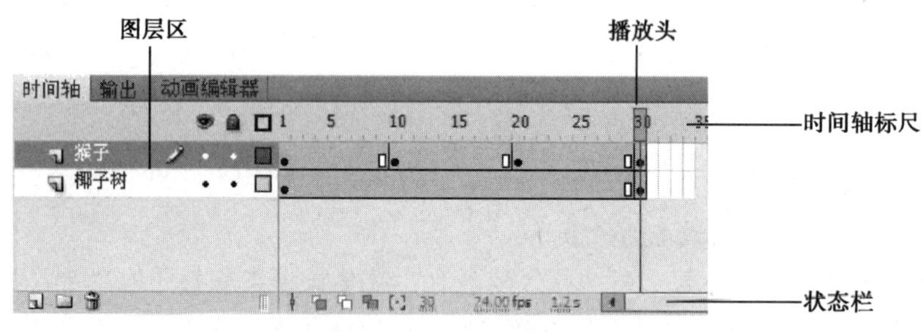


图 5-10　时间轴面板

### 1. 基本操作

（1）更改时间轴中的帧显示

单击时间轴右上角的“帧视图”按钮，弹出“帧视图”菜单，如图 5-11 所示。

- 很小、小、标准、中或大：更改单元格的宽度。
- 较短：改变帧单元格行的高度。
- 彩色显示帧：打开或关闭用彩色显示帧顺序。
- 预览：显示每个帧的内容缩略图。
- 关联预览：显示每个完整帧（包括空白空间）的缩略图。

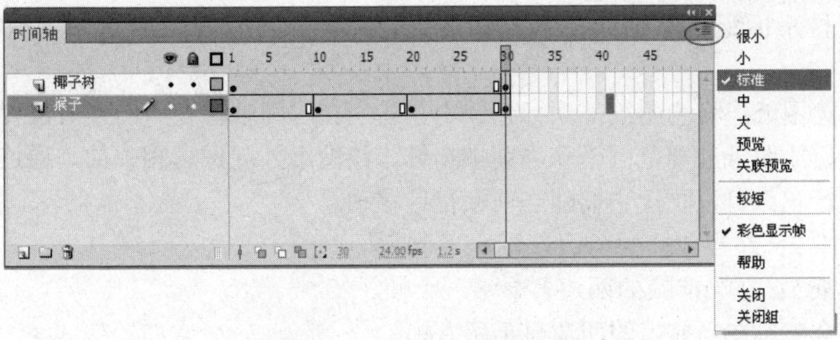

图 5-11 “帧视图”菜单

（2）在舞台上同时查看动画的多个帧

在通常情况下的某个时间，舞台上仅显示动画序列的一个帧。为便于定位和编辑逐帧动画，可以在舞台上一次查看多个帧，播放头下面的帧以彩色不透明形式显示，而其他帧以暗淡透明形式显示。

打开素材文件“猴子编辑多帧.fla”，单击“绘图纸外观”按钮，在“起始绘图纸外观”到“结束绘图纸外观”之间的所有帧都将显示出来，如图 5-12 所示。

（3）控制绘图纸外观的显示

① 单击“绘图纸外观轮廓”按钮，将具有绘图纸外观的帧显示为轮廓。

② 将“绘图纸外观标记”的指针拖到一个新位置。

③ 若要编辑绘图纸外观标记之间的所有帧，单击“编辑多个帧”按钮，从而显示绘图纸外观标记之间的每个帧的内容，并且无论哪个帧为当前帧，都可以进行编辑，如图 5-13 所示。

图 5-12 “绘图纸外观”模式下的多帧显示

图 5-13 “编辑多个帧”模式下的多帧显示

**提 示**

打开绘图纸外观时，不显示被锁定的图层。为避免出现大量使人感到混乱的图像，可锁定或隐藏不希望对其使用绘图纸外观的图层。

（4）更改绘图纸标记的五种形式

单击“修改绘图纸标记”按钮，在弹出的下拉列表中选择以下选项，可改变绘图标记。

● 总是显示标记：不管绘图纸外观是否打开，都在时间轴标题中显示绘图纸外观标记。
● 锚定绘图纸：将绘图纸外观标记锁定在它们在时间轴标题中的当前位置。在通常情况下，绘图纸外观范围是和当前帧指针、绘图纸外观标记相关的。通过锚定绘图纸外观标记，可以防止它们随当前帧指针移动。
● 绘图纸 2：在当前帧的两边各显示两个帧。
● 绘图纸 5：在当前帧的两边各显示五个帧。
● 绘制全部：在当前帧的两边显示所有帧。

例如，应用“绘图纸标记”修改“顽皮的猴子.fla”的各个关键帧，使其对齐的操作步骤如下。

① 单击“修改绘图纸标记”按钮，在弹出的下拉列表中选择“绘制全部”选项。
② 单击“编辑多个帧”按钮，显示所有帧。
③ 选择“猴子”图层第 10 帧，将猴子的位置与第 1 帧猴子的位置重合。
④ 依次选择第 20、30、40、50、60 帧，参照第 1 帧的位置调整，使所有关键帧重合。
⑤ 按 Ctrl+Enter 组合键测试影片。



### 2. 播放头

播放头是在“时间轴”面板上用于指示动画播放的指针。要转到某帧，可单击该帧在时间轴标题中的位置，或者将播放头拖到所需的位置；要使时间轴以当前帧为中心，单击时间轴底部的“帧居中”按钮即可，如图 5-14 所示。

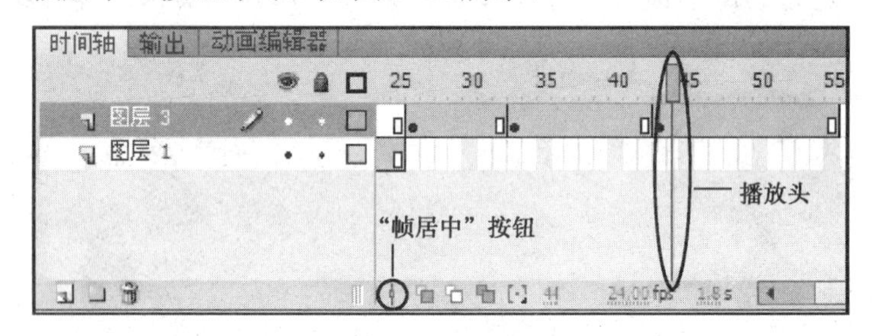


图 5-14　播放头

### 3. 图层

图层有助于用户组织文档中的插图，可以在图层中绘制和编辑对象，而不会影响其他图层中的对象。在图层中没有内容的舞台区域，可以透过该图层看到下面的图层，有关图层的部分工具和显示状态如图 5-15 所示。

要绘制、涂色或者对图层或图层文件夹进行修改，可在时间轴中选择该图层以激活它。时间轴中的图层或图层文件夹名称旁边的铅笔图标表示该图层或图层文件夹处于活动状态，一次可以选择多个图层，但一次只能有一个图层处于活动状态，另外可以隐藏、锁定或重新排列图层。

（1）创建图层和图层文件夹

创建 Flash CS5 文档后，默认情况下会自动出现一个“图层 1”。要在文档中组织插图、动画和其他元素，可添加更多的图层。创建图层或图层文件夹之后，它将出现在所选图层的上方，新添加的图层将成为活动图层。下面讲解创建图层及图层文件夹的几种方法。

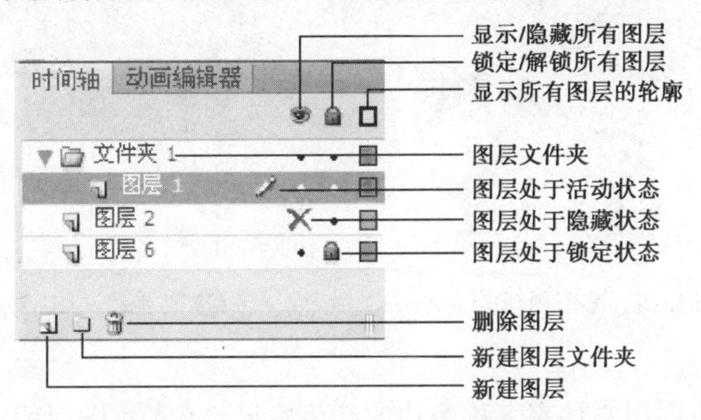


图 5-15 图层的部分工具和显示状态

① 启动 Flash CS5 后，打开素材文件“椰子树乐园.fla”。在“时间轴”面板上单击“新建图层”按钮，新建一个图层；单击“新建图层文件夹”按钮，新建一个图层文件夹。

② 执行“插入”→“时间轴”→“图层”菜单命令，新建一个图层；执行“插入”→“时间轴”→“图层文件夹”菜单命令，建立一个图层文件夹。

③ 用鼠标右键单击时间轴中的图层名称，从弹出的菜单中选择“插入图层”命令，新建一个图层；若选择“插入图层文件夹”命令，新建一个图层文件夹。



（2）编辑图层

默认情况下，新图层是按照创建顺序命名的：第 1 层、第 2 层……以此类推。为了更好地反映图层的内容，可以对图层进行重命名。

① 选中图层。执行下列操作之一，选择新创建的图层。

- 单击时间轴中的图层的名称。
- 在时间轴中单击要选择的图层的任意一个帧。

② 重命名图层。执行下列操作之一，将新图层重命名为“文字”。

- 双击时间轴中的图层或图层文件夹的名称，输入新名称。
- 用鼠标右键单击图层的名称，从弹出的菜单中选择“属性”命令。在“名称”框中输入新名称，单击“确定”按钮。
- 在时间轴中选择该图层，选择“修改”→“时间轴”→“图层属性”命令。在“名称”框中输入新名称，单击“确定”按钮。

③ 更改图层顺序。单击图层名称，将其拖到相应的位置。

④ 锁定图层。单击图层名称右侧的“锁定”按钮。

⑤ 将图层中不同的对象分散到图层。例如，在新建的图层中输入“椰子树乐园”五个字，如图 5-16 所示，将鼠标放于字上，单击鼠标右键，在弹出的菜单中选择“分散到图层”命令，五个字便被分散到五个新的图层中，如图 5-17 所示。

⑥ 删除图层。选择“图层 1”，执行下列操作之一可以删除图层。

- 单击时间轴中的“删除图层”按钮。
- 将图层或图层文件夹拖到“删除图层”按钮外。
- 用鼠标右键单击该图层或图层文件夹的名称，然后从弹出的菜单中选择“删除图层”命令。

图 5-16 椰子树乐园

图 5-17 将字分散到图层

（3）查看图层

时间轴中图层或图层文件夹名称旁边的红色标记 ✕ 表示图层或图层文件夹处于隐藏状态。在“发布设置”中，可以选择在发布 SWF 文件时是否包括隐藏图层。

① 显示或隐藏图层，可执行下列操作之一。

- 单击时间轴中图层名称右侧的“眼睛”列，显示或隐藏该图层。
- 单击“眼睛”图标，显示或隐藏时间轴中的所有图层。
- 在“眼睛”列中拖动，显示或隐藏多个图层。
- 按住 Alt 键单击图层或图层文件夹名称右侧的“眼睛”列，显示或隐藏除当前图层以外的所有图层。



② 以轮廓形式查看图层上的内容，可执行下列操作之一。

- 单击图层名称右侧的“轮廓”列，该图层上的所有对象显示为轮廓或者关闭轮廓显示。
- 单击“轮廓”图标，所有图层上的对象显示为轮廓，如图 5-18 所示。
- 按住 Alt 键单击图层名称右侧的“轮廓”列，将除当前图层以外的所有图层上的对象显示为轮廓，或者关闭所有图层的轮廓显示。

图 5-18 图层上的所有对象显示为轮廓

### 4. 帧

帧是 Flash 动画中最基本的组成单位，可以对帧进行如下修改。

（1）选择帧

Flash 提供两种不同的方法在时间轴中选择帧，基于帧的选择（默认情况）和基于整体范围的选择。若指定“基于整体范围的选择”，可执行“编辑”→“首选参数”菜单命令，打开“首选参数”对话框，选择“常规”类别，在“时间轴”部分选择“基于整体范围的选择”，单击“确定”按钮。

- 选择一个帧，可单击该帧。如果启用了“基于整体范围的选择”，则单击某个帧会选择两个关键帧之间的整个帧序列。
- 选择多个连续的帧，可按住 Shift 键并单击其他帧，或者直接拖动鼠标选择帧。
- 选择多个不连续的帧，可按住 Ctrl 键并单击其他帧。
- 选择时间轴中的所有帧，可执行“编辑”→“时间轴”→“选择所有帧”菜单命令。

（2）插入帧

- 插入新帧，执行“插入”→“时间轴”→“帧”菜单命令或者按 F5 键。
- 创建新关键帧，执行“插入”→“时间轴”→“关键帧”菜单命令或者用鼠标右键单击要在其中放置关键帧的帧，然后从弹出的菜单中选择“插入关键帧”命令，或者按 F6 键。
- 创建新的空白关键帧，执行“插入”→“时间轴”→“空白关键帧”菜单命令，或者用鼠标右键单击要在其中放置关键帧的帧，然后从弹出的菜单中选择“插入空白关键帧”命令，或者按 F7 键。

（3）复制或粘贴帧

执行下列操作之一，可复制或粘贴帧。

- 选择帧或序列并执行“编辑”→“时间轴”→“复制帧”菜单命令。选择要替换的帧、序列或空白处，然后执行“编辑”→“时间轴”→“粘贴帧”菜单命令。
- 按住 Alt 键单击关键帧，并将其拖到要粘贴的位置。



（4）删除帧

选择帧或序列，并执行“编辑”→“时间轴”→“删除帧”菜单命令，或者用鼠标右键单击帧或序列，从弹出的菜单中选择“删除帧”命令，周围的帧保持不变。如图 5-19 所示为删除帧前后的对比效果。

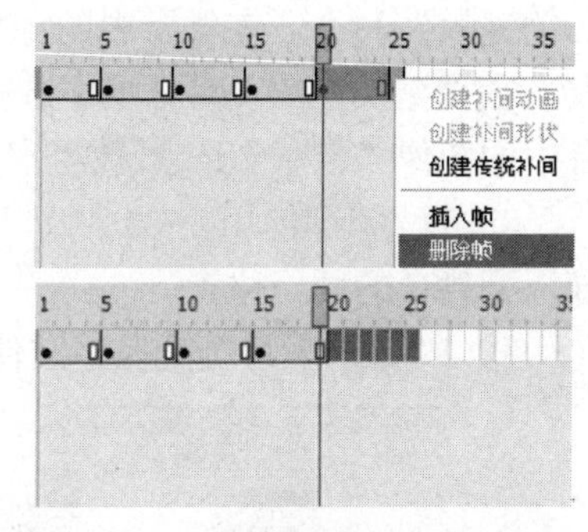

图 5-19　删除帧前后的对比效果

（5）移动关键帧及其内容

选择要移动的帧，当鼠标下方出现一个矩形框时，可以将关键帧或序列拖到目标位置。

（6）将关键帧转换为帧

选择关键帧，执行“编辑”→“时间轴”→“清除关键帧”菜单命令，或者用鼠标右键单击关键帧并从弹出的菜单中选择“清除关键帧”命令，被清除的关键帧及其到下一个关键帧之前的所有帧的舞台内容都将由被清除的关键帧之前的帧的舞台内容替换。

## 5.2 创建逐帧动画

逐帧动画是一种常见的动画手法，其原理是在“连续的关键帧”中分解动画动作，即每一帧中的内容不同，连续播放而成动画。逐帧动画的帧序列内容不同，这不仅增加制作负担，而且最终输出的文件量也很大。但逐帧动画的优势也很明显，其与电影播放模式相似，很适合表现细腻的动画，如 3D 效果、人物或动物急剧转身等效果。

### 1. 逐帧动画的概念和在时间帧上的表现形式

在时间帧上逐帧绘制帧内容称为逐帧动画。逐帧动画在时间帧上表现为连续出现的关键帧，如图 5-20 所示。

图 5-20　逐帧动画在时间帧上的表现

### 2. 创建逐帧动画的方法

将 jpg、png 等格式的静态图片连续导入 Flash CS5 中，用导入的静态图片建立逐帧动画。

① 新建 Flash 文档，按 Ctrl+S 组合键打开“另存为”对话框，选择保存路径，输入文件名“顽皮的猴子”，然后单击“确定”按钮，回到工作区。

② 执行“文件”→“导入”→“导入到库”菜单命令，弹出“导入到库”对话框，选择“猴子 1”～“猴子 4”四个文件，单击“打开”按钮，将文件导入库面板中，如图 5-21 所示。



③ 将图 5-21 所示的库面板中的“猴子 1.jpg”图像拖曳到舞台的适当位置。

④ 在时间轴中选择“图层 1”中的第 5 帧，单击鼠标右键，在弹出的菜单中选择“插入关键帧”命令。在舞台中的图像上单击鼠标右键，在弹出的菜单中选择“交换位图”命令，在“交换位图”对话框中选择“猴子 2.jpg”，如图 5-22 所示。单击“确定”按钮，舞台中的图像“猴子 1.jpg”被“猴子 2.jpg”替换。

⑤ 重复步骤④，在第 10、15 帧插入关键帧，并将“猴子 3.jpg”、“猴子 4.jpg”分别导入到舞台的同一位置。

⑥ 按 Ctrl+S 组合键保存文件，按 Ctrl+Enter 组合键测试影片。

图 5-21　库面板

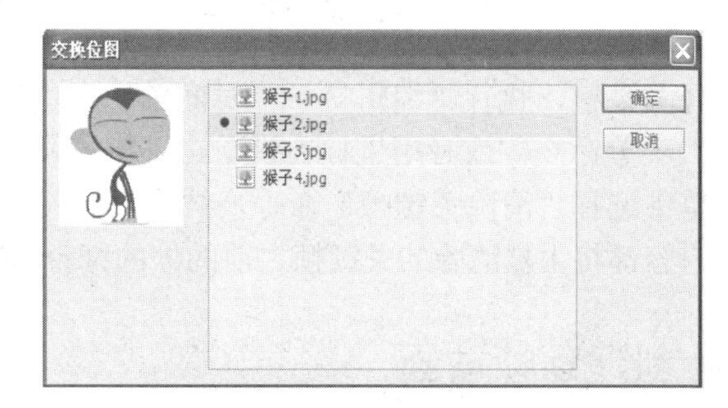


图 5-22　“交换位图”对话框

## 案例 11　神奇的夜晚——补间形状

### 案例描述

制作补间形状动画，实现从图 5-23 到图 5-24 所示的变形效果。

图 5-23 变形前效果

图 5-24 变形后效果

## 案例分析

- 初步认识形状补间的应用对象。
- 熟悉绘制简单形状。
- 学习“翻转帧”功能的用法。

## 操作步骤

1. 启动 Flash CS5 后，打开素材文档“神奇的夜晚.fla”，在时间轴中新建一个图层，并重命名为“月亮”。选择屏幕右边工具栏中的“矩形工具”，在弹出的菜单中选择“椭圆工具”。将工具栏中的笔触颜色设为无色，填充颜色设为黄色：#FFFF33。单击“月亮”图层第 1 帧，按住 Shift 键拖动鼠标，在舞台的左上角绘制一个圆形，如图 5-25 所示。锁定“黑夜背景”图层，锁定后显示为 黑夜背景 ，可防止误操作。

图 5-25 绘制圆形

2. 在“月亮”图层第 20 帧处单击鼠标右键，在弹出的菜单中选择“插入关键帧”命令。使用“选择工具”改变舞台上月亮的形状。将鼠标放于月亮图形的右边，当鼠标变为如图 5-26 所示的形状时按住鼠标推动，如图 5-27 所示。

图 5-26 鼠标形状

图 5-27 推动鼠标

3. 继续调整月亮形状，将月亮的两端调尖。将鼠标移动到月亮的上尖角处，按住 Ctrl 键的同时拖动鼠标，直至鼠标变为如图 5-28 所示的形状。调整月亮的两端，效果如图 5-29 所示。

图 5-28 鼠标形状

图 5-29 月亮最终效果

4. 单击“月亮”图层第 20 帧，将月亮图形拖动到舞台右边，如图 5-30 所示。

5. 将鼠标置于“月亮”图层第 1～20 帧的位置上，单击鼠标右键，在弹出的菜单中选择“创建补间形状”命令。时间轴如图 5-31 所示。

图 5-30 第 20 帧的月亮位置

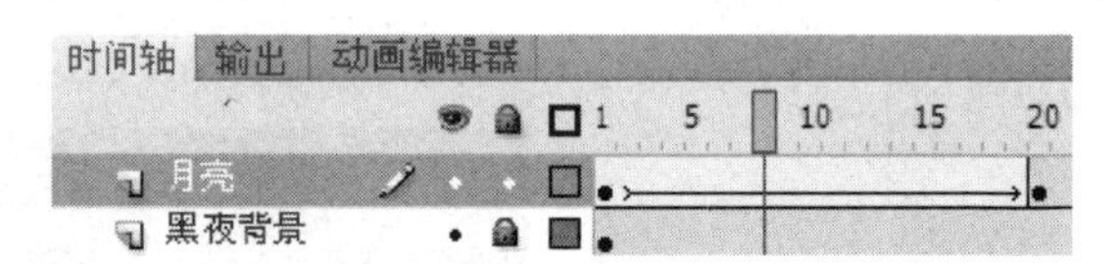


图 5-31 第 1～20 帧时间轴状态

6. 在“月亮”图层第 25 帧处单击鼠标右键，在弹出的菜单中选择“插入帧”命令，或者按 F5 键。时间轴如图 5-32 所示。

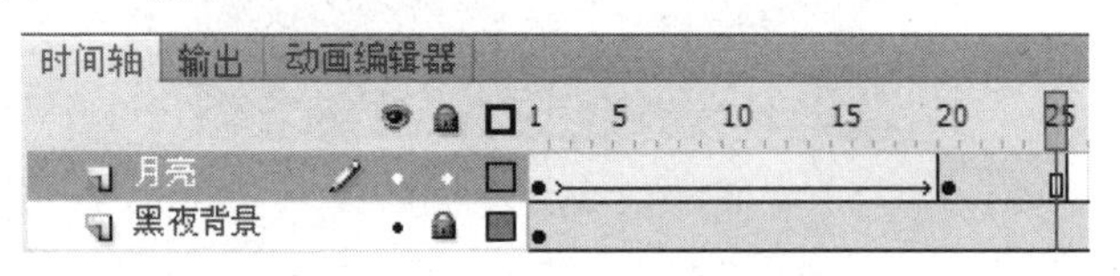


图 5-32 第 25 帧时间轴状态

7. 选择“月亮”图层的第 1～25 帧，单击鼠标右键，在弹出的菜单中选择“复制帧”命令，在第 26 帧处单击鼠标右键，在弹出的菜单中选择“粘贴帧”命令。时间轴如图 5-33 所示。

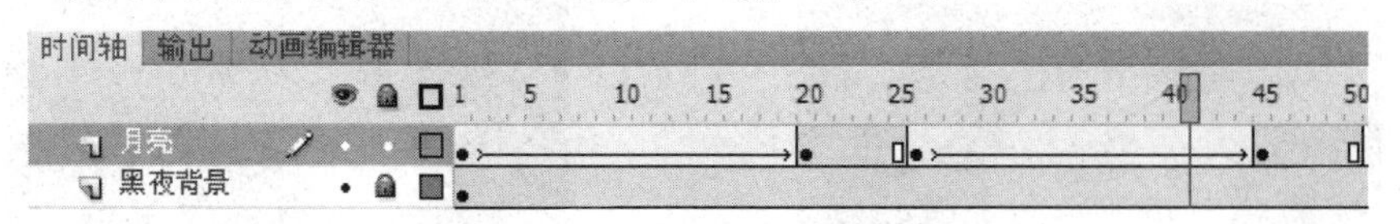


图 5-33 第 26 帧时间轴状态

8. 选择“月亮”图层的第 26～50 帧，单击鼠标右键，在弹出的菜单中选择“翻转帧”命令。

9. 按 Ctrl+S 组合键保存文件，按 Ctrl+Enter 组合键测试影片。

## 5.3 补间形状制作

### 1. 补间形状的概念

补间动画是创建随时间移动或更改的动画的一种有效方法，运用它可以变幻出各种奇妙的变形效果。由于补间动画中仅保存帧之间更改的值，所以能最大程度地减小所生成的文件大小。

补间形状，在一个特定时间绘制一个形状，然后在另一个特定时间更改该形状或者绘制另一个形状。Flash 会内插二者之间的帧的值或形状来创建动画。

### 2. 补间形状的特点

（1）组成元素：补间形状只能针对分离的矢量图形，若要使用实例、组或位图图像等，需先分离这些元素。若要对传统文本应用补间形状，需将文本分离两次，将文本转换为对象。若要在一个文档中快速准备用于补间形状的元素，可将对象分散到各个图层中。

（2）在时间轴面板上的表现形式：创建补间形状后，两个关键帧之间的背景变为淡绿色，在起始帧和结束帧之间有一个长长的箭头。如果开始帧与结束帧之间不是箭头而是虚线，说明补间没有成功，原因可能是动画组成元素不符合补间形状规范或帧缺失。补间形状在时间轴上的表现如图 5-34 所示。

图 5-34 补间形状在时间轴上的表现

### 3. 补间形状的制作方法

（1）准备工作

① 若为多个对象创建补间，可以使用“分散到图层”命令将每个对象分散到一个独立的图层中，没有选中的对象将保留在原始位置。

② 使用实例、组、文字或位图图像时，先分离这些元素。

（2）创建补间形状

① 启动 Flash CS5，新建一个 ActionScript 3.0 文档，保存为“变化的数字.fla”。

② 选择“TLF 文本工具”，设置文本属性为“系列：Clarendon Blk BT，大小：150 点，颜色：黑色”。单击“图层 1”第 1 帧，在舞台上输入文本“2”，如图 5-35 所示。

③ 在“图层 1”的第 20 帧处单击鼠标右键，在弹出的菜单中选择“插入关键帧”命令，使用“选择工具”双击舞台上的文本“2”，并将其改为“3”，如图 5-36 所示。

④ 单击“图层 1”的第 1 帧，选择舞台中的文本“2”，按 Ctrl+B 组合键将其打散。用同样的方法将文本“3”打散，如图 5-37 所示。

⑤ 选择“图层 1”中第 1～20 帧范围内的任意帧，执行下列操作之一，创建补间形状。

图 5-35　文本“2”　　图 5-36　文本“3”　　图 5-37　打散后的文本

- 单击鼠标右键，在弹出的菜单中选择“创建补间形状”命令。
- 执行“插入”→“补间形状”菜单命令。

时间轴效果如图 5-38 所示。

⑥ 应用缓动效果。在属性面板中将“缓动”值设置为 100，如图 5-39 所示。

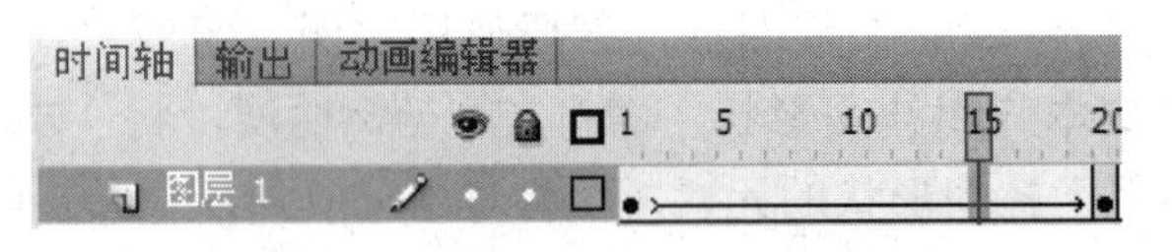


图 5-38　第 1～20 帧时间轴状态

图 5-39　设置缓动值



默认情况下，补间帧之间的变化速率是不变的。缓动可以通过逐渐调整变化速率创建更为自然的加速或减速效果。设置一定的缓动值，可以调整补间帧之间的变化速率。

- 输入一个-100～-1 的负值，则缓慢地开始补间动画，并朝着动画的结束方向加速补间。缓动值旁显示“输入”。
- 输入一个 1～100 的正值，则快速地开始补间动画，并朝着动画的结束方向减速补间。缓动值旁显示“输出”。

⑦ 按 Ctrl+S 组合键保存文件，按 Ctrl+Enter 组合键测试影片，变形的中间效果如图 5-40 所示。

图 5-40　变形的中间效果

## 5.4 使用形状提示

在创建形状补间的过程中，图形的变化是随机的，有时并不理想。使用形状提示功能可以控制形状变化，使形状变化按照希望的方式进行，动画变形的过程也更加细腻。

### 1. 形状提示的作用

形状提示功能用于控制复杂的形状变化，它会标识起始形状和结束形状中相对应的点。例如，对花朵设置标记时，可以将标记设置在花朵的周围。这样在形状发生变化时，就不会乱成一团，而是在转换过程中分别变化，如图 5-41 所示。

图 5-41　起始形状和结束形状中的形状提示

形状提示包含字母（a～z），用于识别起始形状和结束形状中相对应的点，最多可以使用 26 个形状提示。起始关键帧中的形状提示是黄色的，结束关键帧中的形状提示是绿色的，当不在一条曲线上时为红色。

### 2. 使用形状提示应遵循的准则

① 在复杂的补间形状中，需要创建中间形状后进行补间，而不要只定义起始和结束的形状。

② 确保形状提示是符合逻辑的。例如，若在一个三角形中使用三个形状提示，则在原始三角形和要补间的三角形中的顺序应相同。

③ 按逆时针方向从形状的左上角开始放置形状提示，补间的效果最好。

### 3. 使用形状提示的步骤

① 打开“变化的数字.fla”，选择补间形状序列中的第一个关键帧。

② 执行“修改”→“形状”→“添加形状提示”菜单命令。起始形状提示在文本“2”的某处显示为一个带有字母 a 的红色圆圈，如图 5-42 所示。

③ 将形状提示移动到要标记的点。

④ 选择补间序列中的最后一个关键帧，在这儿，结束形状提示显示为一个带有字母 a 的红色圆圈（当在一条曲线上时为绿色），如图 5-43 所示。

⑤ 将第 1 帧的起始形状提示  及第 20 帧的结束形状提示  分别移动到相应的位置。

⑥ 查看形状提示如何更改补间形状，再次播放动画，移动形状提示微调补间。

⑦ 重复这个过程，添加其他形状提示。提示点分布如图 5-44 所示。

图 5-42　起始形状提示

图 5-43　结束形状提示

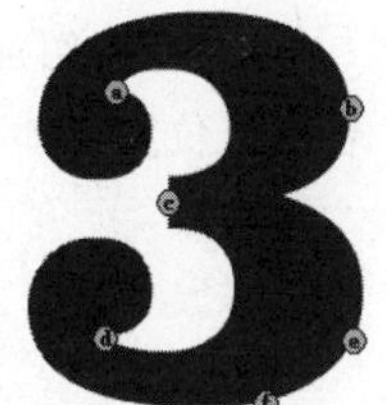

图 5-44　提示点分布

添加形状提示后的播放效果与添加形状提示前相比，动画变形的过程有了很大的改善。

#### 4. 查看所有形状提示

执行“视图”→“显示形状提示”菜单命令，仅当包含形状提示的图层和关键帧处于活动状态时，“显示形状提示”才可用。

#### 5. 删除形状提示

要删除某个形状提示，可将其拖离舞台或单击鼠标右键，在弹出的菜单中选择“删除提示”命令。要删除所有形状提示，执行“修改”→“形状”→“删除所有提示”菜单命令。

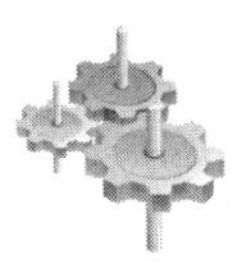

## 案例 12　春天来了——认识元件

### 案例描述

使用元件，创建如图 5-45 所示的“春天来了”动画效果，其中的小草不停地摆动。

图 5-45 “春天来了”动画效果

### 案例分析

- 通过调用影片剪辑元件，体会到元件在动画制作中起到的作用。
- 通过改变元件实例的“色调”、“大小”等属性，练习元件属性的初步设置。

### 操作步骤

1. 打开素材文件“春天来了.fla”文档。
2. 选择库面板中的“飘动的小草”影片剪辑元件，并将其拖动到舞台上。
3. 使用相同的方法将更多的小草拖动到舞台上，使其呈不规则排列，如图 5-46 所示。
4. 新建图层，并重命名为“牛”，选择第 1 帧。拖动两次图形元件“牛 1”，将其放置到舞台相应位置，如图 5-47 所示。

图 5-46 “飘动的小草”元件

图 5-47 “牛 1”元件

5. 选择右边的“牛 1”元件，单击“变形”按钮，或者按 Ctrl+T 组合键，打开变形面板，如图 5-48 所示。将缩放宽度值 100.0 % 设为 80%，执行“修改”→“变形”→“水平翻转”菜单命令。舞台效果如图 5-49 所示。

图 5-48 变形面板　　图 5-49 对右边的“牛 1”元件变形后的舞台效果

6. 创建并选择“小草”图层，在第 20 帧处插入关键帧。单击第 20 帧，所有的小草呈被选中状态，在属性面板的“色彩效果”中选择“样式”下拉列表中的“色调”选项，将颜色设置为#FFCC00，其他设置如图 5-50 所示。



7. 选择“牛”图层，在第 20 帧处插入关键帧。选择舞台上左边的“牛”图片，单击属性面板中的“交换”按钮，在弹出的“交换元件”对话框中选择“牛 2”图形元件，如图 5-51 所示。

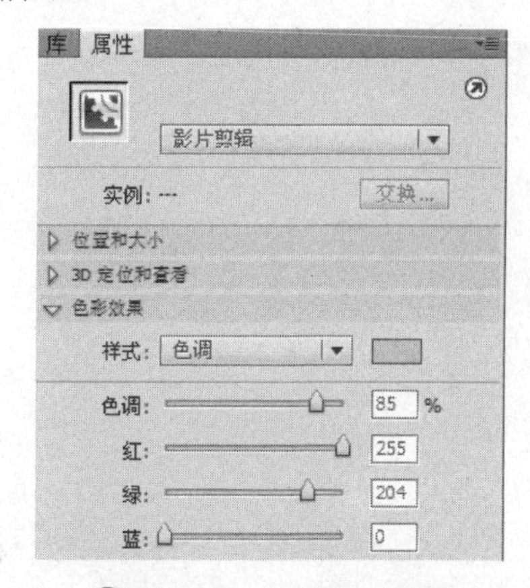


图 5-50 元件属性面板

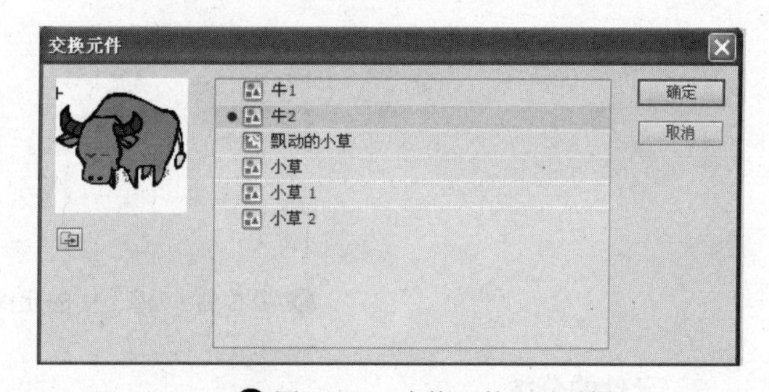


图 5-51 “交换元件”对话框

8. 使用同样的方法“交换”右边的牛。最终效果如图 5-52 所示。

图 5-52 交换元件后的效果

9. 拖动鼠标，选择两个图层的第 40 帧，插入帧，也可以直接按 F5 键。

10. 保存文件，按 Ctrl+Enter 组合键测试影片。

## 5.5 元件的分类与创建

### 1. 元件的概念

元件是指在 Flash 中创建，并保存在库中的图形、按钮或影片剪辑，是制作 Flash 动画的最基本元素。元件只需创建一次，就可以在当前影片或其他影片中重复使用。创建的任何元件都会自动成为当前“库”的一部分。

在文档中使用元件可以显著减小文件的大小。保存一个元件的几个实例，比保存该元件内容的多个副本占用的存储空间小得多。使用元件还可以加快 SWF 文件的回放速度，因为无论一个元件在动画中被使用了多少次，播放时只需把它下载到 Flash Player 中一次即可。

按 Ctrl+L 组合键可以打开“库”查看元件，如图 5-53 所示。



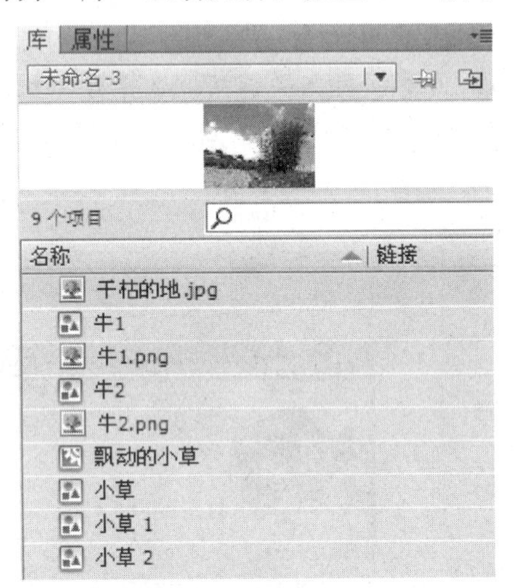


图 5-53 “库”中的元件

### 2. 元件的分类

Flash 中有图形元件、影片剪辑元件和按钮元件三种元件类型。

① 图形元件：可以反复使用的静态图形或图像。在“库”中用图标来表示。

② 影片剪辑元件：可以创建能重复使用的动画片段。在影片剪辑中可以创建图形图像、视频和动画等，影片剪辑可以脱离主时间轴单独播放。无论影片剪辑的内容有多长，它在主时间轴中只占一个关键帧。在“库”中用图标来表示。

③ 按钮元件：可以创建用于响应鼠标单击、滑过或其他动作的交互式按钮，可以实现与动画的交互。在使用交互功能时，一般需要为按钮编写代码以达到需要的功能。在“库”中用图标来表示。

在实际使用时，影片剪辑元件中可以嵌套图形元件或按钮元件使用；按钮元件可以嵌套影片剪辑元件或图形元件使用。

### 3. 创建元件

（1）直接创建影片剪辑元件

① 执行“插入”→“新建元件”菜单命令或者按 Ctrl+F8 组合键，弹出如图 5-54 所示的“创建新元件”对话框，输入元件名称，并在“类型”下拉列表中选择元件类型“影片剪辑”，单击“确定”按钮打开如图 5-55 所示的元件编辑窗口。元件的名称出现在窗口左上角，窗口中的“十”字光标表示元件的定位点。

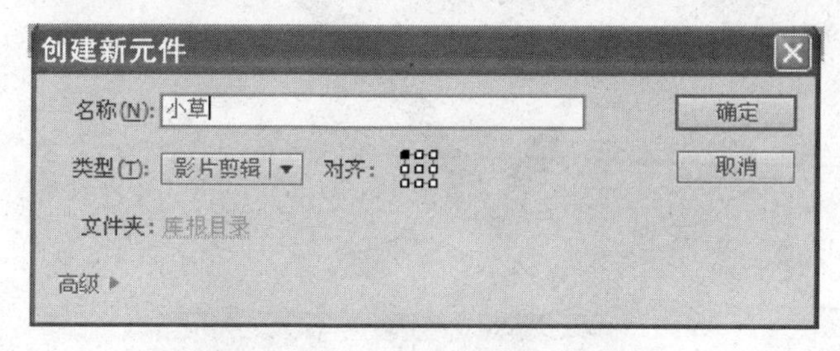


图 5-54 “创建新元件”对话框

图 5-55 元件编辑窗口

② 在元件编辑窗口中，可以使用绘制工具绘制、导入外部的素材、拖入其他元件的实例等方法制作元件。制作完成后，单击左上角的“场景 1”按钮，退出元件编辑窗口。

用这种方式创建的新元件只保存在 Flash 的“库”中，并不在工作区中显示。

#### 练一练

创建“小草”影片剪辑元件的步骤如下。

① 启动 Flash CS5，新建一个 ActionScript 3.0 文档，新建一个影片剪辑元件“小草”。

② 进入所创建影片剪辑元件的编辑模式，将“图层 1”重命名为“小草”。选择“钢笔工具”，按如图 5-56 所示设置其属性面板。绘制小草图形并选择小草，如图 5-57 所示。

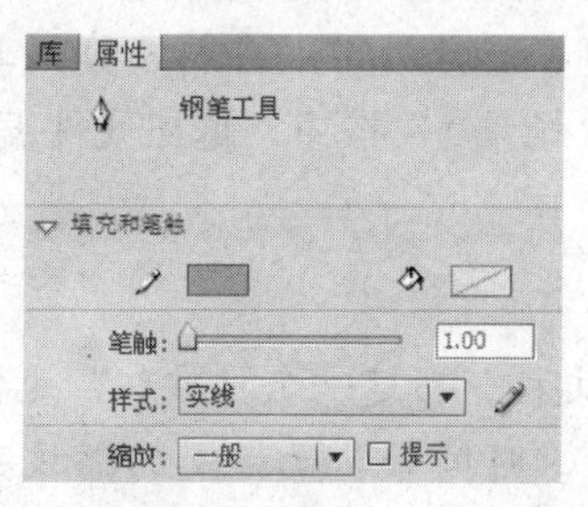


图 5-56 “钢笔工具”属性面板

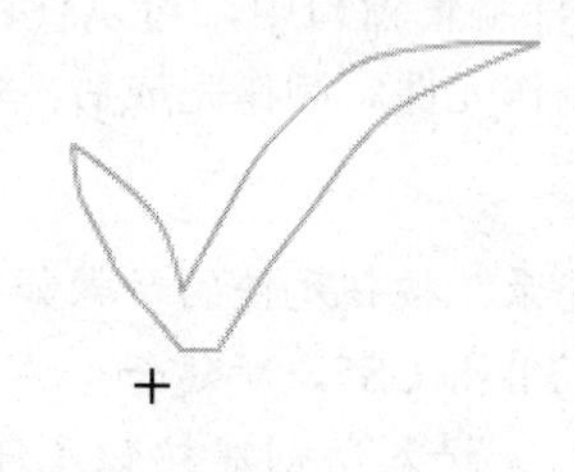

图 5-57 小草图形

③ 利用工具箱设置笔触及填充颜色（#00ff00），如图 5-58 所示。

④ 用“选择工具”选择小草，选择“颜料桶工具”，将小草填充成绿色。效果如图 5-59 所示。

⑤ 在第 10 帧插入一个关键帧。单击舞台上的小草后，在舞台上方的“调整显示大小”框 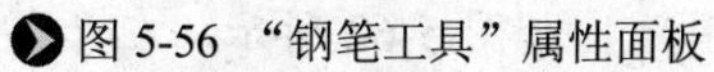 中输入 400%，将图片放大。

⑥ 使用“选择工具”或“部分选择工具”调整小草的形状。效果如图 5-60 所示。

⑦ 在第 20 帧处插入一个关键帧。使用同样的方法再次调整小草的形状，使小草有被风吹的感觉，如图 5-61 所示。

图 5-58　工具箱

图 5-59　小草

图 5-60　调整后的小草图形

图 5-61　第 20 帧调整后的小草图形



⑧ 在第 30 帧处按 F5 键插入帧。到此，一个“小草”影片剪辑元件就建立好了，接下来开始调用做好的影片剪辑元件。

⑨ 单击“场景”按钮进入场景。将库中的“小草”影片剪辑元件拖到舞台上。

（2）直接创建按钮元件

创建按钮元件的方法与创建影片剪辑元件的方法相同。

① 执行“插入”→“新建元件”菜单命令或者按 Ctrl+F8 组合键，在打开的“创建新元件”对话框中输入元件名称，选择元件类型“按钮”，新建一个按钮元件。

② 在元件编辑窗口中，可以使用绘制工具绘制、导入外部的素材、拖入其他元件的实例等方法制作元件。制作完成后，单击左上角的“场景 1”按钮，退出元件编辑窗口。

## 练一练

创建“登录”按钮元件的步骤如下。

① 启动 Flash CS5，新建一个 ActionScript 3.0 文档。新建一个“按钮”元件，元件名称为“登录”。进入所创建按钮元件的编辑模式，“时间轴”面板上的播放头处于“弹起”状态时，选择“矩形工具”中的“基本矩形工具”，如图 5-62 所示，在舞台上绘制一个矩形，并在其属性面板中设置相关属性，如图 5-63 所示。

② 将“图层 1”重命名为“边框”，并选择第 1 帧，按 Ctrl+C 组合键复制第 1 帧图形，再按 Ctrl+Shift+V 组合键将图形复制到当前位置，单击“变形”按钮，将“缩放宽度”设为 95%，“缩放高度”设为 86%。效果如图 5-64 所示。

③ 将播放头置于“指针..”状态，按 F5 键插入帧；将播放头置于“按下”状态，按 F5 键插入帧；将播放头置于“点击”状态，按 F5 键插入帧，如图 5-64 所示。

④ 新建“图层 2”并重命名为“文字”，播放头处于“弹起”状态时，在舞台上输入文字“登录”，并在其属性面板中设置相关属性“字体：黑体；大小：20；颜色：#000000”。

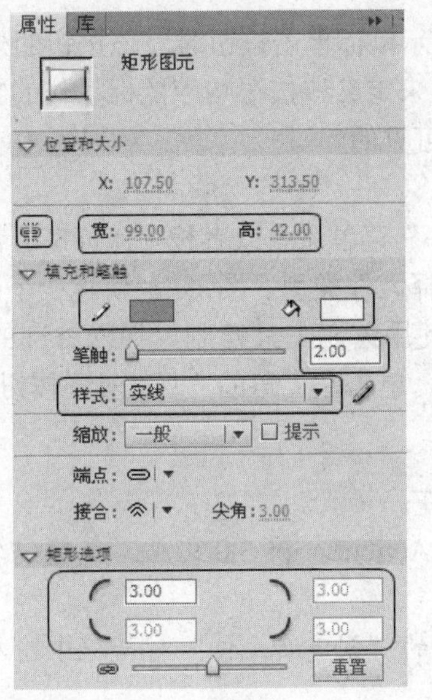


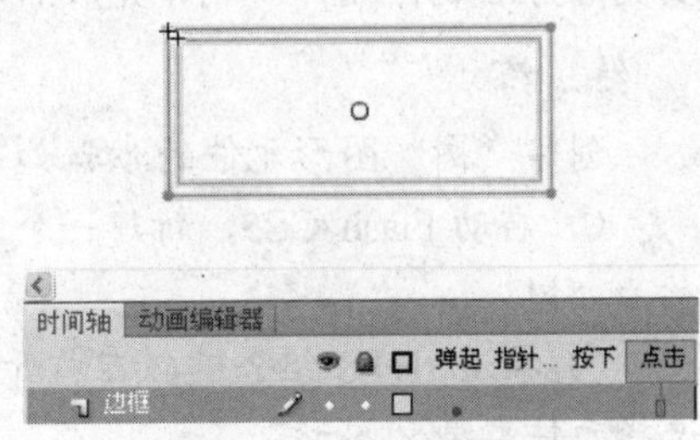


图 5-62　基本矩形工具　图 5-63　“矩形图元”属性面板　图 5-64　变形后效果



⑤ 将播放头置于“指针..”状态处，按 F6 键插入关键帧，使用“选择工具”选择文字“登录”，单击“变形”工具，将“缩放宽度”设为 120%，“缩放高度”设为 120%。

⑥ 将播放头置于“按下”状态处，按 F6 键插入关键帧，打开“文字”属性面板，设置文字“登录”的颜色为#ff0000。

⑦ 单击舞台上方的“场景”按钮回到场景。打开库面板，将一个“按钮”元件拖动到舞台。按钮元件各帧效果如图 5-65 所示。

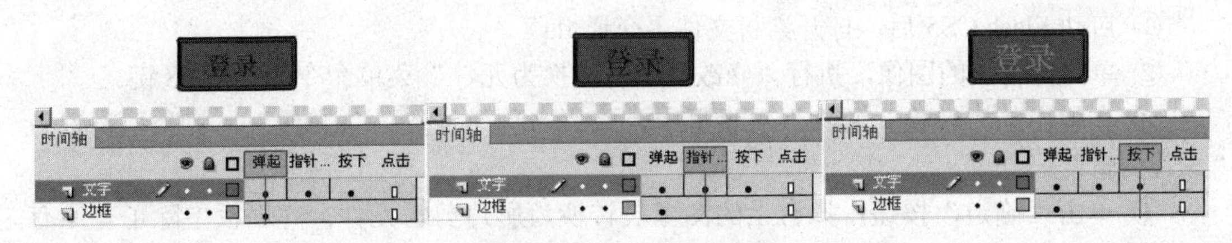


图 5-65　各帧效果图

③ 按钮的结构。按钮元件的时间轴只包含 4 个帧，如图 5-66 所示，每个帧都有一个特定的功能。

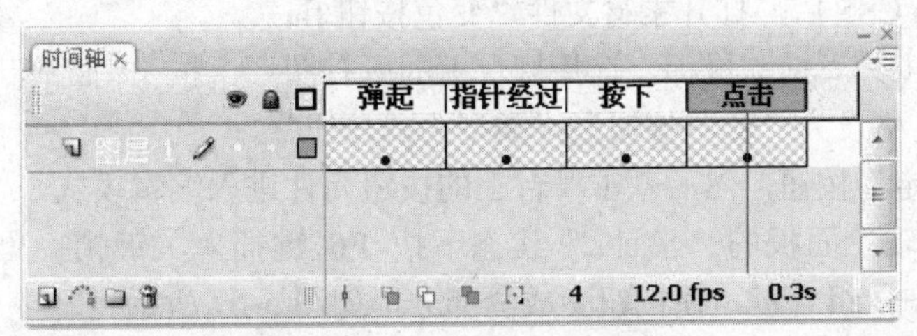


图 5-66　按钮元件的时间轴

- 第 1 帧是“弹起”状态：表示鼠标没有经过按钮时，默认状态下按钮的外观。
- 第 2 帧是“指针..”状态：表示鼠标指针滑过按钮时，该按钮的外观。（第 2 帧应该是“指针经过”状态，这是在 Flash CS5 汉化过程中出现的 bug。）

- 第 3 帧是“按下”状态：表示鼠标单击按钮时，该按钮的外观。
- 第 4 帧是“点击”状态：用来定义该按钮响应鼠标动作的物理区域。“点击”帧区域在播放 SWF 文件时是不可见的。

（3）直接创建图形元件

① 执行“插入”→“新建元件”菜单命令或者按 Ctrl+F8 组合键。在打开的“创建新元件”对话框中输入元件名称，选择元件类型“图形”，新建一个图形元件。

② 在元件编辑窗口中，可以使用绘制工具绘制、导入外部的素材、拖入其他元件的实例等方法制作元件。制作完成后，单击左上角的“场景 1”按钮，退出元件编辑窗口。

**练一练**

创建“树”图形元件的步骤如下。

① 启动 Flash CS5，新建一个 ActionScript 3.0 文档。新建一个“图形”元件，元件名称为“树”。

② 按 Ctrl+F8 组合键，在打开的“创建新元件”对话框中输入元件名称“椰子树”，选择元件类型“图形”。

③ 进入所创建图形元件的编辑模式，在其舞台上添加一个素材图形“椰子树.png”（执行“文件”→“导入”→“导入到舞台”菜单命令）。



④ 查看库面板中的“椰子树”图形元件。

### 4. 转换元件

（1）将现有对象转换为影片剪辑元件

将舞台上已有的对象转换为影片剪辑元件，可参照以下步骤。

① 启动 Flash CS5 后，打开素材文件“交通.fla”。

② 单击舞台上的图像，执行“修改”→“转换为元件”菜单命令或者按 F8 键。

③ 在弹出的“转换为元件”对话框中，将“名称”设置为“交通”，将类型设置为“影片剪辑”。

④ 单击“确定”按钮，舞台上的图像被转换为影片剪辑元件。库面板中除了有原有的图像文件外，还有新转换的影片剪辑元件。

（2）将现有对象转换为按钮元件

将舞台上已有的对象转换为按钮元件，可参照以下步骤。

① 启动 Flash CS5 后，打开素材文件“变色按钮.fla”。

② 用“选择工具”拖动鼠标，选择舞台上的所有图形，按 F8 键弹出“转换为元件”对话框，将元件名称设为“变色按钮”，类型为“按钮”。

③ 单击“确定”按钮，然后双击舞台上的按钮元件进入编辑模式。

④ 在“时间轴”面板的“指针..”状态下按 F6 键插入关键帧，单击舞台上的“按钮”元件，按 Ctrl+B 组合键，使按钮变成两部分，如图 5-67 所示。

⑤ 单击按钮中间的蓝色部分，打开属性面板，选择“样式”中的“色调”，设置各项参数如图 5-68 所示。

⑥ 在时间轴面板上按 F6 键，在“按下”状态插入一个关键帧，单击按钮中心部分，打开属性面板，设置参数如图 5-69 所示。

图 5-67 按钮变成两部分

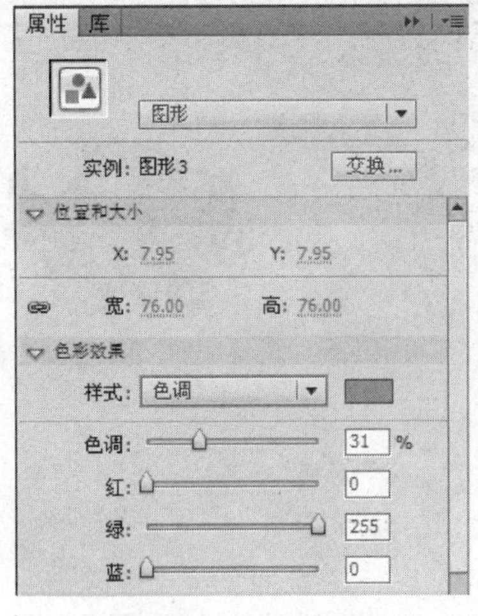


图 5-68 色调调整

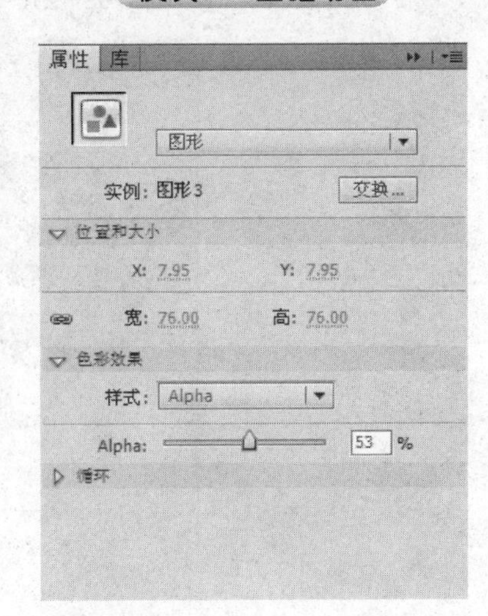


图 5-69 透明度调整

⑦ 回到场景中，将库面板中新建的按钮元件“变色按钮”拖到舞台上。按 Ctrl+Enter 组合键观看效果。

（3）将现有对象转换为图形元件

将舞台上已有的对象转换为图形元件，可参照以下操作步骤。

① 启动 Flash CS5 后，打开素材文件“牛.fla”。

② 单击舞台上的牛，按 F8 键打开“转换为元件”对话框，设置新元件的名称为“吃草的牛”，类型为“图形”，设置完后单击“确定”按钮，舞台上牛的图形即被转换为图形元件。

③ 库面板中除了有原有的图形文件外，还有新转换的图形元件。



### 5. 编辑元件

可以根据需要对已有的元件进行编辑修改。在编辑过程中，可以像创建新元件那样使用任意绘画工具，也可以在元件内导入媒体或其他元件。对元件编辑的结果会反映到它的所有实例。

可在以下三种模式下编辑元件。

（1）在当前位置编辑元件

在这种编辑模式下，当前帧上的所有对象会同时显示在舞台上，便于在编辑时相互参照，未被编辑的对象以灰显方式出现，从而将它们和正在编辑的元件区别开来。正在编辑的元件的名称显示在舞台顶部的编辑栏内，位于当前场景名称的右侧。例如，图 5-70 中右边的牛是被编辑对象，左边未被编辑的对象以灰显方式出现。

① 在舞台上选择元件的一个实例，可执行下列操作之一。

- 双击该实例。
- 单击鼠标右键，在弹出的菜单中选择“在当前位置编辑”命令。
- 执行“编辑”→“在当前位置编辑”菜单命令。

② 对元件进行编辑。

③ 退出元件编辑模式，可执行下列操作之一。

- 在元件以外双击。

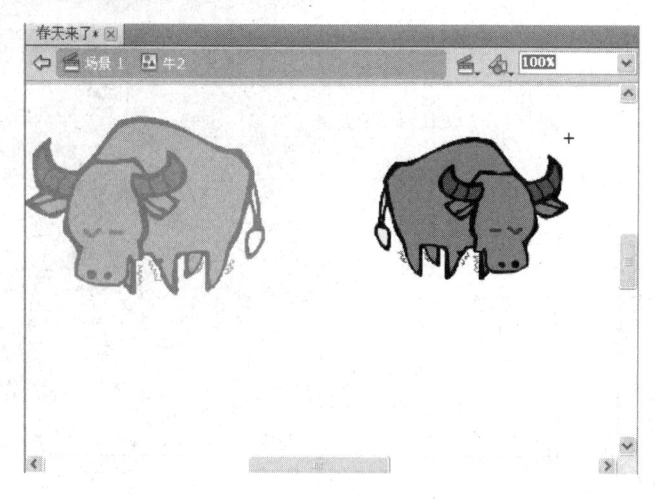


图 5-70 “在当前位置编辑”的显示效果

- 单击“返回”按钮⇦。
- 从编辑栏中的“场景”菜单中选择当前场景名称。
- 执行“编辑”→“编辑文档”菜单命令。



（2）在新窗口中编辑元件

可以开启一个与当前文档同名的新文档窗口，在主时间轴中对选中的元件进行编辑。操作方法如下。

① 在舞台上选择该元件的一个实例，单击鼠标右键，在弹出的菜单中选择“在新窗口中编辑”命令。

② 编辑元件。

③ 单击窗口右上角的“关闭”按钮来关闭新窗口，然后在主文档窗口内单击以返回主文档。

（3）在元件编辑模式下编辑元件

在元件编辑模式下，可将窗口从舞台视图更改为只显示被编辑元件的单独视图，被编辑元件的名称显示在舞台顶部的编辑栏内，位于当前场景名称的右侧，如图 5-71 所示（只显示一个实例）。操作方法如下。

图 5-71　元件编辑模式

① 执行下列操作之一。

- 双击库面板中的元件图标。
- 在舞台上选择该元件的一个实例，单击鼠标右键，在弹出的菜单中选择“编辑”命令。
- 在舞台上选择该元件的一个实例，然后执行“编辑”→“编辑元件”菜单命令。
- 在库面板中选择该元件，然后从库面板菜单中选择“编辑”，或者用鼠标右键单击库面板中的该元件，在弹出的菜单中选择“编辑”命令。

② 编辑元件。

③ 退出元件编辑模式并返回文档编辑状态，可执行下列操作之一。

- 单击舞台顶部编辑栏左侧的“返回”按钮。
- 执行“编辑”→“编辑文档”菜单命令。
- 单击舞台上方编辑栏内的场景名称。
- 在元件外部双击。

## 5.6 使用库面板



### 1. 库面板概述

在 Flash 中，库面板用来显示、存放和组织“库”中所有的项目，包括创建的元件，以及从外部导入的位图、声音和视频等。

执行“窗口”→“库”菜单命令，或者按 Ctrl+L 组合键，均可以打开如图 5-72 所示的库面板。“库”中项目名称左边的图标标明了它的文件类型。当选择“库”中的项目时，面板的顶部会出现该项目的缩略图预览。如果所选项目是动画或声音文件，则可以使用库预览窗口或“控制器”中的“播放”按钮预览该项目。

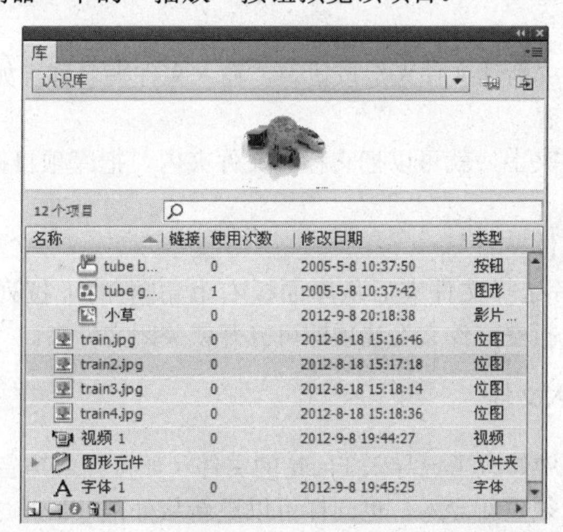


图 5-72 库面板

### 2. 调整库面板大小

拖动面板的右下角可以改变库面板的大小。

### 3. 更改列宽

将指针放在列标题之间的竖线上拖动可以更改列宽。

### 4. 对库项目进行排序

库面板的各列列出了项目名称、项目类型、项目在文件中使用的次数、项目的链接状态和标识符，以及上一次修改项目的日期。可以对库面板中任何列的项目按字母或数字顺序进行排序。单击列标题就可以根据该列进行排序。单击列标题右侧的三角形按钮可以倒转排序顺序。

### 5. 对库项目进行重命名

可执行下列操作之一来对库项目进行重命名。

- 双击项目名称。
- 选择项目，单击库面板中的按钮，从弹出的菜单中选择“重命名”命令。
- 用鼠标右键单击项目，然后从弹出的菜单中选择“重命名”命令。



### 6. 复制库中的元件

执行下面的操作可以复制库中的元件。

① 单击库面板中的元件，在弹出的菜单中选择“直接复制”命令。

② 在弹出的“直接复制元件”对话框中，设置新复制出的元件的名称和类型。

③ 单击“确定”按钮，库面板中即复制出了新的元件。

### 7. 使用文件夹

可以在库面板中使用文件夹来分类组织项目，以提高工作效率。

（1）创建文件夹

单击库面板底部的“新建文件夹”按钮，输入文件夹名称，如图 5-73 所示。

（2）操作文件夹内容

把库项目拖到文件夹上，就可以把它移到文件夹内。把库项目拖离文件夹，就可以把它移到文件夹外。

（3）打开或关闭文件夹

双击文件夹，或者选择文件夹后从库面板右上角的下拉列表中选择“展开文件夹”（见图 5-74）或“折叠文件夹”选项即可打开或关闭文件夹。

### 8. 更新库中的导入文件

如果在外部编辑器中修改了已导入 Flash 的文件（如位图或声音文件），可以在 Flash 中更新这些文件，而无须重新导入，也同样可以更新从外部 Flash 文档导入的元件。更新完成后，当前库文件中的内容会被新导入的外部文件替换。操作方法如下。

① 在库面板中选择要更新的文件。

② 单击鼠标右键，从弹出的菜单中选择“更新”命令。

③ 在弹出的“更新库项目”对话框中单击“更新”按钮，如图 5-75 所示。

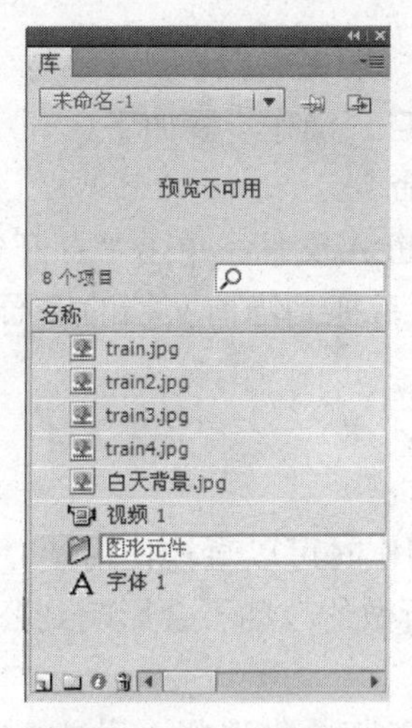


图 5-73　新建文件夹

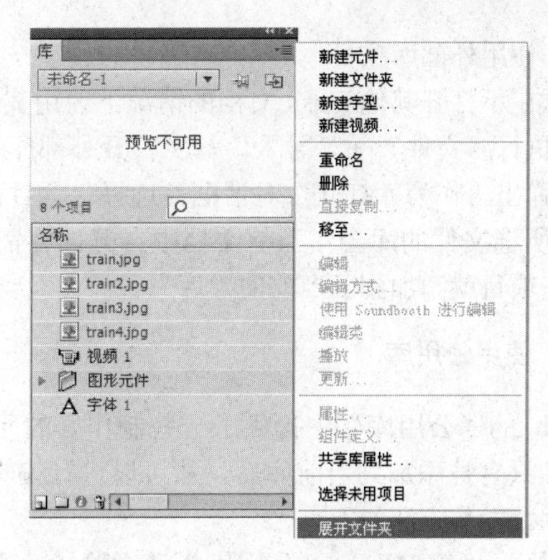


图 5-74　“展开文件夹”选项

### 9. 删除库项目

从库中删除一个项目时，文档中该项目的所有实例也都会被删除，所以要慎重操作。操作方法如下。

选择要删除的项目，然后单击库面板底部的“删除”按钮；也可以把要删除的项目直接拖到“删除”按钮处。

### 10. 使用库项目

（1）使用当前文档的库项目

将项目从库面板拖动到舞台上，该项目就会添加到当前层上。

（2）使用其他文档的库项目

当同时打开了多个文档时，可以方便地使用其他文档的库项目。操作方法如下。

打开库面板，单击库“名称”下拉列表，单击要使用的库的名称打开目标库，然后把要使用的项目拖动到当前文档的工作区，如图 5-76 所示。

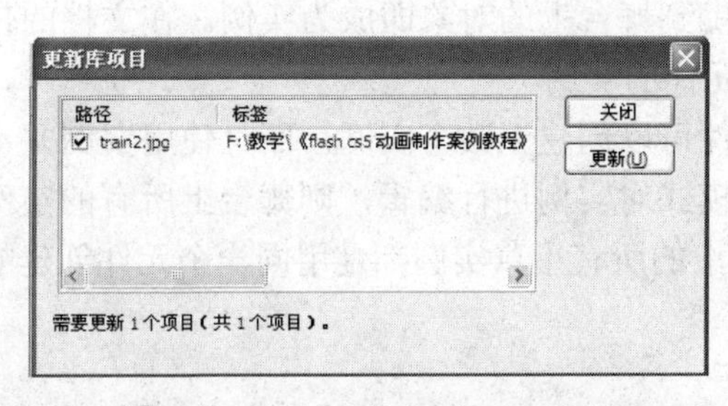


图 5-75　“更新库项目”对话框

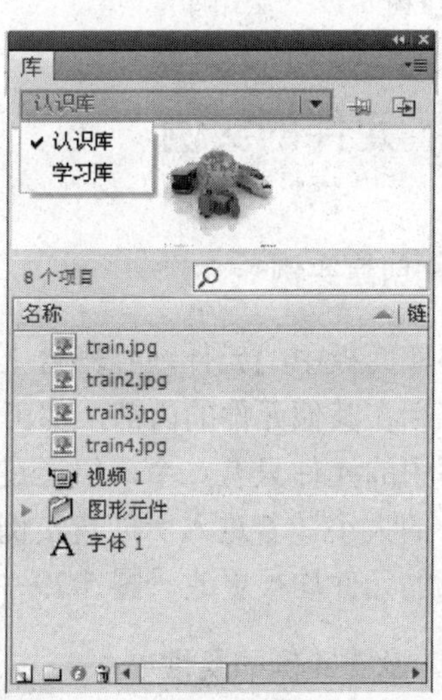


图 5-76　使用其他文档的库项目

（3）使用外部库项目

可以在不打开其他 Flash 文档的情况下使用其他库项目。操作步骤如下。

① 执行“文件”→“导入”→“打开外部库”菜单命令。

② 弹出“作为库打开”对话框，选择包含目标库的 FLA 文件，单击“打开”按钮。

③ 所选文件的库会在当前文档中打开。将需要的项目拖到当前文档的库面板或舞台上，这些项目就添加到了当前的“库”。

### 11. 使用公用库

Flash 的“公用库”中提供了一些制作好的元件，创作时可以直接使用。“公用库”中的元件只有被添加到当前库后，才可以进行编辑，但所做的改动不会影响到公用库里的原始元件。操作方法如下。

① 执行“窗口”→“公用库”菜单命令，然后从子菜单中选择一种类型的库，如图 5-77 所示，选择“按钮”，打开“公用库”窗口。

② 将项目从“公用库”拖入当前文档的库或工作区，如图 5-78 所示。



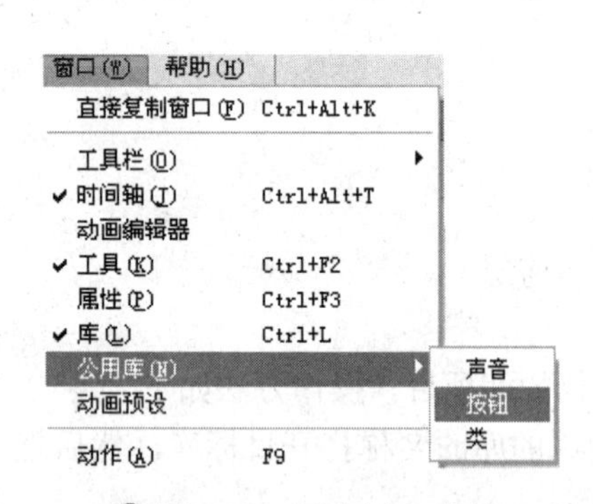


图 5-77 “公用库”菜单

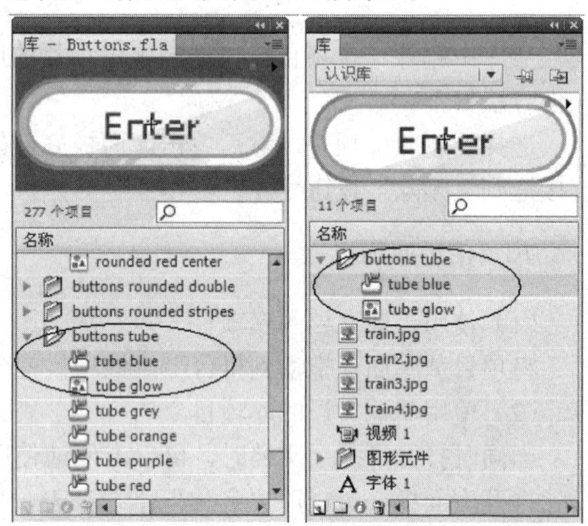


图 5-78 将“公用库”项目拖入当前库

## 5.7 元件的实例

### 1. 创建实例

将库面板中的元件拖到舞台上后，拖曳到舞台上的对象即成为实例。在文档的任何位置，包括在其他元件的内部，都可以创建元件的实例。

库中的元件只有一个，但通过一个元件可以创建无数个实例，而且使用实例并不会增加文件的大小。若进入所创建实例的编辑模式对实例进行编辑，则舞台上所有的实例和库中对应的元件均被更改。图 5-79 中，舞台上的所有小草实例都是用同一个元件创建的。

### 2. 设置实例的属性

元件的每个实例都可以拥有各自独立于该元件的属性。当修改元件时，Flash 会自动更新元件的所有实例；而对实例所做的更改只会影响实例本身，并不会影响元件。可以在如图 5-80 所示的属性面板中更改实例的名称、颜色、类型、混合等属性。

图 5-79　用同一元件创建的多个小草实例

（1）为实例命名

通过为按钮或影片剪辑实例命名，可以更容易地区分实例。在使用“脚本”时，只有使用实例名称，才能把该实例指定为脚本的目标路径。操作方法如下。

选择实例，单击属性面板的“实例名称”文本框，然后输入名称。

（2）更改实例类型

通过改变实例的类型，可以使实例获得区别于其他类型元件的属性。例如，要为一个图形实例添加“混合”效果，可以先把它改为影片剪辑类型。更改实例类型时，并不会更改该实例所对应的元件的类型。操作方法如下。

在舞台上选择实例，单击属性面板中的“实例行为”下拉列表框，从下拉列表中选择一种其他的类型即可，如图 5-80 所示。

（3）更改实例色彩

更改实例色彩的操作方法如下。

在舞台上选择实例，单击属性面板中的“样式”下拉列表框，从下拉列表中选择一项进行设置即可，如图 5-80 所示。

- 亮度：改变实例的明亮程度，可在最暗（-100%）和最亮（100%）之间设置不同的明亮程度。
- 色调：为实例叠加一种颜色。调整“色彩数量”滑块，可以改变叠加量。
- 高级：更精细地同时设定“色调”和“Alpha”两项的值。
- Alpha：改变实例的透明度，可在完全透明（0%）和完全不透明（100%）之间设置不同的透明程度。

（4）应用混合模式

使用混合模式，可以混合重叠影片剪辑或按钮中的颜色，从而创造独特的效果。混合的效果不仅取决于要应用混合的对象的颜色，还取决于位于对象下面的基础颜色。在应用时，可以多尝试几种不同的混合模式，以获得最佳效果。操作方法如下。

在舞台上选择实例，单击属性面板中的“混合”下拉列表框，打开如图 5-81 所示的下拉列表，从中选择一种模式即可。

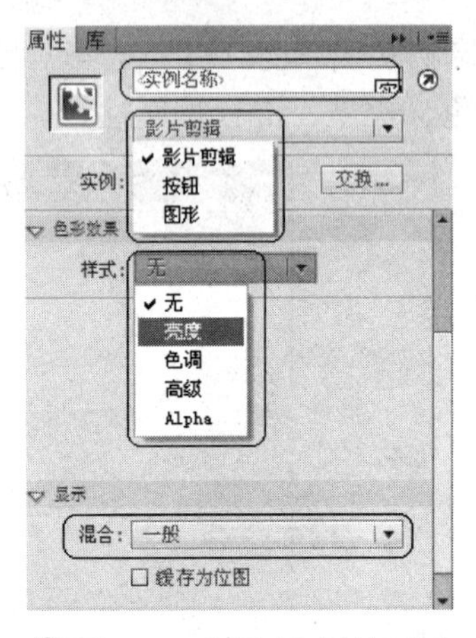


图 5-80 “实例”属性面板

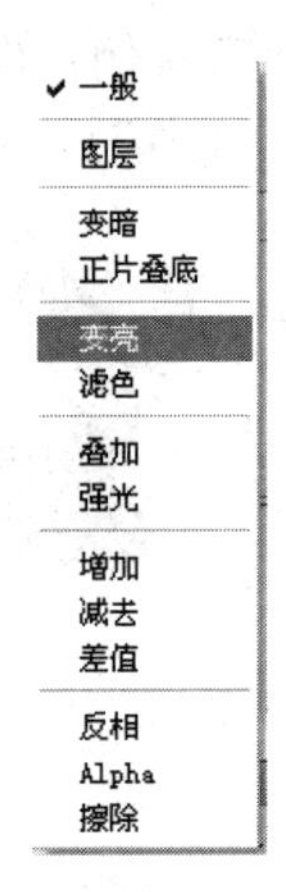


图 5-81 “混合”下拉列表

（5）交换实例

可以用其他元件的实例替换当前的实例。新元件的实例将保留原始实例的所有属性（如位置、滤镜、颜色、样式等）。操作方法如下。

① 选中要交换的实例，打开属性面板。在属性面板中可以查看原始实例的属性。例如，选择图 5-82 中改变方向和大小的“牛 1”实例，它的属性如图 5-83 所示。



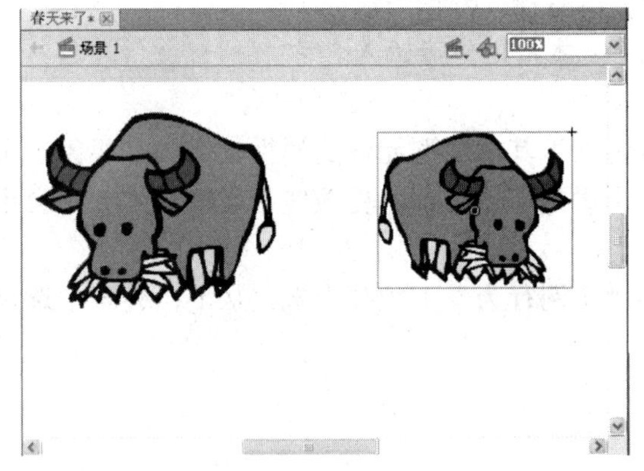


图 5-82 “牛 1”实例

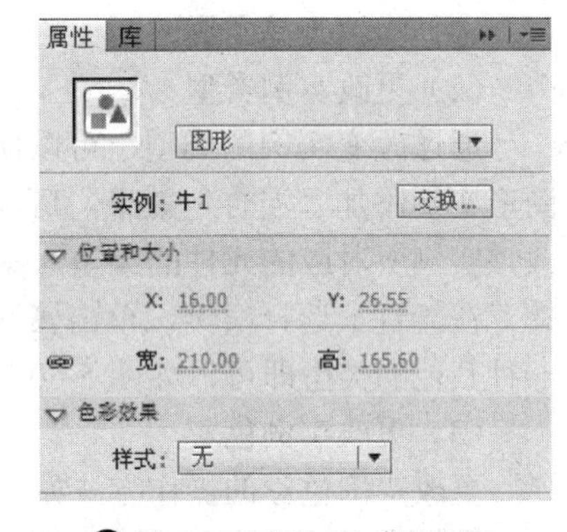


图 5-83 “牛 1”实例属性

② 单击“交换”按钮，弹出如图 5-84 所示的“交换元件”对话框，从中选择要交换的元件，然后单击“确定”按钮。

例如，选择“牛 2”元件进行交换，这时“牛 2”实例会替换“牛 1”的实例，并且继承“牛 1”的所有属性（方向和大小），如图 5-85 所示。

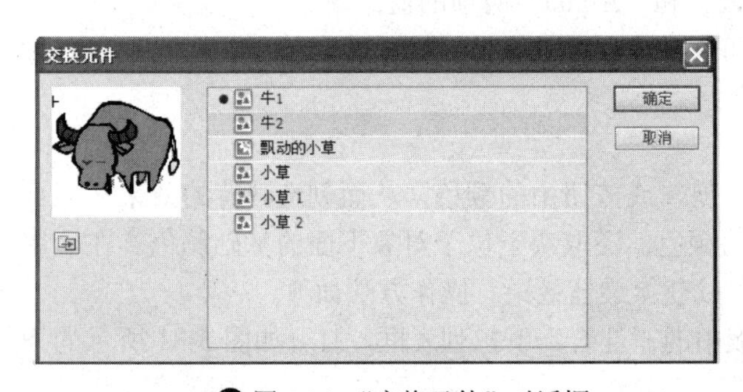


图 5-84 “交换元件”对话框

图 5-85 交换元件效果

（6）分离实例

可以将实例和与它对应的元件分离，使它不再与元件存在关联，成为一个独立的对象。例如，要用某个实例制作变形动画时，就需要先分离该实例。操作方法如下。

选中实例，执行“修改”→“分离”菜单命令，或者按 Ctrl+B 组合键，即可将实例分离。

## 5.8 影片剪辑元件与图形元件的关系

### 1. 二者的关系

在 Flash 的元件中，图形元件和影片剪辑元件都可以包含动画片段，二者也可以相互嵌套、转换类型和交换实例，但它们之间也存在很多差别。

① 图形元件不支持交互功能，也不能添加声音、滤镜和混合模式效果，而影片剪辑元件可以。

② 图形元件没有独立的时间轴，它与主文档公用时间轴，所以图形元件在 FLA 文件中的尺寸也小于影片剪辑元件。

③ 因为动画图形元件使用与主文档相同的时间轴，所以在文档编辑模式下可以预览动画；影片剪辑元件拥有自己独立的时间轴，在舞台上显示为一个静态对象，在文档编辑模式下不能预览动画。

④ 图形元件的动画播放效果会受到舞台主时间轴长度的限制，而影片剪辑元件动画却不会。

### 2. 验证方法

可以通过以下方法来验证二者的区别。

① 在舞台上同时放置一个影片剪辑动画实例“小草”和一个图形元件动画实例“太阳”。将图形元件实例的“图形选项”属性设置为“循环，1”。例如，图 5-86 中的“小草”是影片剪辑元件实例，“太阳”是图形元件实例，这时它们在主时间轴只占了 1 帧。

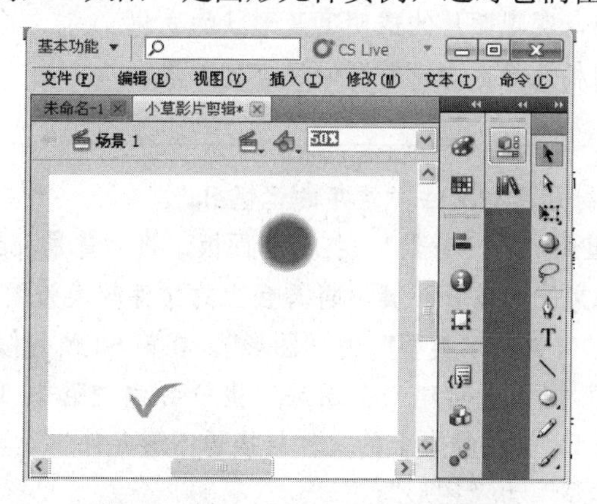


图 5-86 实例的属性和时间轴

② 选中图形元件实例，查看“滤镜”和“混合”选项，二者以灰色显示，表示不可用。选中影片剪辑元件实例，将可以设置“滤镜”和“混合”。

③ 按 Enter 键，二者在舞台上均会保持静止状态；按 Ctrl+Enter 组合键，在影片测试状态下影片剪辑元件动画可以播放，而图形元件动画仍保持静止状态。因为虽然把图形元件实例设置成了“循环”状态，但受到主时间轴只有 1 帧的限制，只能播放它的第 1 帧；而影片剪辑实例则不受此限制。

④ 在主时间轴第 10 帧处按 F5 键插入帧，其他设置不变。按 Enter 键，舞台上图形元件的动画可以播放，而影片剪辑元件动画会保持静止；按 Ctrl+Enter 组合键，在影片测试状态下二者的动画都能播放。

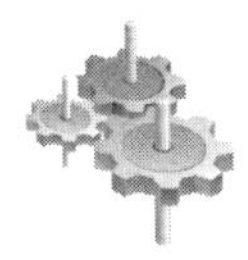

## 案例 13　童年的记忆——传统补间动画

### 案例描述

制作传统补间动画，实现照片的透明度及形状的变化，制作出的“童年的记忆”效果图如图 5-87 所示。

图 5-87 “童年的记忆”效果图



### 案例分析

- 制作传统补间动画，实现照片的透明度及形状的变化。
- 在传统补间动画的属性面板中设置顺时针旋转效果。

### 操作步骤

1. 启动 Flash CS5，打开素材文件“童年的记忆.fla”。

2. 新建一个图层，重命名为“背景”。打开库面板，将“背景.jpg”文件拖入舞台。

3. 选择“背景.jpg”文件，按 F8 键，将舞台上的文件转换为图形元件，设置“转换为元件”对话框，“名称”为“背景”，“类型”为“图形”。在第 60 帧处按 F5 键插入帧。

4. 单击“新建图层”按钮，新建一个图层，重命名为“照片 1”。将库面板中的“照片 1.jpg”文件拖入舞台，按 F8 键将舞台上的文件转换为图形元件。设置“转换为元件”对话框，“名称”为“照片 1”，“类型”为“图形”。

5. 单击“新建图层”按钮，新建一个图层，重命名为“照片 2”。将库面板中的“照片 2.jpg”文件拖入舞台，按 F8 键将舞台上的文件转换为图形元件。设置“转换为元件”对话框，“名称”为“照片 2”，“类型”为“图形”。

6. 选择图层“照片 1”，单击舞台上的图形元件实例，将实例拖出舞台，放于舞台外的右侧，如图 5-88 所示。使用“任意变形工具”将实例变形。打开属性面板，设置“色彩效果”中的“样式”为 Alpha，值为 53%，如图 5-89 所示。

图 5-88　将图片放于舞台外的右侧

图 5-89　设置 Alpha 值

7. 选择图层“照片 2”，使用相同的方法将照片放于舞台外的左侧，并调整实例形状和透明度（Alpha），如图 5-90 所示。

8. 用鼠标拖动选择图层“照片 1”和“照片 2”的第 10 帧，按 F6 键插入关键帧。选择图层“照片 1”的第 10 帧，使用“任意变形工具”将实例变形。选择图层“照片 2”的第 10 帧，使用“任意变形工具”将实例变形，如图 5-91 所示。

图 5-90　第 1 帧照片的调整效果

图 5-91　第 10 帧照片的调整效果

9. 选择图层“照片 1”，在第 1 帧与第 10 帧之间单击鼠标右键，在弹出的菜单中选择“创建传统补间”命令。用同样的方法为图层“照片 2”创建传统补间，时间轴状态如图 5-92 所示。打开属性面板，设置“旋转”为“顺时针”，如图 5-93 所示。

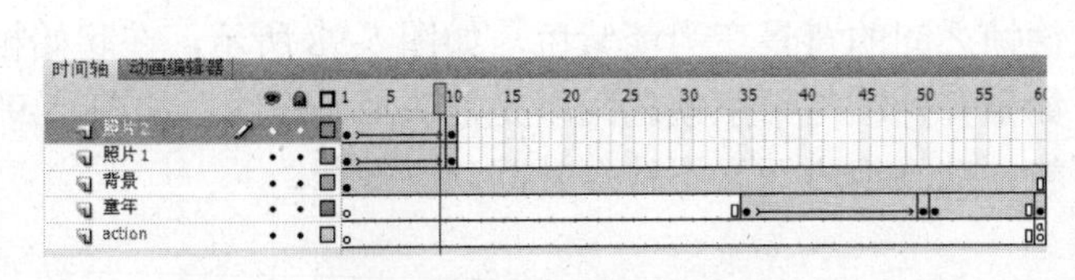


图 5-92　时间轴状态

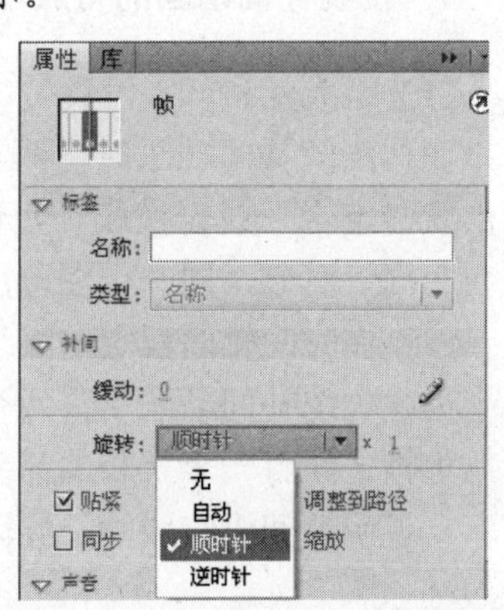


图 5-93　设置“旋转”为“顺时针”

10. 选择图层“照片 1”，在第 30 帧处按 F6 键插入关键帧，使用“任意变形工具”将实例变形，如图 5-94 所示，打开属性面板，设置 Alpha 值为 100%，如图 5-95 所示。

11. 按照步骤 9 的方法，在图层“照片 2”的第 35 帧处插入一个关键帧，并设置照片的 Alpha 值为 100%，调整照片形状和位置，如图 5-96 所示。

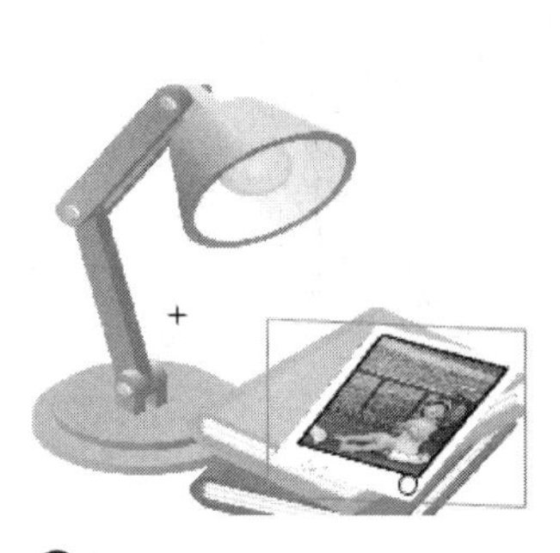

图 5-94 “照片 1”的位置

图 5-95 设置 Alpha 值

图 5-96 “照片 2”的形状和位置

12. 选择图层“照片 1”和“照片 2”的第 60 帧，按 F5 键插入帧。最后的时间轴效果如图 5-97 所示。



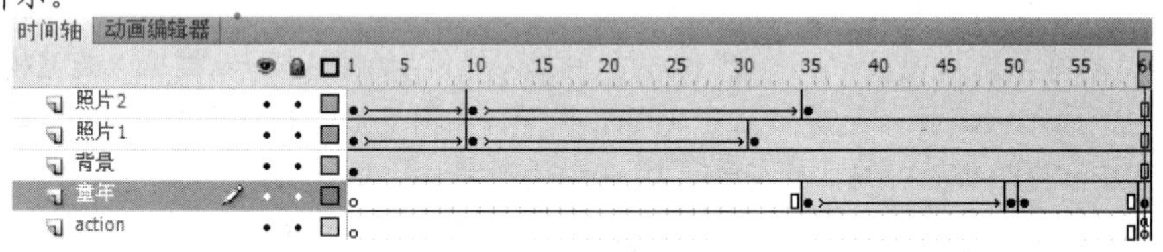


图 5-97 时间轴

13. 按 Ctrl+S 组合键保存文件，按 Ctrl+Enter 组合键测试影片。

## 5.9 传统补间动画

传统补间动画也是 Flash 中非常重要的表现手段之一，与“形状补间动画”不同的是，传统补间动画的对象必须是“元件”或“成组对象”。运用传统补间动画，可以设置元件的大小、位置、颜色、透明度、旋转等属性。

### 1. 传统补间动画的特点

（1）组成元素

制作传统补间动画时，两个关键帧上的对象必须是元件实例或“成组对象”，即只有把形状“组合”或转换成“元件”后才可以制作传统补间动画。另外，两个关键帧上的对象应为同一对象，同一个图层上的一个关键帧中只能有一个对象。

（2）在时间轴面板上的表现形式

创建传统补间动画后，两个关键帧之间的背景变为淡紫色，如图 5-98 所示，在起始帧和结束帧之间有一个长长的箭头。如果开始帧与结束帧之间不是箭头而是虚线，如图 5-99 所示，说明补间没有成功，原因可能是动画组成元素不符合补间动画规范。

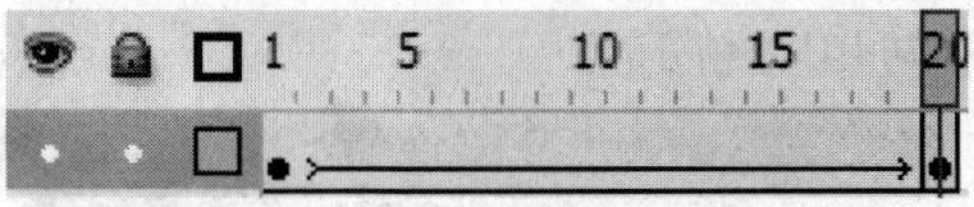

图 5-98　创建传统补间动画后

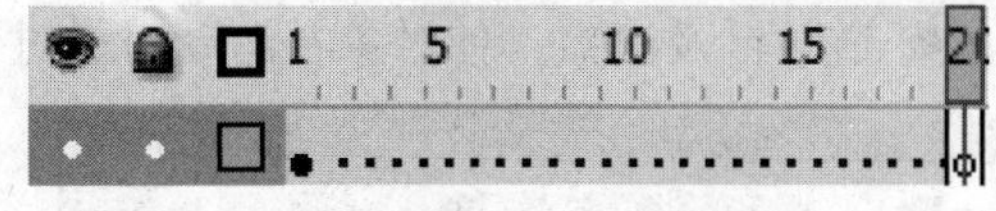


图 5-99　补间没有成功

### 2. 补间形状和补间动画的区别

补间形状和补间动画都属于补间动画类型，前后都有一个起始帧和结束帧，二者之间的区别如表 5-1 所示。

**表 5-1　补间形状和补间动画的区别**

| 区　别 | 补间动画 | 补间形状 |
| --- | --- | --- |
| 在时间轴上的表现 | 淡紫色背景加长箭头 | 淡绿色背景加长箭头 |
| 组 成 元 素 | 影片剪辑、图形元件、按钮 | 形状；如果使用图形元件、按钮、文字，则必先打散再变形 |
| 作　用 | 实现一个元件的大小、位置、颜色、透明度等的变化 | 实现两个形状之间的变化，或一个形状的大小、位置、颜色等的变化 |



### 3. 传统补间动画的制作方法

① 在时间轴面板上动画开始播放的地方创建或选择一个关键帧，并在关键帧上设置一个元件，注意一个帧中只能放一个项目。

② 在动画结束的地方创建或选择一个关键帧并设置该元件实例的属性。

③ 选择开始帧和结束帧之间的任意帧，执行下列操作之一。

- 单击鼠标右键，在弹出的菜单中选择“创建补间动画”命令。
- 执行“插入”→“传统补间”菜单命令。

## 5.10 补间动画的属性

在时间轴上创建了“补间动画”的任意帧上单击“属性”按钮，打开属性面板。

(1)“缓动”选项

用鼠标单击“缓动”右边的数值“0”，在文本框中输入数值。补间动画将根据设置做出相应的变化。

- 在-100～-1 的负值范围，动画运动的速度从慢到快，朝运动结束的方向加速补间。
- 在 1～100 的正值范围，动画运动的速度从快到慢，朝运动结束的方向减速补间。
- 默认情况下，补间帧之间的变化速率是不变的。

(2)“编辑缓动”按钮

单击“编辑缓动”按钮，弹出“自定义缓入/缓出”对话框，如图 5-100 所示。可以通过调整曲线形状，设置动画的缓入/缓出效果，如图 5-101 所示。

(3)“旋转”选项

- 无（默认设置）：禁止对象旋转。
- 自动：对象以最小的角度旋转 1 次，直到终点位置。
- 顺时针及次数：使对象在运动时顺时针旋转相应的圈数。

● 逆时针及次数：使对象在运动时逆时针旋转相应的圈数。

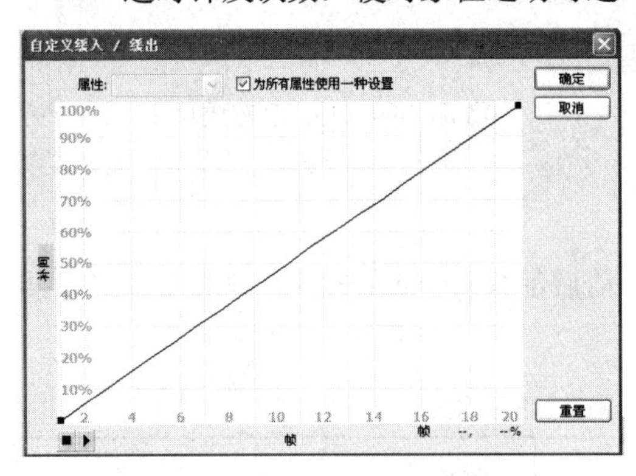

图 5-100 “自定义缓入/缓出”对话框

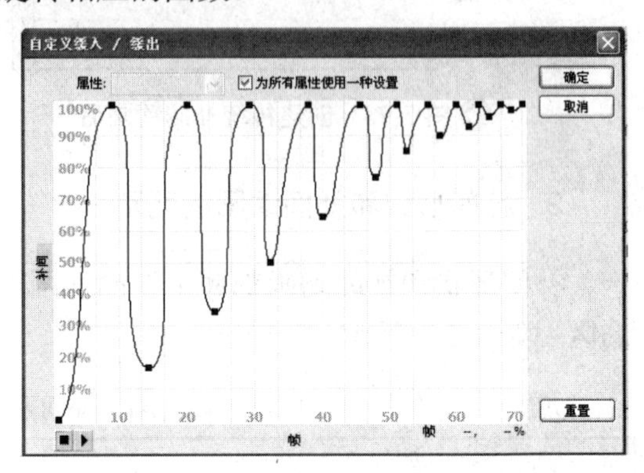

图 5-101 设置动画的缓入/缓出效果

（4）“调整到路径”复选框

勾选该复选框，将补间元素的基线调整到运动路径，主要用于引导线运动。此项功能将在模块 6 中介绍。

（5）“同步”复选框



勾选该复选框，可以确保实例在主文档中正确地循环播放。如果元件中动画序列的帧数不是文档中图形实例占用的帧数的偶数倍，应使用“同步”命令。

（6）“贴紧”复选框

勾选该复选框，可使对象沿路径运动时，自动捕捉路径。

## 练一练

### 1. 缓动补间动画

① 启动 Flash CS5 ，打开素材文件“弹动的小球.fla”。

② 新建一个图层，重命名为“小球”。使用“椭圆工具”，在舞台上如图 5-102 所示的位置绘制一个蓝色的圆。

③ 在第 70 帧处按 F6 键插入关键帧，将蓝色小球垂直向下移动到如图 5-103 所示的位置。

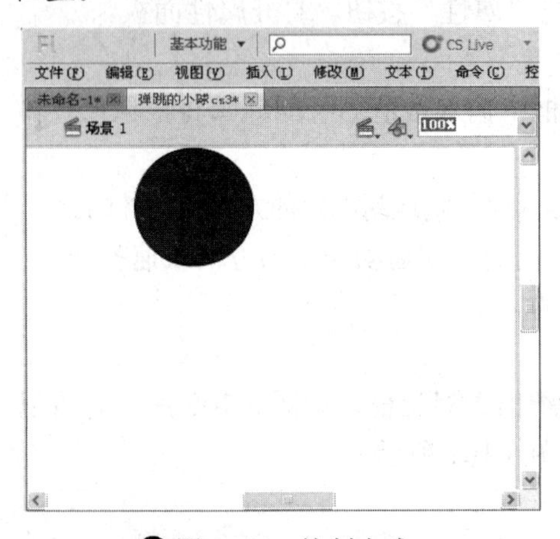

图 5-102 绘制小球

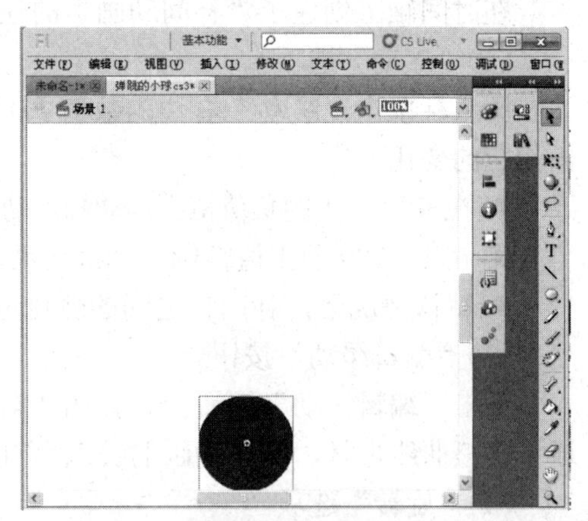

图 5-103 第 70 帧处的小球位置

④ 在第 1 帧和第 70 帧之间单击，单击属性面板中的“编辑缓动”按钮，打开“自定义缓入/缓出”对话框，设置如图 5-104 所示的曲线效果。

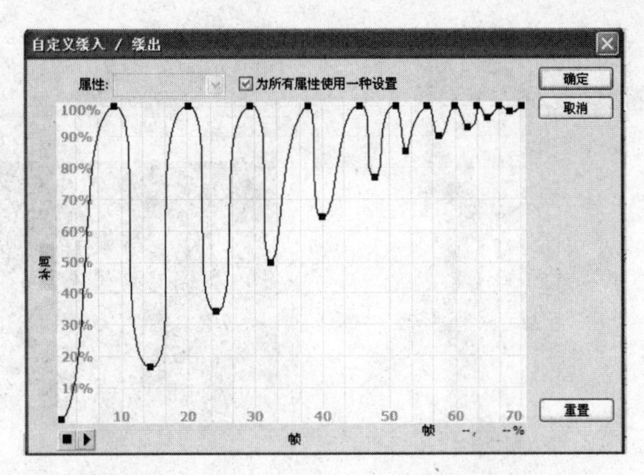


图 5-104 “自定义缓入/缓出”对话框

⑤ 按 Ctrl+J 组合键打开“文档设置”对话框，将“帧频”设置为 12。

⑥ 按 Ctrl+S 组合键保存文件，按 Ctrl+Enter 组合键测试影片。

**2. 位移动画**

① 启动 Flash CS5 ，打开素材文件“花朵飘飘.fla”。

② 新建一个图层，重命名为“花朵”，打开库面板，将图形元件“花朵”拖曳到舞台上方，如图 5-105 所示。

③ 单击“花朵”图层的第 30 帧，按 F6 键插入一个关键帧，并将花朵图形移到如图 5-106 所示的位置。

图 5-105 第 1 帧花朵位置

图 5-106 第 30 帧花朵位置

④ 单击“花朵”图层的第 60 帧，按 F6 键插入一个关键帧，并将花朵图形移到如图 5-107 所示的位置。

⑤ 按 Ctrl+S 组合键保存文件，按 Ctrl+Enter 组合键测试影片。

**3. 透明度渐变动画**

① 启动 Flash CS5，打开素材文件“明亮的北极星.fla”。

② 新建一个图层，重命名为“星星”，打开库面板，将图形元件“星星”拖曳到舞台上方，如图 5-108 所示。

③ 分别在“星星”图层第 5、10、15、20 帧处按 F6 键插入关键帧。单击“星星”图层第 5 帧舞台上的星星图形，打开属性面板，设置 Alpha 的值为 45%。单击“星星”图层第 15 帧舞台上的星星图形，打开属性面板，设置 Alpha 的值为 45%。

图 5-107　第 60 帧花朵位置

图 5-108　第 1 帧星星的位置

④ 将鼠标放到“星星”图层第 1 帧与第 5 帧之间，单击鼠标右键，在弹出的菜单中选择“创建传统补间”命令。用同样的方法在第 5 帧与第 10 帧之间、第 10 帧与第 15 帧之间、第 15 帧与第 20 帧之间创建“传统补间”，时间轴状态如图 5-109 所示。

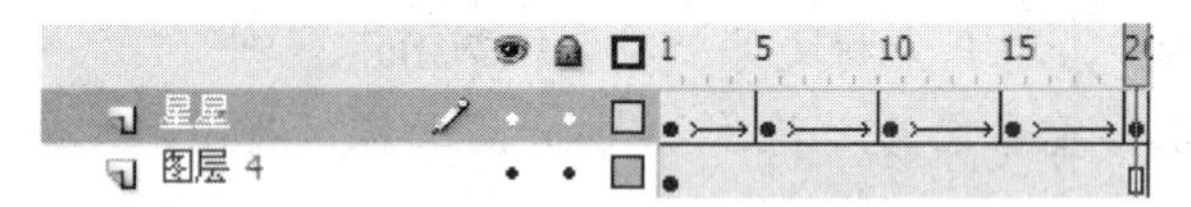




图 5-109　时间轴状态

⑤ 按 Ctrl+S 组合键保存文件，按 Ctrl+Enter 组合键测试影片。

## 案例 14　海底世界——补间动画

### 案例描述

制作补间动画，实现“鱼”实例位置与旋转方向的变化，制作出的“海底世界”效果图如图 5-110 所示。

图 5-110　“海底世界”效果图

## 案例分析

- 制作补间动画，实现“鱼”图形实例位置与旋转方向的变化。
- 了解补间动画与传统补间动画的区别。

## 操作步骤

1. 启动 Flash CS5，打开素材文件“海底世界.fla”。

2. 新建一个图层，重命名为“鱼”。打开库面板，将“鱼.png”文件拖入舞台，具体位置如图 5-111 所示。

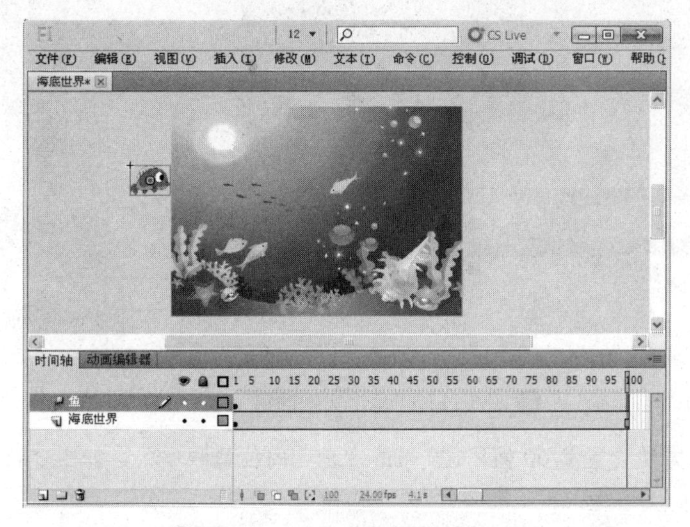


图 5-111 “鱼”实例的开始位置

3. 选择“鱼.png”文件，按 F8 键，将舞台上的文件转换为图形元件，在“转换为元件”对话框中将“名称”设置为“鱼”，“类型”设置为“图形”。在 100 帧处按 F5 键插入帧。

4. 单击“鱼”图层第 20 帧，将舞台上的“鱼”图片向下方拖曳到如图 5-112 所示的位置。伴随着鱼的移动将出现一条带有菱形的点状线，同时时间轴面板上第 20 帧处出现一个菱形的黑色方块。

图 5-112 “鱼”实例的第 20 帧位置

5. 单击“鱼”图层的第 40 帧，将舞台上的“鱼”向右上方移动，随着鱼的移动会出现带有菱形的点状线，同时时间轴面板上第 40 帧处出现一个菱形黑色方块。使用“任意变形工具”，变换“鱼”的形状，如图 5-113 所示。

图 5-113 “鱼”实例的第 40 帧位置

6. 用同样的方法设置第 60 帧、100 帧的“鱼”的位置和形状，如图 5-114 所示。

图 5-114 “鱼”实例的位置和形状

7. 单击工具箱中“钢笔工具”右侧的三角按钮，在弹出的下拉菜单中选择“转换锚点工具”或者按 C 键。

8. 将舞台上的运动轨迹调整为圆滑的曲线，调整后的效果如图 5-115 所示（可以使用“部分选择工具”调整轨迹上关键点的位置）。

9. 按 Ctrl+S 组合键保存文件，按 Ctrl+Enter 组合键测试影片。

图 5-115 圆滑轨迹

## 5.11 补间动画制作

补间动画功能强大，且易于创建。通过补间动画可对补间的动画进行最大程度的控制。可补间的对象类型包括影片剪辑、图形、按钮元件和文本字段。

### 1. 创建补间动画

（1）创建位置补间动画

① 在舞台上选择要补间的一个或多个对象。

② 执行下列操作之一。

- 执行“插入”→“补间动画”菜单命令。
- 单击鼠标右键，在弹出的菜单中选择“创建补间形状”命令。

**注 意**

如果对象不是可补间的对象类型，或者在同一图层上选择了多个对象，将显示一个对话框。通过该对话框可以将所选内容转换为影片剪辑元件。

③ 在时间轴中拖动补间范围的任意一端（当鼠标变为↔时拖动），按所需长度缩短或延长范围。

（2）创建非位置属性的补间动画

① 选择舞台上的对象。

② 执行“插入”→“补间动画”菜单命令。

③ 将播放头放到补间范围中要指定属性的某个帧上。

④ 在舞台上选中了对象后，可设置非位置属性（如透明度、倾斜等）的值。可使用属性面板或工具面板中的工具之一设置属性值。

### 2. 编辑补间的运动路径

（1）更改补间对象的位置

将播放头移动到补间的任意位置，移动补间的目标对象。

- 打开素材“改变路径 1.fla”。
- 将播放头放在要改变位置的帧上。
- 拖动舞台上对应的目标实例，如图 5-116 所示。

（2）编辑运动路径的形状

使用“选择工具”、“部分选择工具”和“任意变形工具”编辑运动路径的形状。

- 在工具页面中单击“选择工具”按钮。
- 单击舞台上的空白区域。
- 将指针放于路径旁，当指针形状改变为 时拖动指针改变路径，如图 5-117 所示。



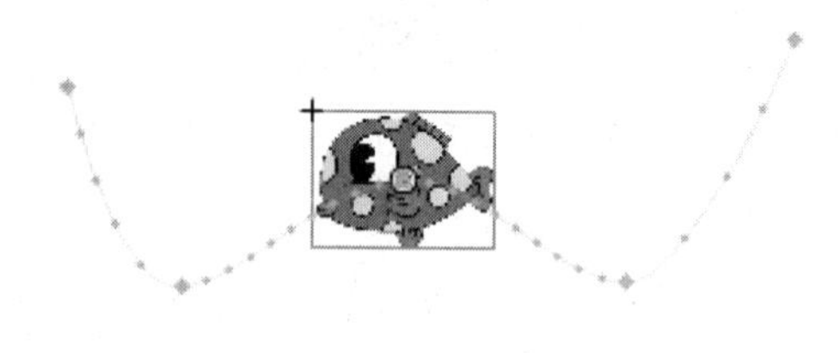

图 5-116　更改补间对象的位置

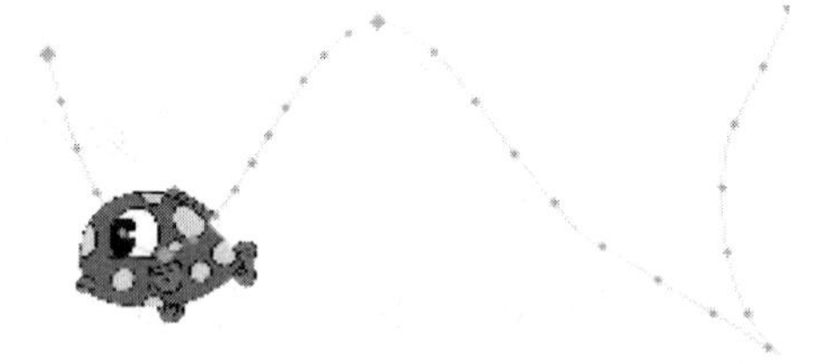

图 5-117　使用“选择工具”编辑路径

- 若要改变关键帧上的贝塞尔控制点，应选择“部分选择工具”，如图 5-118 所示。
- 使用“任意变形工具”编辑运动路径（选择运动路径，不要选择目标实例），进行缩放、倾斜、旋转路径操作，如图 5-119 所示。

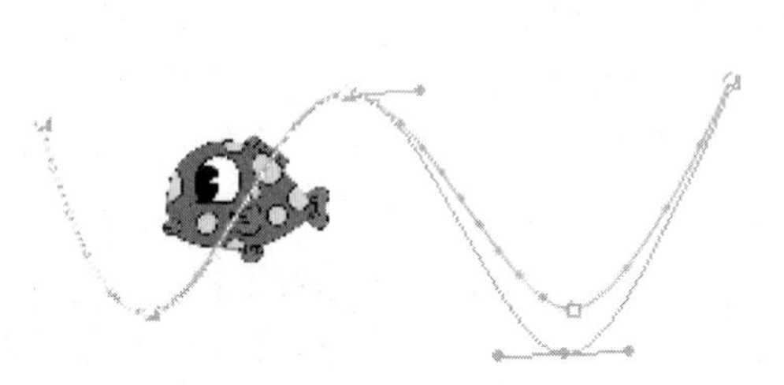

图 5-118　更改贝塞尔控制点

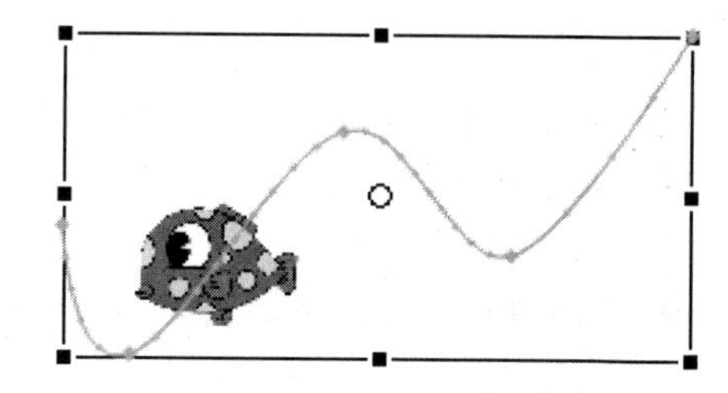

图 5-119　使用“任意变形工具”编辑运动路径

### 3. 使用动画编辑器制作动画

动画编辑器是对补间动画进行倾斜、旋转或制作缓动效果的窗口，如图 5-120 所示。

① 选择时间轴中的补间范围或者舞台上的补间对象或运动路径后，动画编辑器即会显示该补间的属性曲线。

② 动画编辑器在网格上显示属性曲线，网格表示时间轴上的各个帧。

③ 动画编辑器使用二维图来表示补间的属性值。每个属性都有自己的图形，每个图形的水平方向表示时间（从左到右），垂直方向表示属性值的大小。

④ 每个属性的关键帧将显示为属性曲线的控制点。按住 Ctrl 键的同时单击控制点可以选中控制点。

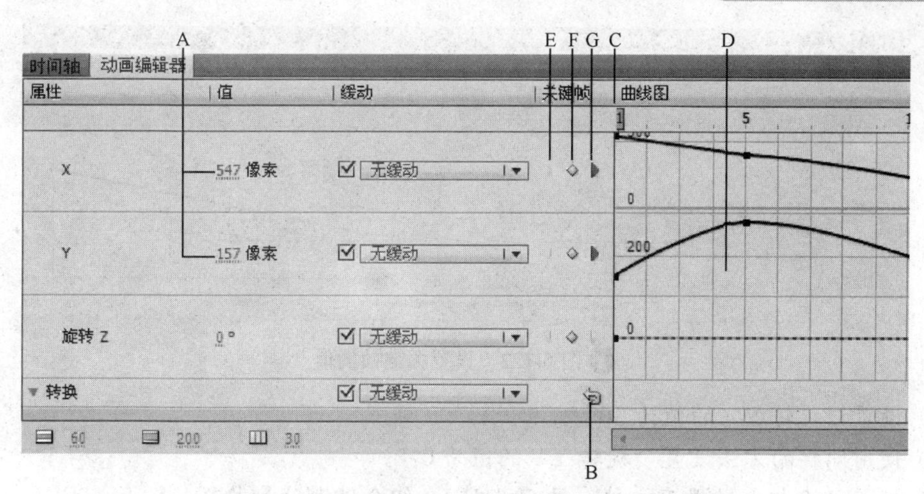


A—属性值；B—重置按钮；C—播放头；D—属性曲线区域；

E—上一关键帧按钮；F—删除/添加关键帧按钮；G—下一关键帧按钮

图 5-120　动画编辑器

⑤ 在动画编辑器中通过单击鼠标右键建立关键帧，并使用贝塞尔控件处理曲线，可以精确控制大多数属性曲线的形状。对于 X、Y、Z 的属性，可以添加和删除关键帧，但不能使用贝塞尔控件。



⑥ 使用动画编辑器还可以对任何属性的曲线应用缓动。

## 练一练

① 启动 Flash CS5，打开素材文件“动画编辑器.fla”。

② 在时间轴面板的“游动的鱼”图层的任意帧上单击鼠标右键，在弹出的菜单中选择“3D 补间”命令。

③ 按住 Ctrl 键的同时单击时间轴面板的第 30 帧（或者单击第 30 帧后，单击舞台上的“鱼”图片），然后单击“动画编辑器”选项卡，打开动画编辑器面板，在该面板中将鼠标放在“基本动画”下拉列表的“旋转 Y”右侧的第 30 帧上，当指针变成↖▪时，单击鼠标右键，在弹出的菜单中选择“添加关键帧”命令，如图 5-121 所示。

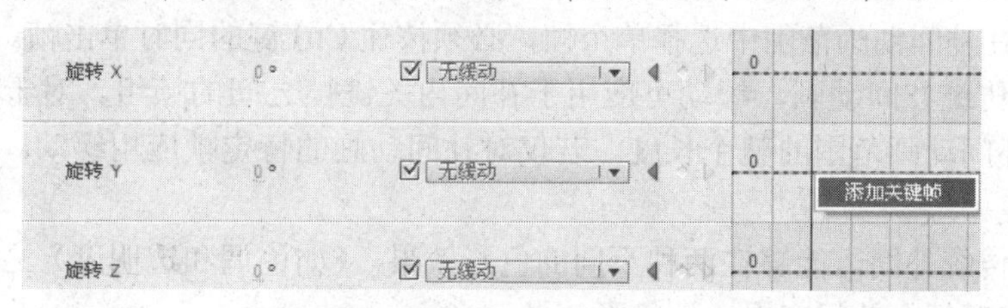


图 5-121　添加关键帧

④ 使用鼠标向上拖动刚插入的关键帧，将“旋转 Y”设置为 70°（也可以设置“旋转 Y”右边的“值”），如图 5-122 所示。

⑤ 使用同样的方法将“动画编辑器”第 55 帧的“旋转 Y”的值设置为 0°。

⑥ 将时间轴面板中的播放头移到第 30 帧处，单击舞台上的“鱼”图片，然后单击“动画编辑器”选项卡，打开动画编辑器面板，在该面板中将鼠标放在“基本动画”下拉列表的“旋转 Z”右侧的第 30 帧上，当指针变成↖▪时，单击鼠标右键，在弹出的菜单中选择“添加关键帧”命令。

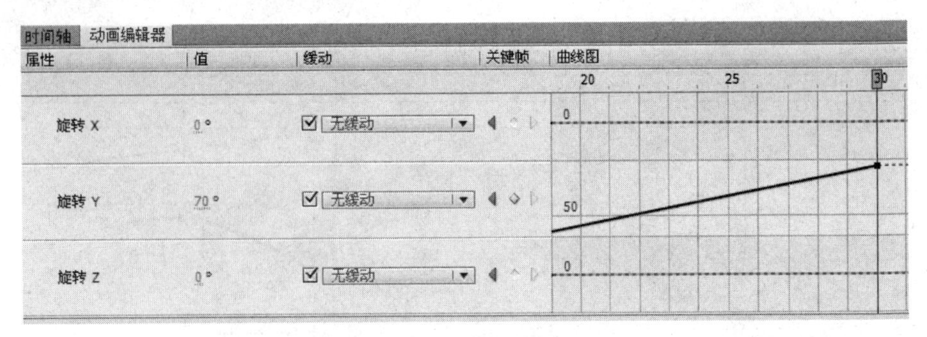


图 5-122　设置关键帧的值

⑦ 设置“旋转 Y”的值为 30°。

⑧ 使用同样的方法设置“旋转 Y”的值为 0°。

⑨ 按 Ctrl+S 组合键保存文件，按 Ctrl+Enter 组合键测试影片。

## 5.12 补间动画与传统补间动画的区别

① 传统补间使用关键帧，关键帧是显示对象的新实例的帧。补间动画只能有一个与之关联的对象实例，并且使用的是属性关键帧而不是关键帧。

② 补间动画在补间范围内由一个目标对象组成。

③ 补间动画与传统补间都只允许对特定类型的对象进行补间。若应用补间动画，则在创建补间时会将所有不允许的对象类型转换为影片剪辑元件，而传统补间动画会把不允许的对象类型转换为图形元件。

④ 补间动画会将文本视为可补间的类型，而不会将文本对象转换为影片剪辑。传统补间会将文本转换为形状补间。

⑤ 补间动画不允许帧脚本，传统补间允许帧脚本。

⑥ 补间目标上的任何对象脚本都无法在补间动画范围的进程中更改。

⑦ 能够在时间轴中对补间动画范围进行拉伸和调整大小，并将它们视为单个对象。在时间轴中可通过移动关键帧的位置调整传统补间的范围。

⑧ 若要在补间动画范围中选择单个帧，必须按住 Ctrl 键的同时单击帧。

⑨ 对于传统补间动画，缓动可应用于补间内关键帧之间的帧组。对于补间动画，缓动可应用于补间动画范围的整个长度。若仅对补间动画的特定帧应用缓动，则需要创建自定义缓动曲线。

⑩ 利用传统补间，能够在两种不同的色彩效果（如色调和透明度）之间创建动画。补间动画能够对每个补间应用一种色彩效果。

⑪ 只能够使用补间动画来为 3D 对象创建动画效果。无法使用传统补间为 3D 对象创建动画效果。

⑫ 只有补间动画才能保存为动画预设。

⑬ 对于补间动画，无法交换元件或设置属性关键帧中显现的图形元件的帧数。而传统补间则可以应用这些技术。

## 5.13 动画预设

动画预设是预配置的补间动画，可以将它们应用于舞台上的对象。“动画预设”面板中有两个选项，分别为“默认预设”和“自定义预设”。“默认预设”中存放着 Flash CS5 内置的 30 种动画效果，使用这些动画效果可以快捷地为现有影片剪辑设置不同类型的动画，还可以将现有的动画保存为“自定义预设”，方便日后使用。

### 1. 预览动画预设

Flash CS5 随附的每个动画预设都包括预览。可按以下步骤来预览动画预设。

① 执行“窗口”→“动画预设”菜单命令，打开动画预设面板。

② 双击“默认预设”文件夹，从列表中选择一个动画预设。在面板顶部的预览窗格中进行播放，如图 5-123 所示。

③ 要停止播放预览，在预览面板外单击。

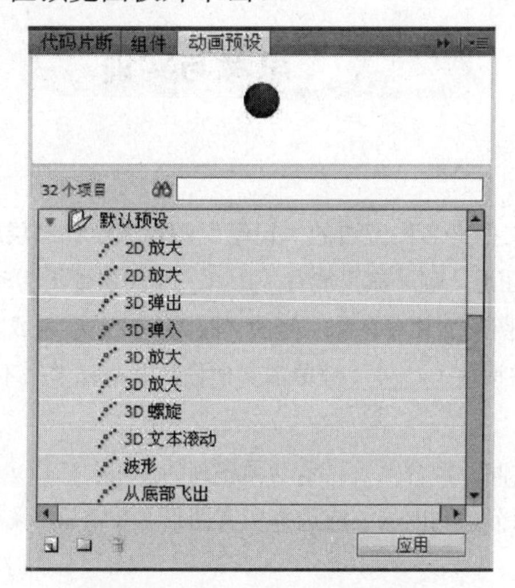


图 5-123　预览动画预设

### 2. 应用动画预设

若要应用动画预设，需执行以下操作。

① 在舞台上选择可以补间的对象。如果将动画预设应用于无法补间的对象，则会显示一个对话框，将该对象转换为元件。

② 在“动画预设”面板中选择一种预设。

③ 单击“动画预设”面板中的“应用”按钮，或者在所选的预设上单击鼠标右键，在弹出的菜单中选择“在当前位置应用”命令。

### 3. 将补间另存为“自定义动画预设”

若要将自定义补间另存为预设，执行以下操作。

① 选择以下项之一：时间轴中的补间范围；舞台上应用了自定义补间的对象；舞台上的运动路径。

② 单击“动画预设”面板中的“将选区另存为预设”按钮，或用鼠标右键单击所选内容，在弹出的菜单中选择“另存为动画预设”命令，如图 5-124 所示。

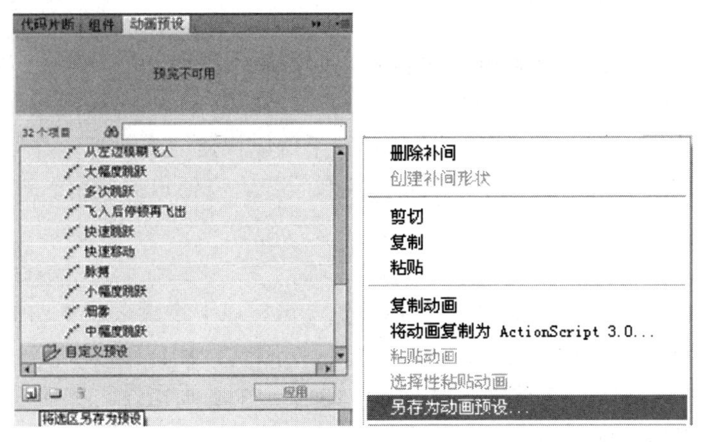


图 5-124 “另存为动画预设”命令

## 一、填空题

1．时间轴中图层或图层文件夹名称旁边的“铅笔”图标表示该图层或图层文件夹处于________状态，一次可以选择________个图层，但一次只能有________个图层处于活动状态。

2．按住 Alt 键单击图层或图层文件夹名称右侧的“眼睛”列，显示或隐藏________的所有图层。

3．要选择多个连续帧，需按住________键单击其他帧；若选择多个不连续的帧，需按住________键并单击其他帧。

4．在通常情况下的某个时间，舞台上仅显示动画序列的________。

5．要将图层中不同的对象分散到图层，应选择所有图形并单击鼠标右键，在弹出的菜单中选择_____命令。

6．创建补间形状后，两个关键帧之间的背景变为________，在起始帧和结束帧之间有一个长长的________。

7．起始关键帧中的形状提示是________色的，结束关键帧中的形状提示是________色的，当不在一条曲线上时为________色。

8．元件是指在 Flash 中创建并保存在库中的图形、按钮或影片剪辑，是制作 Flash 动画的________。

9．按________组合键可以将对象粘贴到原来位置。

10．在 Flash 中，有________、影片剪辑元件和________三种元件类型。

11．直接创建影片剪辑元件的快捷键是________。

12．图形元件不支持交互功能，也不能添加声音、滤镜和混合模式效果，而________元件可以。

13．要编辑补间动画的运动路径，可以使用________工具、部分选择工具或________工具。

14．补间动画中每个属性的关键帧将显示为属性曲线的控制点。按________键的同时单击控制点可以选中控制点。

15．补间动画只能有一个与之关联的对象实例，使用________而不是关键帧。

## 二、上机实训

1．使用逐帧动画技术，制作出如素材文件“写字.fla”效果的动画，如图 5-125 所示。

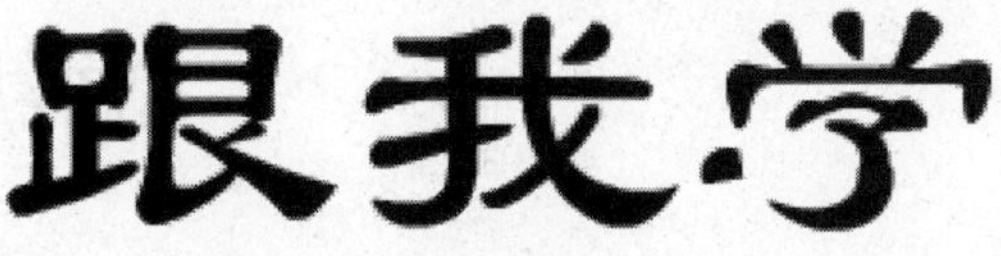

跟我学

图 5-125　逐帧动画效果

2．使用形状提示功能创建补间形状动画，实现素材文件“福娃.fla”中五个福娃依次变形的动画效果，如图 5-126 所示。

图 5-126　创建补间动画

3．利用提供的素材文件“变化.fla”制作传统补间动画，实现如图 5-127 所示的效果，最终效果参见素材文件“交替.fla”。

图 5-127　传统补间动画

4．利用提供的素材文件“皮球.fla”，使用“动画预设”制作高空落下皮球的动画，效果参见素材文件“落下的皮球.fla”。

5．利用提供的素材文件“汽车.png”，制作补间动画——运动的汽车，淡入，由小变大，效果参见素材文件“运动的汽车.fla”。

# 模块6

# 高级动画

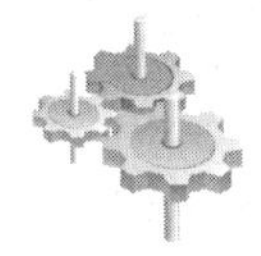

## 案例 15 走向未来——遮罩动画

### 案例描述

用静态图片素材制作遮罩动画，创建如图 6-1 所示的“走向未来”动画的地球旋转效果。

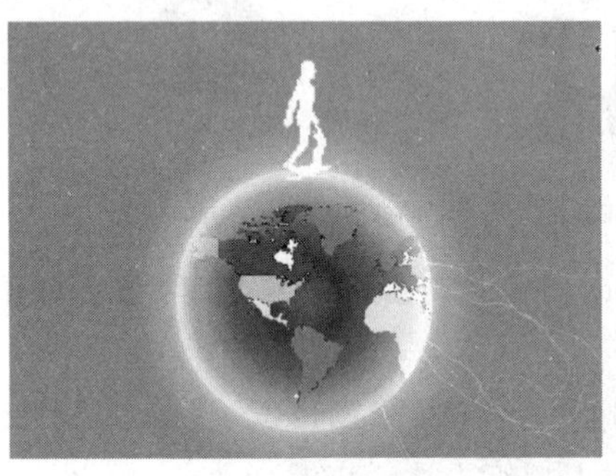

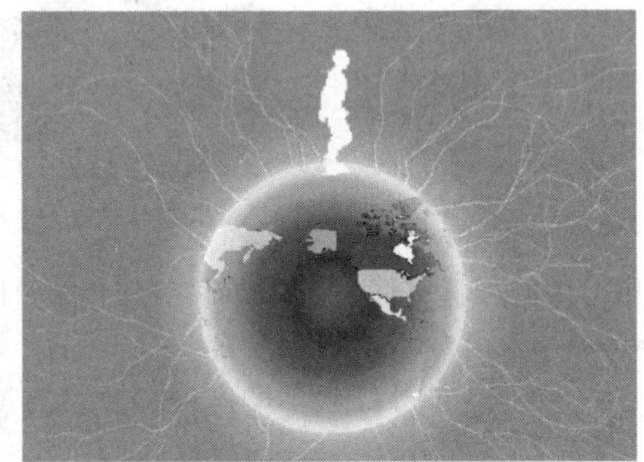

图 6-1 “走向未来”动画效果

### 案例分析

- 以圆形为遮罩层，以地图为被遮罩层，通过地图的运动创建地球的旋转效果。
- 使用“Deco 工具”中的“闪电刷子”，创建闪电动画，作为地球的背景。

### 操作步骤

1. 新建 Flash 文档，按 Ctrl+S 组合键保存文件，命名为“走向未来.fla”。

2. 设置舞台的背景颜色为#0099FF。执行“文件”→“导入”→“导入到库”菜单命令，导入图片“地图.png”。

3. 新建名称为“地图”的图形元件，将库中的“地图.png”拖放两次到元件内部拼接。效果如图 6-2 所示。

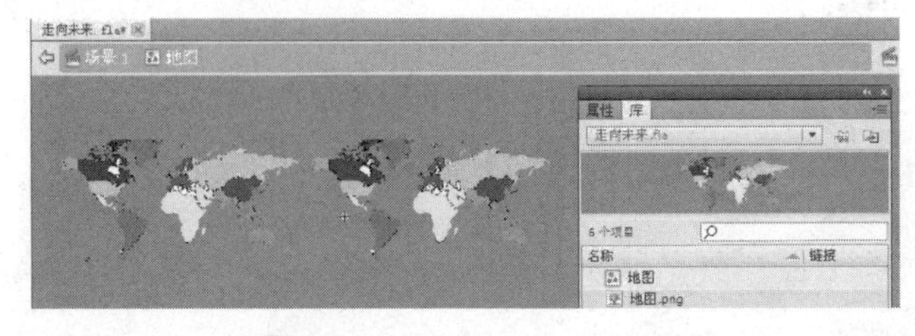


图 6-2 “地图”元件效果

4. 新建名称为“旋转地球”的影片剪辑元件，把库中的“地图”图形元件拖放到影片剪辑的舞台正中。双击时间轴左侧的图层名称“图层 1”，重命名为“地图”。单击左下角的“新建图层”按钮，在“地图”层之上建立新的图层，命名为“地球”。用鼠标左键按住“地球”层的名称，将其拖到“地图”层之下。在“地球”层绘制一个正圆形，用“径向渐变”色填充，颜色由左至右为#3D3DF0，#0000FF，#00CCFF，如图 6-3 所示。调整圆形的位置与大小，如图 6-4 所示。

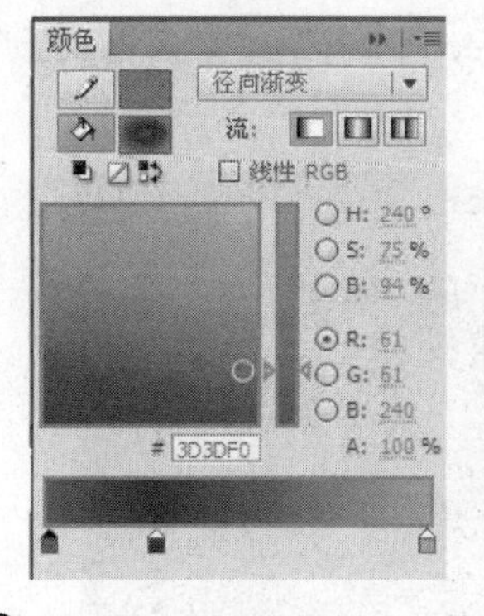


图 6-3　“径向渐变”参数

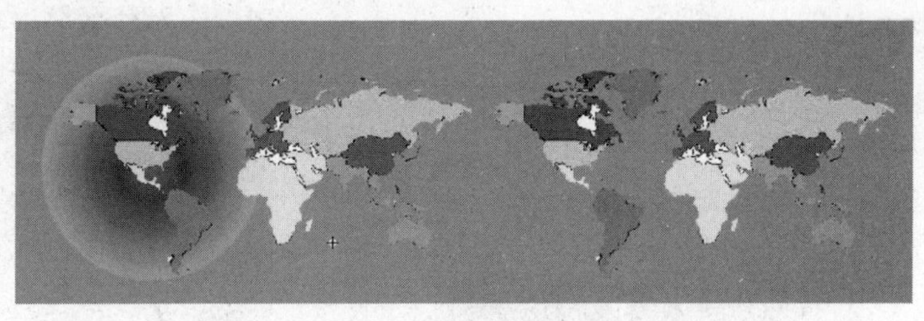

图 6-4　圆形的位置与大小



5. 在“地球”层的第 60 帧位置插入帧。用鼠标右键单击舞台上的“地图”，在弹出的菜单中选择“创建补间动画”命令。将“地图”层的补间范围拖动到第 60 帧位置，播放头置于第 60 帧，调整地图的位置，如图 6-5 所示。

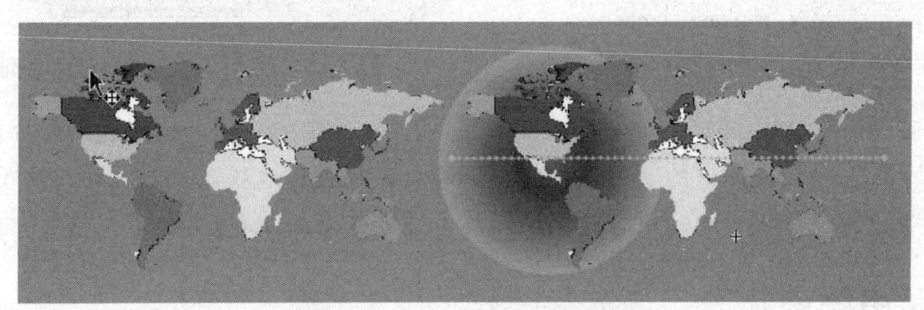

图 6-5　第 60 帧的地图位置

6. 在“地图”层之上新建图层，命名为“遮罩”层。复制“地球”层的圆形，然后选择“遮罩”层的第 1 帧，执行“编辑”→“粘贴到当前位置”菜单命令。在“遮罩”层名称上单击鼠标右键，在弹出的菜单中选择“遮罩层”命令，这时“地图”层自动转换为“被遮罩”层。效果及时间轴如图 6-6 所示。

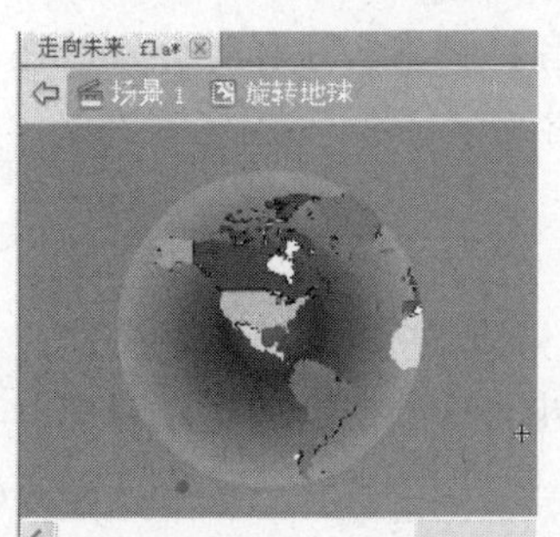


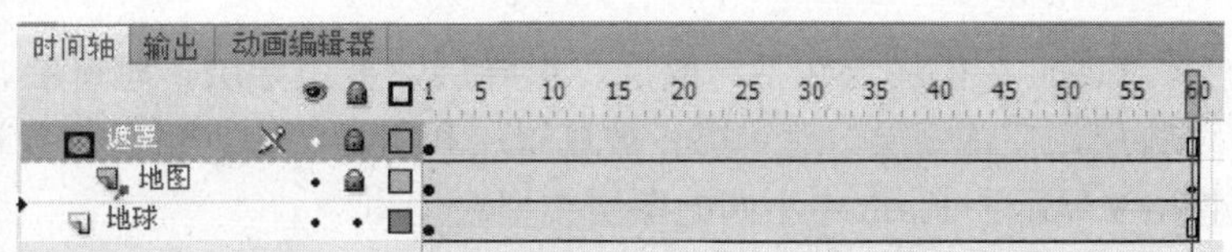


图 6-6　创建遮罩的效果及时间轴

7. 单击舞台左上角的“场景 1”，返回主时间轴。创建三个图层，自上至下分别命名为“行人”、“旋转地球”和“闪电”。选择“旋转地球”层的第 1 帧，将库中的“旋转地球”影片剪辑拖到舞台正中，为它添加“发光”滤镜，设置参数为“模糊 X: 44; 模糊 Y: 44; 强度: 144; 品质: 高; 颜色: #FFFFFF; 内发光”。复制刚添加的“发光”滤镜，然后粘贴到同一滤镜属性窗口，修改“强度”值为 135，取消“内发光”，其余参数不变。

8. 新建名称为“行人”的影片剪辑，导入外部素材“人.swf”到剪辑的舞台。效果及时间轴如图 6-7 所示。新建名称为“闪电”的影片剪辑，使用“Deco 工具”中“闪电刷子”的“动画”模式，制作闪电动画。效果及时间轴如图 6-8 所示。

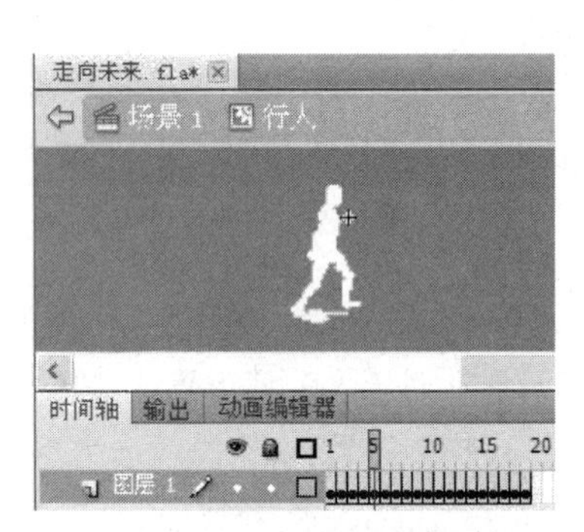


图 6-7 “行人”效果及时间轴

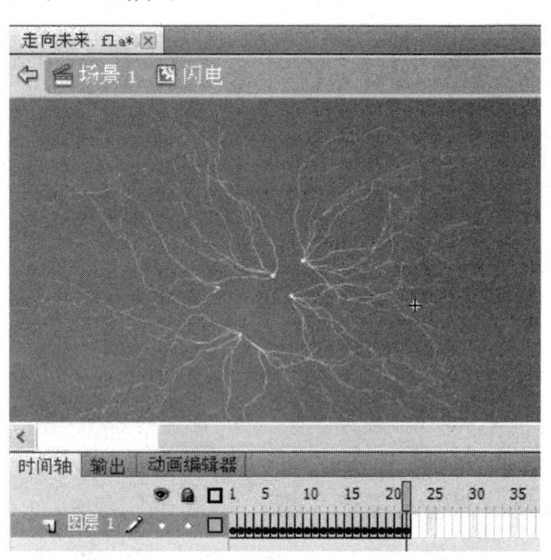


图 6-8 “闪电”效果及时间轴



9. 返回“场景 1”，选择“闪电”层的第 1 帧，把库中的“闪电”拖放到舞台正中。选择“行人”层的第 1 帧，把库中的“行人”拖放到舞台，放置在地球之上的位置。按 Ctrl+S 组合键保存文件，然后按 Ctrl+Enter 组合键测试影片，播放效果如图 6-1 所示。

## 6.1 使用图层

Flash 中的图层就像透明的玻璃纸一样，可以在舞台上一层层地叠加。每个图层上都可以放置不同的图形，而且在一个图层上绘制和编辑对象时，不会影响其他图层上的对象。

若要同时补间多个组或元件，每个组或元件必须放在单独的图层上。

可以通过创建图层文件夹来组织和管理图层，把图形、声音、脚本、注释等分别放在不同的图层或图层文件夹中，有助于快速找到它们，以进行编辑。

### 1. 图层的分类

Flash 中的图层包括一般层、引导层、被引导层、遮罩层、被遮罩层、补间动画层、姿势层，在常规层、遮罩层、被遮罩层和引导层中，可以包含补间动画或反向运动骨骼。图 6-9 展示了 Flash 中不同的图层类型。

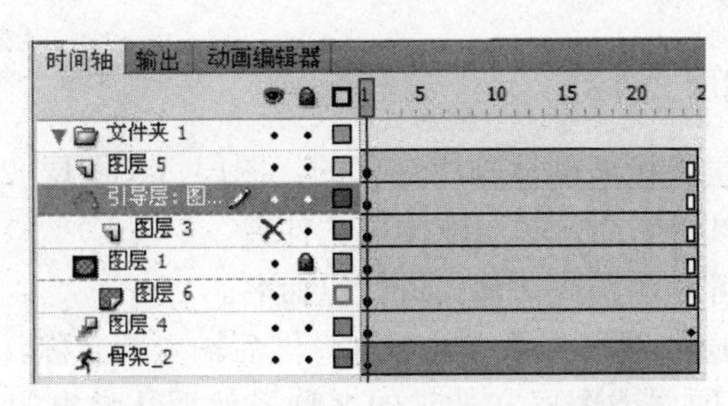


图 6-9 Flash 中的图层类型

图层中各个图标的含义如下。

- 图层文件夹：用于组织和管理图层。
- 一般层：包含 FLA 文件中的大部分插图。
- 引导层：包含一些笔触，可用于对齐其他图层上的对象或引导其他图层上传统补间动画的运动。
- 被引导层：与引导层关联的图层。可以沿引导层上的笔触排列对象或者为这些对象创建动画效果。被引导层可以包含静态插图和传统补间，但不能包含补间动画。
- 遮罩层：包含用于遮罩的对象，这些对象用于隐藏其下方图层的特定部分。
- 被遮罩层：位于遮罩层下方并与之关联，用于放置被遮罩对象。
- 补间动画层：创建了补间动画的图层。
- 姿势层：包含骨架及其相关对象的图层。
- 活动层：标明该图层处于活动状态，图层中的内容可以编辑。
- 隐藏的层 ×：标明该图层处于隐藏状态，图层中的对象不可见。
- 锁定的层：该图层处于锁定状态，图层中的对象不可编辑。
- 显示为轮廓：图层中的对象以轮廓形式显示。

### 2. 创建图层

新建的 Flash 文档只包含一个图层。要在文档中更有效地组织插图、动画和其他元素，就要添加更多的图层。图层不会增加发布的 SWF 文件大小。创建图层时，新添加的图层将出现在所选图层的上方，并成为活动图层。

要创建图层，可以执行下列操作之一。

- 单击时间轴底部的“插入图层”按钮。
- 执行“插入”→“时间轴”→“图层”菜单命令。
- 用鼠标右键单击时间轴中的一个图层名称，然后从弹出的菜单中选择“插入图层”命令。

要创建图层文件夹，可执行下列操作之一。

- 单击时间轴底部的“插入图层文件夹”按钮。
- 在时间轴中选择一个图层或图层文件夹，然后执行“插入”→“时间轴”→“图层文件夹”菜单命令。
- 用鼠标右键单击时间轴中的一个图层名称，然后从弹出的菜单中选择“插入文件夹”命令。新文件夹将出现在所选图层或图层文件夹的上方。

### 3. 重命名图层或图层文件夹

默认情况下，新图层是按照创建顺序命名的：图层 1、图层 2……以此类推。要直观地反映图层的内容，可以重新命名图层或图层文件夹。

执行下列操作之一可对图层或文件夹进行重命名。

- 双击时间轴中图层或图层文件夹的名称，然后输入新名称。
- 用鼠标右键单击图层或图层文件夹的名称，然后从弹出的菜单中选择“属性”命令，打开如图 6-10 所示的“图层属性”对话框，在“名称”框中输入新名称，然后单击“确定”按钮。
- 在时间轴中选择图层或图层文件夹，执行“修改”→“时间轴”→“图层属性”菜单命令，同样可打开如图 6-10 所示的“图层属性”对话框，在“名称”框中输入新名称，然后单击“确定”按钮。

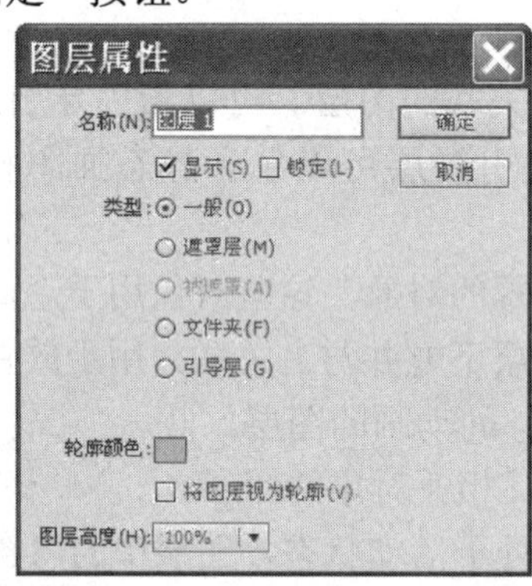


图 6-10 “图层属性”对话框



### 4. 选择图层或图层文件夹

只有处于活动状态的图层，才可以编辑。时间轴中图层或图层文件夹名称旁边的铅笔图标表示该图层或图层文件夹处于活动状态，一次只能有一个图层处于活动状态。

要选择图层或图层文件夹，可以执行下列操作之一。

- 单击时间轴中图层或图层文件夹的名称。
- 在时间轴中单击要选择的图层的任意一个帧。
- 在舞台中选择要选择的图层中的一个对象。
- 要选择连续的几个图层或图层文件夹，可以在按住 Shift 键的同时单击它们的名称。
- 要选择几个不连续的图层或图层文件夹，可以在按住 Ctrl 键的同时单击它们的名称。

### 5. 组织图层和图层文件夹

在时间轴中合理排列图层和图层文件夹，有助于更高效地组织工作流程，可以执行下列操作之一。

- 要将图层或图层文件夹移动到图层文件夹中，可将该图层或图层文件夹的名称拖到目标图层文件夹的名称中。
- 要更改图层或图层文件夹的顺序，可将时间轴中的一个或多个图层或图层文件夹拖到所需位置。
- 要展开或折叠文件夹，单击该文件夹名称左侧的三角形 ▶ 即可。

### 6. 删除图层或图层文件夹

要删除图层或图层文件夹，可以先选择要删除的图层或图层文件夹，然后执行下列操作之一。

- 单击时间轴中的“删除图层”按钮。
- 将图层或图层文件夹拖到“删除图层”按钮处。
- 用鼠标右键单击该图层或图层文件夹的名称，然后从弹出的菜单中选择“删除图层”命令。

删除图层文件夹，会同时删除其中所有的图层或子文件夹。

### 7. 隐藏图层或图层文件夹

通过隐藏图层或图层文件夹，可以防止隐藏的内容被意外更改，同时突出显示其他编辑对象。图层或图层文件夹名称旁边的红色 ✕，表示该图层或图层文件夹处于隐藏状态。在发布 Flash 影片时，任何隐藏图层都会被保留，并可在 SWF 文件中看到。

可执行下列操作之一来隐藏图层或图层文件夹。

- 要隐藏图层或图层文件夹，单击时间轴中该图层或图层文件夹名称右侧的“眼睛”列（与眼睛按钮对应的圆点）。要显示图层或图层文件夹，可再次单击它。
- 要隐藏时间轴中的所有图层和图层文件夹，可单击眼睛按钮。若要显示所有图层和图层文件夹，可再次单击它。
- 要显示或隐藏多个图层或图层文件夹，可在“眼睛”列中拖动鼠标。
- 若要隐藏除当前图层或图层文件夹以外的所有图层和图层文件夹，可按住 Alt 键单击图层或图层文件夹名称右侧的“眼睛”列。要显示所有图层和图层文件夹，可再次按住 Alt 键单击。

### 8. 锁定图层或图层文件夹

图层或图层文件夹被锁定后，其中的内容将无法编辑。被锁定图层或图层文件夹的“锁定”列（与“挂锁”按钮对应的圆点）会出现“挂锁”图标。例如，图 6-11 中的“图层 1”和“文件夹 1”处于被锁定状态。

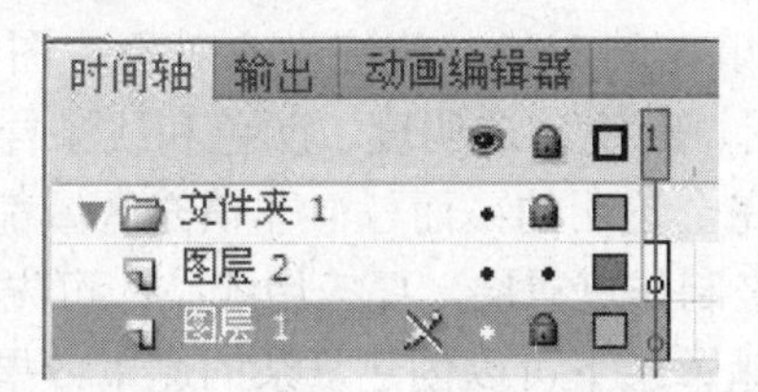


图 6-11　锁定的图层和图层文件夹

锁定图层或图层文件夹的操作方法如下。

- 要锁定图层或图层文件夹，单击该图层或图层文件夹名称右侧的“锁定”列。要解锁该图层或图层文件夹，再次单击“锁定”列。
- 要锁定所有图层和图层文件夹，单击“挂锁”按钮。要解锁所有图层和图层文件夹，再次单击它。
- 要锁定或解锁多个图层或图层文件夹，可在“锁定”列中拖动。

- 若要锁定除当前图层或图层文件夹外的所有图层或图层文件夹，可按住 Alt 键单击图层或图层文件夹名称右侧的“锁定”列。要解锁所有图层或图层文件夹，再次按住 Alt 键单击“锁定”列。

#### 9. 以轮廓查看图层上的内容

使用彩色轮廓显示图层上的对象，可以帮助用户区分对象所属的图层。可执行下列操作之一来以轮廓查看图层上的内容。

- 要将图层中的所有对象显示为轮廓，单击该图层名称右侧的“轮廓”列（与“轮廓”按钮□对应的圆点）。要关闭轮廓显示，再次单击它。
- 要将所有图层中的对象显示为轮廓，单击“轮廓”按钮□。要关闭所有图层上的轮廓显示，再次单击它。
- 若要将除当前图层以外的所有图层中的对象显示为轮廓，按住 Alt 键单击图层名称右侧的“轮廓”列。要关闭其他所有图层的轮廓显示，再次按住 Alt 键单击。

#### 10. 将对象“分散到图层”



使用“分散到图层”命令，可以把一帧中的所选对象（可以在单个或多个图层上）快速分散到各个独立的图层中，以便分别编辑这些对象。没有选中的对象（包括其他帧中的对象）都保留在它们的原始位置。对任何类型的元素（包括图形、实例、位图、视频剪辑和分离的文本块）都可以使用“分散到图层”命令。

操作方法是选择要分散到图层的对象，然后执行下列操作之一。

- 执行“修改”→“时间轴”→“分散到图层”菜单命令。
- 用鼠标右键单击所选对象之一，然后在弹出的菜单中选择“分散到图层”命令。

## 6.2 遮罩动画

使用遮罩，可以在 Flash 中创造很多华丽的效果。遮罩项目就像一个窗口，透过它可以看到位于它下面的被遮罩区域。除了透过遮罩项目看到的内容之外，其余的内容都被遮罩层隐藏起来。在发布的影片中，遮罩层上的任何内容都不会显示。

用于遮罩的项目可以是填充的形状、传统文本对象、图形元件或影片剪辑的实例。Flash 会忽略遮罩层中的位图、渐变、透明度、颜色和线条样式。对于被遮罩层来说，遮罩层中的任何填充区域都是完全透明的；而任何非填充区域都是不透明的，不会出现半透明的区域。线条不可以被用来制作遮罩层，要应用线条，可先将它转换为填充。

将多个图层链接在一个遮罩层下可以创建复杂的遮罩效果。若要创建动态遮罩效果，可以在遮罩层或被遮罩层中应用动画，或者对二者同时应用动画。

一个遮罩层只能包含一个遮罩项目。遮罩层不能在按钮内部，也不能将一个遮罩应用于另一个遮罩。不能对遮罩层上的对象使用“3D 工具”，包含 3D 对象的图层也不能作为遮罩层。

### 1. 创建遮罩层

创建遮罩层的操作方法如下。

（1）选择或创建一个图层，在其中放置填充形状、文字或元件的实例。（遮罩层会自动链接下方紧贴着它的图层，因此应选择正确的位置创建遮罩层。）

（2）用鼠标右键单击时间轴中的遮罩层名称，然后在弹出的菜单中选择“遮罩”命令。图层左侧会出现一个遮罩层图标，表示该层为遮罩层。紧贴它下面的图层自动链接到遮罩层，其内容会透过遮罩上的填充区域显现出来。被遮罩的图层名称以缩进形式显示，图标变为。

锁定遮罩层和被遮罩层，可以在编辑状态查看遮罩效果。

### 2. 创建被遮罩层

可执行下列操作之一来创建被遮罩层。

- 将现有的图层直接拖到遮罩层下面。
- 在遮罩层下面创建一个新图层，执行“修改”→“时间轴”→“图层属性”菜单命令，然后选择“被遮罩”图层类型。

### 3. 断开图层和遮罩层的链接

可执行下列操作之一来断开图层和遮罩层的链接。

- 将图层拖到遮罩层的上面。
- 执行“修改”→“时间轴”→“图层属性”菜单命令，然后选择“一般”图层类型。

## 案例 16　手有余香——引导层动画

### 案例描述

通过使用运动引导层，制作蝴蝶沿文字边缘翩翩飞舞的“手有余香”动画，效果如图 6-12 所示。

图 6-12　“手有余香”动画效果

### 案例分析

- 将文本 rose 转换为填充，作为运动引导路径。
- 为“蝴蝶”影片剪辑创建传统补间动画，让蝴蝶沿引导线运动。

## 操作步骤

1. 新建 Flash 文档，按 Ctrl+S 组合键保存文件，命名为“手有余香.fla”。

2. 把“图层 1”重命名为“背景”，导入图片素材“玫瑰.jpg”到舞台，缩放到与舞台相同尺寸，作为背景。

3. 在“背景”层之上创建新图层，命名为“文字”。使用“文本工具”输入“赠人玫瑰，手有余香”，设置字体为方正舒体，大小为 36 点，放置在舞台左上角。为文字添加“投影”滤镜，设置参数为“模糊 X：5；模糊 Y：5；强度：100；品质：高；角度：45；距离：5；颜色：#CCCCCC”。再使用“文本工具”输入 rose，设置字体为 Elephant，大小为 100 点，放置在舞台右下角。为 rose 添加“投影”滤镜，设置参数为“模糊 X：5；模糊 Y：5；强度：100；品质：高；角度：45；距离：5；颜色：#999999”。继续为 rose 添加“发光”滤镜，设置参数为“模糊 X：51；模糊 Y：51；强度：175；品质：高；颜色：#FFFFFF”。这时的舞台效果如图 6-13 所示。

4. 新建影片剪辑元件，命名为“蝴蝶”，执行“文件”→“导入”→“导入舞台”菜单命令，导入素材“蝴蝶.swf”，制作蝴蝶飞舞的逐帧动画，如图 6-14 所示。

图 6-13　添加文本后的舞台效果

图 6-14　“蝴蝶”影片剪辑元件

5. 在“文字”层之上创建新图层，命名为“蝴蝶”。将库中的“蝴蝶”元件拖放到舞台。在“蝴蝶”层的第 120 帧上单击鼠标右键，在弹出的菜单中选择“插入关键帧”命令。选择第 1~120 帧之间的任意一帧，单击鼠标右键，在弹出的菜单中选择“创建传统补间”命令。同时选中“背景”、“文字”、“蝴蝶”层的第 200 帧，按 F5 键插入帧。

6. 在“蝴蝶”层的名称上单击鼠标右键，在弹出的菜单中选择“添加传统运动引导层”命令，“蝴蝶”层之上便添加了一个运动引导层，同时自动被命名为“引导层：蝴蝶”，“蝴蝶”层图标则向右缩进，成为被引导层。时间轴如图 6-15 所示。复制“文字”层的文本 rose，选择引导层的第 1 帧，执行“编辑”→“粘贴到当前位置”菜单命令，然后连续按 4 次 Ctrl+B 组合键把文字分离。使用“选择工具”修改分离后的文字，使 4 个字母首尾相接，作为引导路径。修改后的文字效果如图 6-16 所示。

7. 选择“蝴蝶”层的第 1 帧，拖动舞台上的“蝴蝶”实例，使它中心的圆圈吸附到引导线的左端点，如图 6-17 所示。选择“蝴蝶”层的第 120 帧，拖动舞台上的“蝴蝶”实例，使它中心的圆圈吸附到引导线的右端点，如图 6-18 所示。

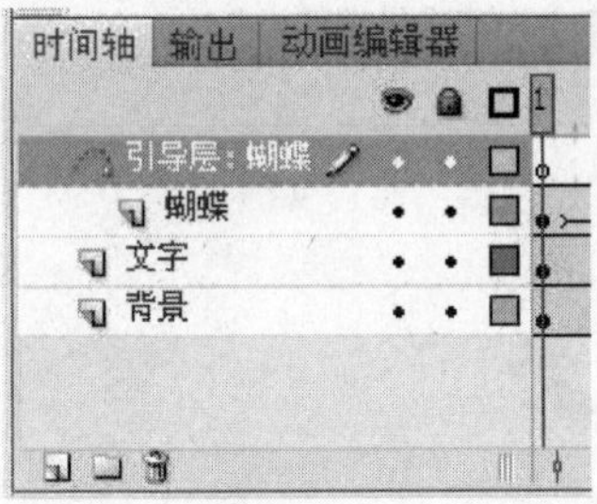

图 6-15　添加传统运动引导层

图 6-16　修改后的文字效果

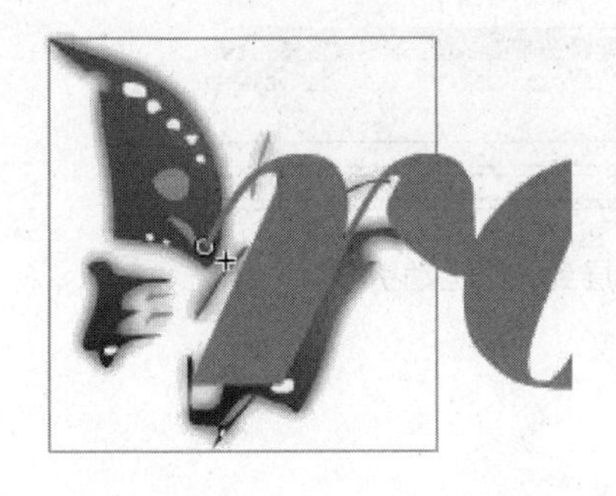

图 6-17　第 1 帧对齐效果

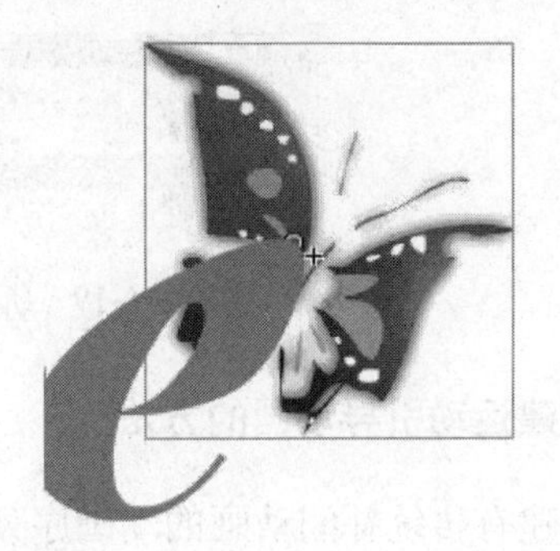

图 6-18　第 120 帧对齐效果



8. 按 Ctrl+S 组合键保存文件，然后按 Ctrl+Enter 组合键测试影片，播放效果如图 6-12 所示。

## 6.3 运动引导动画

### 1. 引导层

使用引导层，可以帮助用户对齐对象。引导层不会导出，因此不会显示在发布的 SWF 文件中。

用鼠标右键单击图层名称，从弹出的菜单中选择“引导层”命令，图层名称左侧出现图标，表明该层是引导层。要将该层改回常规层，可再次选择“引导层”命令。

### 2. 运动引导层

补间动画只能实现对象的直线运动和较简单的曲线运动，使用运动引导层可以控制传统补间动画中对象的精确、复杂运动。在 Flash CS5 中，只能为传统补间，而无法为补间动画或姿势图层创建运动引导动画。

制作运动引导动画，至少需要两个图层，在上面的层中绘制路径，在下面的层中创建沿路径运动的传统补间动画。包含路径的层叫做“引导层”；被绑定的传统补间层叫做“被引导层”。也可以将多个层绑定到一个运动引导层，使多个对象沿同一条路径运动，效果如图 6-19 所示。

可以用钢笔、铅笔、线条、圆形、矩形或刷子工具绘制图形作为路径，也可以将笔触粘贴到运动引导层。

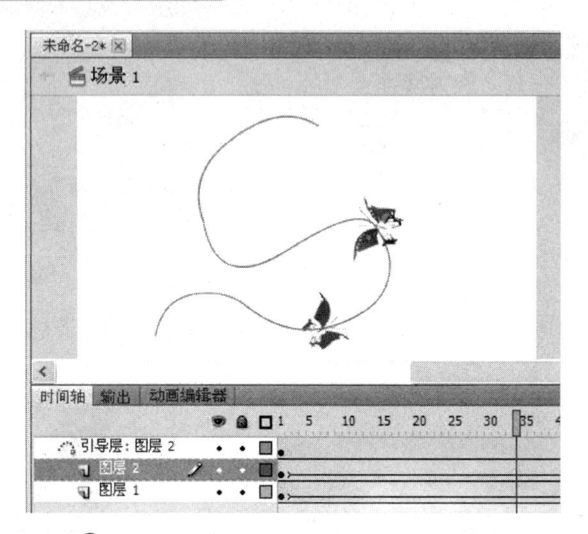


图 6-19　绑定多个层到一个运动引导层

### 3. 创建运动引导动画的方法



① 创建有传统补间动画的动画序列。

② 用鼠标右键单击包含传统补间的图层的名称，然后在弹出的菜单中选择“添加传统运动引导层”命令。Flash 会在传统补间图层上方添加一个运动引导层，该图层名称的左侧有一个运动引导层图标，并缩进传统补间图层的名称，以表明该图层已绑定到该运动引导层。

提 示

如果时间轴中已有一个引导层，可以将包含传统补间的图层拖到该引导层下方，以将该引导层转换为运动引导层，并将传统补间绑定到该引导层。

③ 在运动引导层上绘制所需的路径。

④ 拖动要补间的对象，使其贴紧至第一个帧中路径的开头，然后将其拖到最后一个帧中路径的末尾。

提 示

通过拖动元件的变形点能获得最好的贴紧效果。

### 4. 将图层链接到运动引导层

要使用已有的引导路径创建动画，可执行下列操作之一。

- 将现有图层拖到运动引导层的下面，使该图层在运动引导层下面以缩进形式显示。
- 在运动引导层下面创建一个新图层，将其拖到运动引导层的下面，使该图层在运动引导层下面以缩进形式显示。

### 5. 断开图层和运动引导层的链接

要把被引导层转换为一般层，可先选择要断开链接的图层，然后执行下列操作之一。

- 拖动到运动引导层的上面。
- 执行“修改”→“时间轴”→“图层属性”菜单命令，然后选择“一般”图层类型。如果没有任何图层和运动引导层链接在一起，它会成为普通引导层，图标变为 。

### 6. 运动引导动画制作技巧

（1）调整到路径

创建补间动画时，如果选择了“补间”属性面板上的“调整到路径”选项，补间元素的基线就会调整到运动路径，运动对象会根据路径形状调整角度，动画效果会更加逼真。在图 6-20 中，右图选择了“调整到路径”属性，左图则没有。

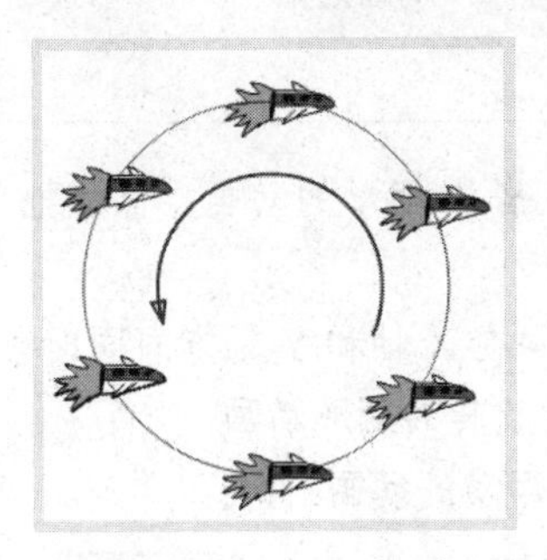

图 6-20　是否使用“调整到路径”属性的运动轨迹比较



（2）对齐元件到路径

- 选择“补间”属性面板上的“贴紧”选项，补间元素的注册点会主动吸附到路径。
- 如果元件为不规则的形状，可以使用“任意变形工具”来调整注册点，通过调整元件的注册点能获得最好的对齐效果。
- 如果对齐时没有吸附感，可以激活工具栏中的“贴紧至对象”按钮 。当元件对齐到路径上时，注册点处的圆圈会变大，拖动元件会有一些吸附的感觉。
- 单击工具栏中的“缩放工具”来放大场景，可以更清楚地看到元件中的小圆圈，方便实现对齐。

（3）使用路径技巧

- 路径必须是连续、不间断的。
- 当使用填充形状作为路径时，元件会沿着形状的边缘运动。
- 对象运动时会选择开始点与结束点之间的最短路径。如果路径的形状是完全封闭的，如圆形，对象的运动方向往往与制作意图不符，无法按照圆形路径的形状完成圆周运动。这时只需把封闭路径擦出一个小缺口就可以了。
- 在工作时要想只显示对象的移动状态，可以隐藏引导层。

## 案例 17　变形金刚——3D 动画

### 案例描述

通过设置文本和元件实例的 3D 属性，制作富有空间透视感的“变形金刚”动画效果，如图 6-21 所示。

图 6-21 “变形金刚”动画效果

## 案例分析

- 创建影片剪辑，在剪辑内制作背景图片沿 Y 轴摆动的动画，然后把剪辑实例作为主场景的背景。
- 创建文本“TRANSFORMERS4”，制作文本在 X 轴和 Y 轴方向同时移动的动画。
- 创建文本“变形金刚 4”，制作文本沿 Y 轴旋转的变形动画。
- 创建文本“Bumblebee”，制作文本沿 Z 轴运动的动画。



## 操作步骤

1. 新建 Flash 文档，设置舞台的背景颜色为#000000，按 Ctrl+S 组合键保存文件，命名为“变形金刚.fla”。

2. 新建影片剪辑元件，命名为“背景”。执行“文件”→“导入”→“导入到舞台”菜单命令，导入图片“背景图.jpg”。打开属性面板，设置图片的宽为 550 像素，高为 400 像素。用鼠标右键单击舞台上的图片，在弹出的菜单中选择“创建补间动画”命令，会弹出如图 6-22 所示的对话框，单击“确定”按钮。

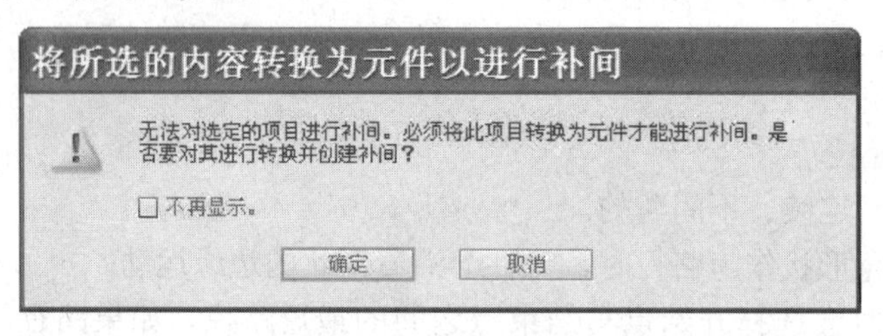


图 6-22 “将所选的内容转换为元件以进行补间”对话框

3. 把播放头定位到第 10 帧处，选择“3D 旋转工具”，这时标靶形的“3D 旋转控件”出现在图片之上，如图 6-23 所示。打开变形面板，设置“3D 旋转”的 Y 值为-16°。变形面板中的旋转参数与变形效果如图 6-24 所示。查看变形后的效果可与图 6-23 的原图相比较。

4. 把播放头定位到第 20 帧处，打开变形面板，设置“3D 旋转”的 Y 值为 0°。选择第 21～24 帧，单击鼠标右键，在弹出的菜单中选择“删除帧”命令。

5. 单击舞台左上角的“场景 1”，把“图层 1”重命名为“背景”。将库中的影片剪辑“背景”拖放到舞台。选择第 80 帧，按 F5 键插入帧。

▶图 6-23　3D 旋转控件

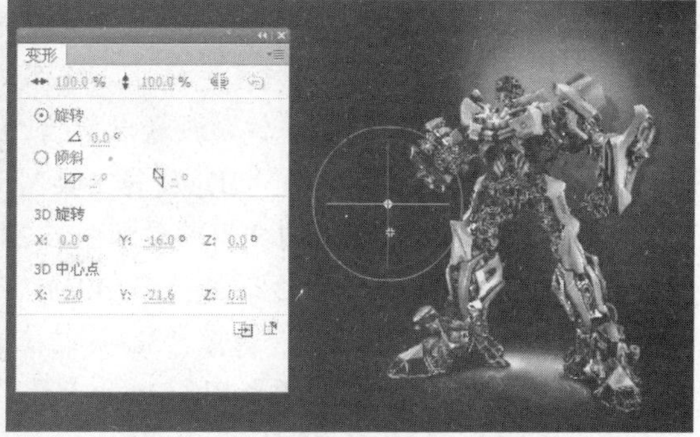


▶图 6-24　旋转参数与变形效果

6. 在“背景”层之上新建图层，命名为 Trans。创建 TLF 文本 TRANSFORMERS4，设置字符的属性为“系列：Algerian；大小：42 点；颜色：#FDAF1B；字距调整：-110”。选择“3D 旋转工具”，单击文本，然后打开变形面板，设置“3D 旋转”的 Y 值为 -55°。把设置好的文本拖放到舞台左上角，效果如图 6-25 所示。在文本上单击鼠标右键，在弹出的菜单中选择“创建补间动画”命令。选择第 40 帧，执行“插入”→“时间轴”→“关键帧”菜单命令。将播放头移至第 1 帧，选择“3D 平移工具”，然后单击文本，文本对象的 X、Y 和 Z 三个轴显示在文本的上方。X 轴为红色，Y 轴为绿色，而 Z 轴为黑色圆点，如图 6-26 所示。

▶图 6-25　添加变形文本效果

▶图 6-26　3D 平移控件

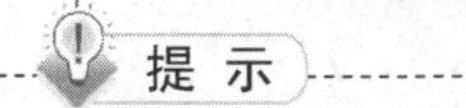

只有 TLF 文本才能用于创建 3D 文本效果。

7. 分别向左、向上拖动 X 轴和 Y 轴控件，将文本移出舞台。效果如图 6-27 所示。

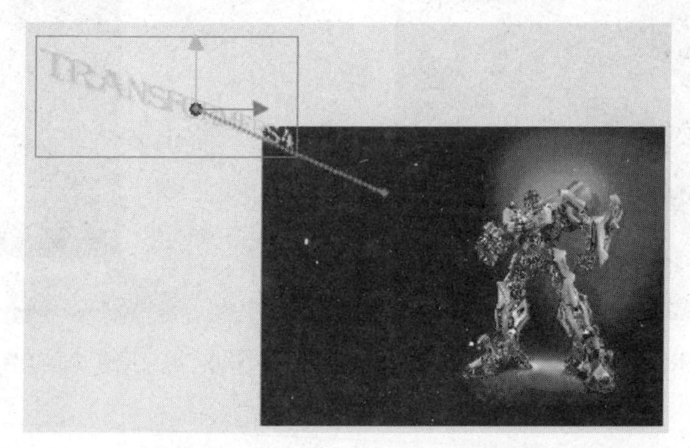

▶图 6-27　移动文本效果

8. 在 Trans 层之上新建图层，命名为“变形金刚”。在舞台上创建文本“变形金刚 4”，设置字符的属性为“系列：草檀斋毛泽东；字体；大小：57 点；颜色：#CC3300；字距调整：-60”。为文本添加“发光”滤镜，设置参数为“模糊 X：4；模糊 Y：4；强度：182；品质：高；颜色：#FFFFFF”。选择“3D 旋转工具”，单击文本，然后打开变形面板，设置“3D 旋转”的 Y 值为-44。设置好的文本效果如图 6-28 所示。在文本上单击鼠标右键，在弹出的菜单中选择“创建补间动画”命令。选择第 40 帧，执行“插入”→“时间轴”→“关键帧”菜单命令。将播放头移至第 1 帧，选择“3D 旋转工具”，单击文本，然后打开变形面板，设置“3D 旋转”的 Y 值为 130°。效果如图 6-29 所示。

图 6-28　添加“变形金刚 4”文本效果

图 6-29　第 1 帧的“变形金刚 4”文本效果

9. 在“变形金刚”层之上新建图层，命名为 bumble。在舞台上创建文本 Bumblebee，设置字符的属性为“系列：Broadway；大小：42 点；颜色：#CCCC33”。为文本添加“投影”滤镜，设置参数为“模糊 X：5；模糊 Y：5；强度：97；品质：高；角度：45°；距离：5；颜色：#666666”。选择“3D 旋转工具”，单击文本，然后打开变形面板，设置“3D 旋转”的 Y 值为-42°。设置好的文本效果如图 6-30 所示。在文本上单击鼠标右键，在弹出的菜单中选择“创建补间动画”命令。选择第 40 帧，执行“插入”→“时间轴”→“关键帧”菜单命令。将播放头移至第 1 帧，选择“3D 旋转工具”，单击文本，然后打开“变形”面板，设置“3D 旋转”的 Y 值为 0°。打开属性面板，设置“3D 定位和查看”的 Z 值为-250°，其他值不变。效果如图 6-31 所示。

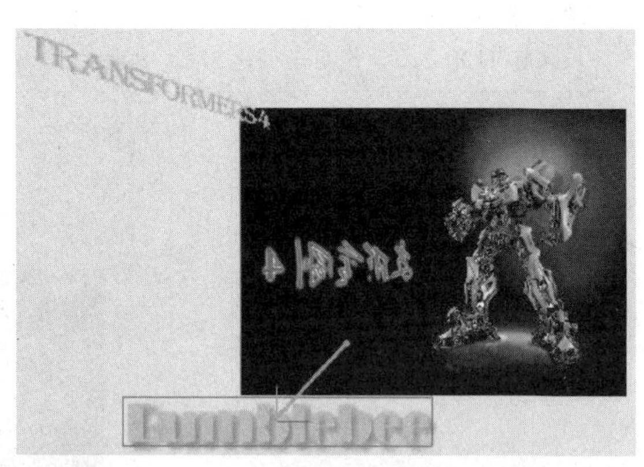


图 6-30　添加 Bumblebee 文本效果

图 6-31　第 1 帧的 Bumblebee 文本效果

10. 按 Ctrl+S 组合键保存文件，然后按 Ctrl+Enter 组合键测试影片。编辑完成后的时间轴如图 6-32 所示。播放效果如图 6-21 所示。

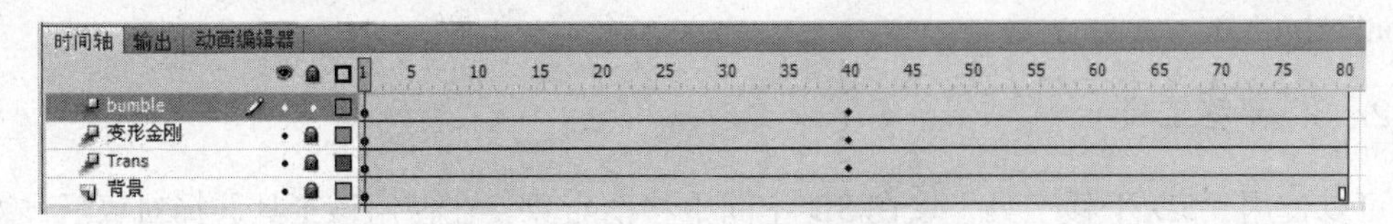


图 6-32　编辑完成后的时间轴

## 6.4 制作 3D 动画

### 1. Flash 中的 3D

Flash 通过在舞台的 3D 空间中移动和旋转影片剪辑或 TLF 文本对象，可以创建 3D 效果。Flash 使用三个轴（X 轴、Y 轴、Z 轴）来描述空间。X 轴水平穿越舞台，并且左边缘的 X=0；Y 轴垂直穿越舞台，并且上边缘的 Y=0；Z 轴则进/出舞台平面（朝向或离开观众），并且舞台平面上的 Z=0。

通过使对象沿 X 轴移动或者使其围绕 X 轴或 Y 轴旋转，可以为对象添加 3D 透视效果；若要使对象看起来离查看者更近或更远，可以沿 Z 轴移动该对象；若要使对象看起来与查看者之间形成某一角度，可绕 Z 轴旋转对象。各种效果如图 6-33～图 6-36 所示。通过组合使用这些工具，可以创建逼真的透视效果。

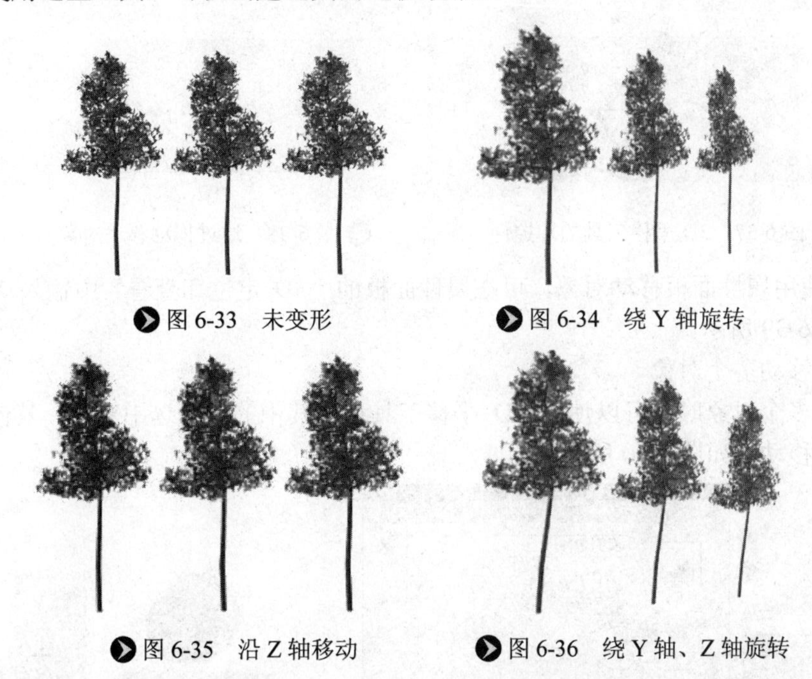

图 6-33　未变形

图 6-34　绕 Y 轴旋转

图 6-35　沿 Z 轴移动

图 6-36　绕 Y 轴、Z 轴旋转

3D 平移和 3D 旋转工具都允许在全局 3D 空间或局部 3D 空间中操作对象。全局 3D 空间就是舞台空间。全局变形和平移与舞台相关。局部 3D 空间即为影片剪辑空间。局部变形和平移与影片剪辑空间相关。3D 平移和旋转工具的默认模式是全局。若要在局部模式中使用这些工具，可单击工具面板“选项”中的“全局”切换按钮。在使用 3D 工具进行拖动的同时按 D 键可以临时从全局模式切换到局部模式。

使用 Flash 的 3D 功能，必须保证 FLA 文件的发布设置为 Flash Player 10 和 ActionScript 3.0。

### 2. 3D 平移工具

可以使用“3D 平移工具”在 3D 空间中移动对象。在使用该工具选择对象后，对象的 X 轴、Y 轴和 Z 轴三个轴将显示在它的顶部。X 轴为红色，Y 轴为绿色，而 Z 轴为黑圆点，如图 6-37 所示。

在 Z 轴上移动对象时，对象的外观尺寸将发生变化。外观尺寸在属性面板中显示为属性面板“3D 定位和查看”中的“宽度”和“高度”值。这些值是只读的。

使用 3D 平移工具在 3D 空间中移动对象的方法如下。

（1）移动单个对象

① 在工具面板中选择“3D 平移工具”，或者按 G 键选择此工具。

② 将该工具设置为局部模式或全局模式。通过选中工具面板“选项”中的“全局”切换按钮，确保该工具处于所需模式。单击该按钮或按 D 键可切换模式。



③ 用“3D 平移工具”选择一个对象。

④ 若要通过拖动来移动对象，可将指针移动到 X 轴、Y 轴或 Z 轴控件上。指针在经过任意一个控件时都将发生变化。X 轴和 Y 轴控件是每个轴上的箭头，按控件箭头的方向拖动其中一个控件可沿所选轴移动对象，如图 6-38 所示。Z 轴控件是影片剪辑中间的黑点，上下拖动 Z 轴控件可在 Z 轴上移动对象。

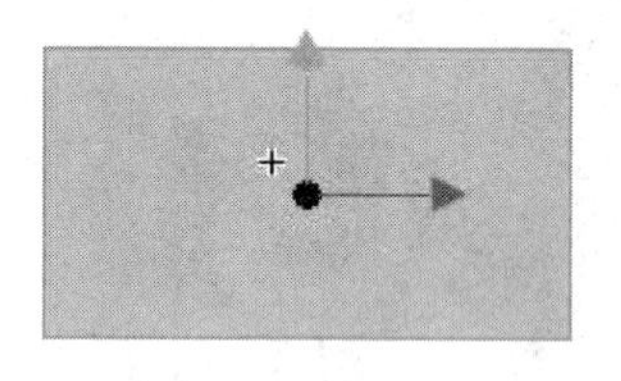

图 6-37　3D 平移工具的轴控件

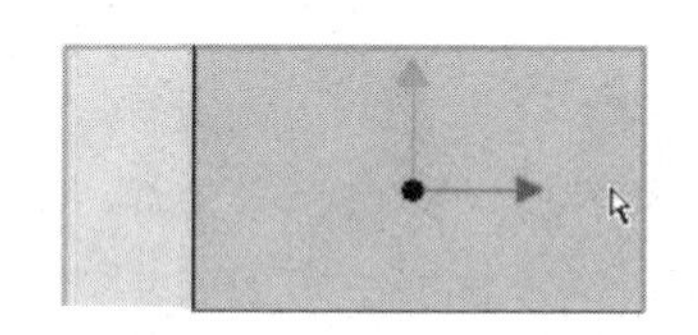

图 6-38　通过拖动移动对象

⑤ 若要使用属性面板移动对象，可在属性面板的“3D 定位和查看”中输入 X、Y 或 Z 的值，如图 6-39 所示。

（2）同时移动多个对象

当选择了多个对象时，可以使用 3D 平移工具移动其中的一个选中对象，其他对象将以相同的方式移动，如图 6-40 所示。

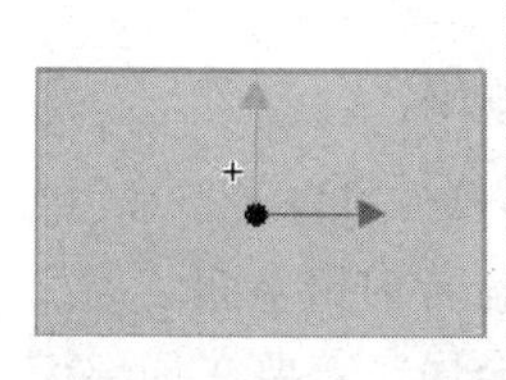

图 6-39　通过“3D 定位和查看”移动对象

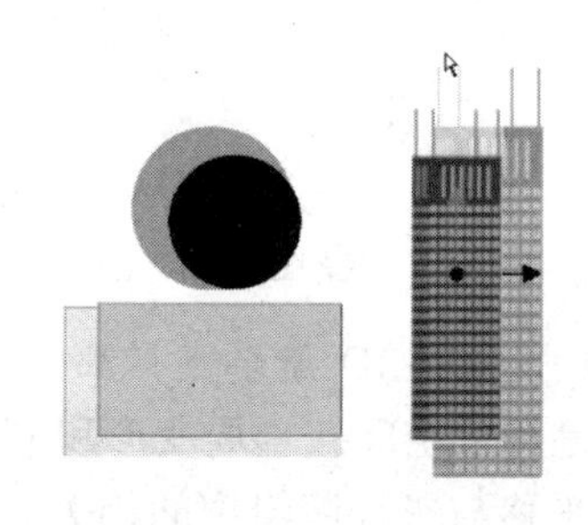

图 6-40　沿 Z 轴同时移动多个对象

- 若要在全局 3D 空间中以相同方式移动组中的每个对象，可将 3D 平移工具设置为全局模式，然后用轴控件拖动其中一个对象。按住 Shift 键并双击其中一个选中对象可将轴控件移动到该对象。
- 若要在局部 3D 空间中以相同方式移动组中的每个对象，可将 3D 平移工具设置为局部模式，然后用轴控件拖动其中一个对象。按住 Shift 键并双击其中一个选中对象可将轴控件移动到该对象。

通过双击 Z 轴控件，也可以将轴控件移动到多个所选对象的中间。按住 Shift 键并双击其中一个选中对象可将轴控件移动到该对象。

### 3. 3D 旋转工具

使用“3D 旋转工具”可以在 3D 空间中旋转对象。3D 旋转控件出现在舞台上的选中对象之上。X 控件为红色，Y 控件为绿色，Z 控件为蓝色。使用橙色的自由旋转控件可同时绕 X 轴和 Y 轴旋转，如图 6-41 所示。

图 6-41 “3D 旋转工具”的轴控件

使用“3D 旋转工具”在 3D 空间中旋转对象的方法如下。

（1）旋转单个对象

① 在工具面板中选择“3D 旋转工具”或者按 W 键。

通过选中工具面板“选项”中的“全局”切换按钮，验证该工具是否处于所需模式。单击该按钮或者按 D 键可在全局模式和局部模式之间切换。

② 在舞台上选择一个对象。

3D 旋转控件将显示为叠加在所选对象上。如果这些控件出现在其他位置，可双击控件的中心点以将其移动到选中的对象。

③ 将指针放在四个旋转轴控件之一上。指针在经过四个控件中的一个控件时将发生变化。

④ 拖动一个轴控件绕该轴旋转，或者拖动自由旋转控件（外侧橙色圈）同时绕 X 轴和 Y 轴旋转。

左右拖动 X 轴控件可绕 X 轴旋转；上下拖动 Y 轴控件可绕 Y 轴旋转；拖动 Z 轴控件进行圆周运动可绕 Z 轴旋转。

（2）同时旋转多个对象

① 在工具面板中选择“3D 旋转工具”或者按 W 键。

通过选中工具面板“选项”中的“全局”切换按钮，验证该工具是否处于所需模式。单击该按钮或者按 D 键可在全局模式和局部模式之间切换。

② 在舞台上选择多个对象。3D 旋转控件将显示为叠加在最近所选的对象上。

③ 将指针放在四个旋转轴控件之一上。指针在经过四个控件中的一个控件时将发生变化。

④ 拖动一个轴控件绕该轴旋转，或者拖动自由旋转控件（外侧橙色圈）同时绕 X 轴和 Y 轴旋转。

左右拖动 X 轴控件可绕 X 轴旋转；上下拖动 Y 轴控件可绕 Y 轴旋转；拖动 Z 轴控件进行圆周运动可绕 Z 轴旋转。所有选中的影片剪辑都将绕 3D 中心点旋转，该中心点显示在旋转控件的中心。

（3）使用变形面板旋转选中对象

① 打开变形面板。

② 在舞台上选择一个或多个对象。

③ 在变形面板中“3D 旋转”的 X、Y 和 Z 字段中输入所需的值以旋转选中对象。这些字段包含热文本，因此可以拖动这些值以进行更改，如图 6-42 所示。

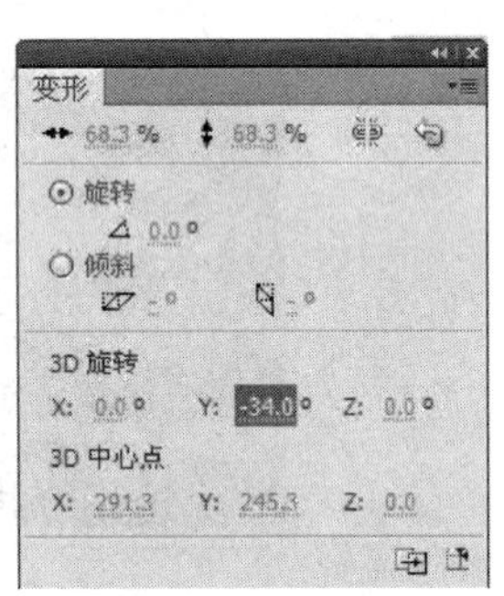


图 6-42　通过变形面板旋转对象

移动“旋转中心点”可以控制旋转对于对象及其外观的影响。若要重新定位 3D 旋转控件中心点，可执行以下操作之一。

- 若要将中心点移动到任意位置，可拖动中心点。
- 若要将中心点移动到一个选中对象的中心，可按住 Shift 键并双击该对象。
- 若要将中心点移动到选中对象组的中心，可双击该中心点。
- 所选对象的旋转控件中心点的位置在变形面板中显示为“3D 中心点”属性。可以在变形面板中修改中心点的位置。

**4. 调整透视角度**

如果舞台上有多个 3D 对象，则可以通过调整 FLA 文件的“透视角度”和“消失点”属性将特定的 3D 效果添加到所有对象（这些对象作为一组）。

FLA 文件的透视角度属性可控制 3D 对象视图在舞台上的外观视角。增大或减小透视角度将影响 3D 对象的外观尺寸及其相对于舞台边缘的位置。增大透视角度可使 3D 对象看起来更接近查看者，减小透视角度可使 3D 对象看起来更远，效果与通过镜头更改视角的照相机镜头缩放类似。

透视角度属性会影响应用了 3D 平移或旋转的所有对象，而不会影响其他对象。默认透视角度为 55° 视角，类似于普通照相机的镜头，其值的范围为 1° ～180° 。不同透视角度效果如图 6-43 和图 6-44 所示，图中左侧对象均未应用变形，所以不受视角影响。

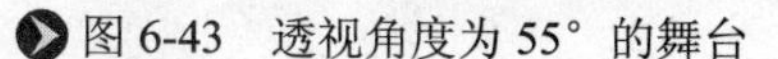

图 6-43　透视角度为 55° 的舞台

图 6-44　透视角度为 150° 的舞台

若要在属性面板中查看或设置透视角度，必须在舞台上选择一个 3D 对象。对透视角度所做的更改在舞台上立即可见。

透视角度在更改舞台大小时自动更改，以便 3D 对象的外观不会发生改变。若要设置透视角度，可执行以下操作。

① 在舞台上，选择一个应用了 3D 旋转或平移的对象。

② 在属性面板中的“透视角度”字段中输入一个新值，或者拖动热文本以更改该值。



### 5. 调整消失点

消失点属性具有在舞台上平移 3D 对象的效果。FLA 文件中所有 3D 对象的 Z 轴都朝着消失点后退，通过调整消失点的位置，可以更改沿 Z 轴平移对象时对象的移动方向，从而精确控制舞台上 3D 对象的外观和动画。

例如，如果将消失点定位在舞台的左上角（0，0），则增大影片剪辑的 Z 属性值可使影片剪辑远离查看者并向着舞台的左上角移动。

消失点是一个文档属性，它会影响应用了 Z 轴平移或旋转的所有对象，但不会影响其他对象。消失点的默认位置是舞台中心。如果调整舞台的大小，消失点不会自动更新。要保持由消失点的特定位置创建的 3D 效果，需要根据新舞台大小重新定位消失点。

若要在属性面板中查看或设置消失点，必须在舞台上选择一个 3D 对象。对消失点进行的更改在舞台上立即可见。

调整消失点，可执行以下操作。

① 在舞台上，选择一个应用了 3D 旋转或平移的对象。

② 在属性面板中的“消失点”字段中输入一个新值，或者拖动热文本以更改该值。拖动热文本时，指示消失点位置的辅助线显示在舞台上。

③ 若要将消失点移回舞台中心，可单击属性面板中的“重置”按钮。

调整消失点前后的舞台效果如图 6-45 和图 6-46 所示。

图 6-45　使用默认消失点

图 6-46　将消失点调整到舞台左下角（虚线交叉点）

## 案例 18 健美先生——骨骼动画

### 案例描述

通过为形状添加骨骼，然后定义不同姿势，制作健美先生在舞台上表演的“健美先生”动画。效果如图 6-47 所示。

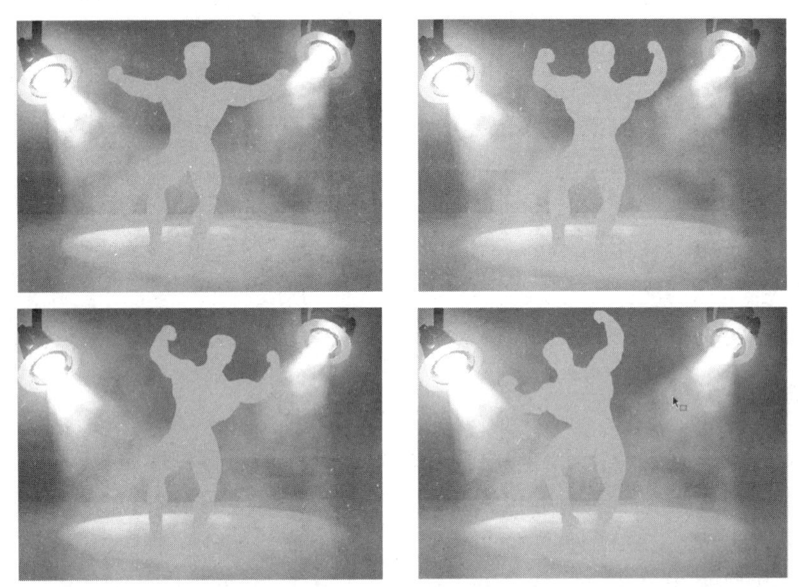

图 6-47 “健美先生”动画效果

### 案例分析

- 通过为形状添加骨骼，定义不同的姿势，创建骨骼动画。
- 通过控制特定骨骼的运动自由度，设置“缓动”、“弹簧”属性，创建人物的逼真运动。
- 通过修改形状控制点，保证变形的完美形态。

### 操作步骤

1. 新建 Flash 文档，按 Ctrl+S 组合键保存文件为“健美先生.fla”。

2. 重命名图层 1 为“背景”。执行“文件”→“导入”→“导入到舞台”菜单命令，导入图片“舞台.jpg”。新建图层，命名为“人”，将素材文件夹中的“man.swf”导入到舞台。效果如图 6-48 所示。

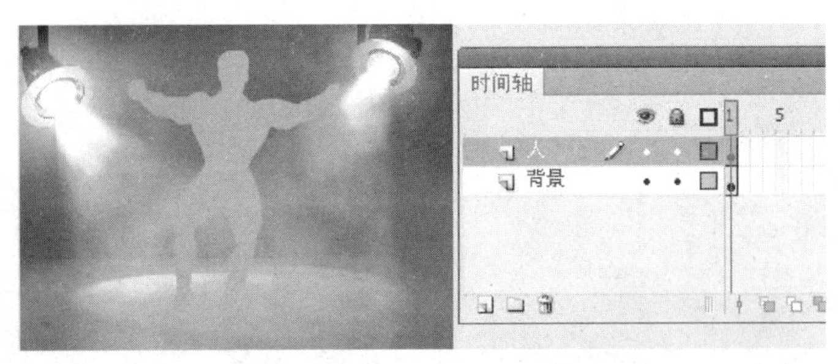


图 6-48 舞台与时间轴效果

3. 选择舞台上的人物，按 Ctrl+B 组合键使其分离。选择“骨骼工具”，按住鼠标左键，从人物的腰部中间位置向上拖动到颈部以下位置，放开鼠标。这时 Flash 自动创建了一个新图层“骨架_2”，人物被移动到了新图层，同时创建了新的骨骼，如图 6-49 所示。

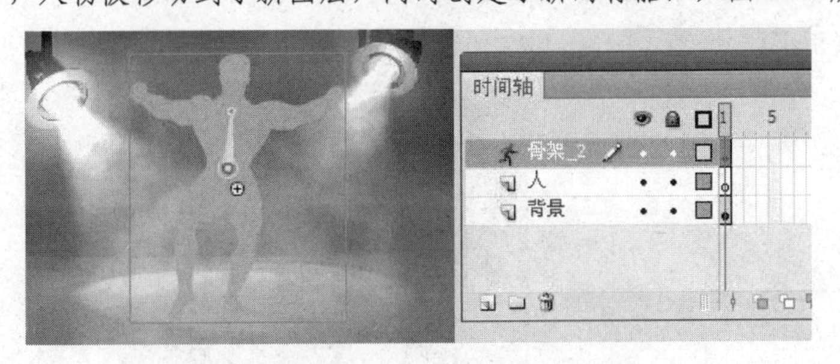


图 6-49 添加骨骼的舞台与时间轴效果

4. 使用“骨骼工具”从已有骨骼末端（较细端）的圆点中心开始拖动鼠标，继续创建骨骼，在颈部以下和腰部需要创建分支的骨骼。创建完成的骨架结构如图 6-50 所示。

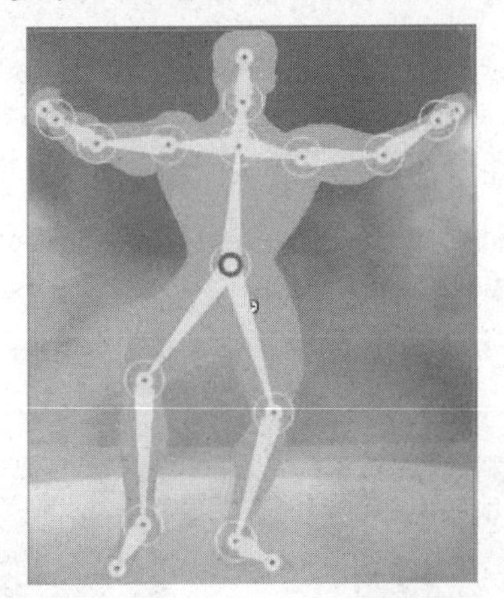

图 6-50 完成的骨架结构

5. 在“背景”层的第 200 帧插入帧。在“骨架_2”层的第 40 帧上单击鼠标右键，在弹出的菜单中选择“插入姿势”命令。单击肩膀部位的一段骨骼，在属性面板中，取消选中“联接：旋转”下的“启用”复选框。这时所选骨骼根部的圆圈会消失，如图 6-51 所示。使用“选择工具”分别拖动两只手的骨骼的末端圆心，调整成如图 6-52 所示的姿势。

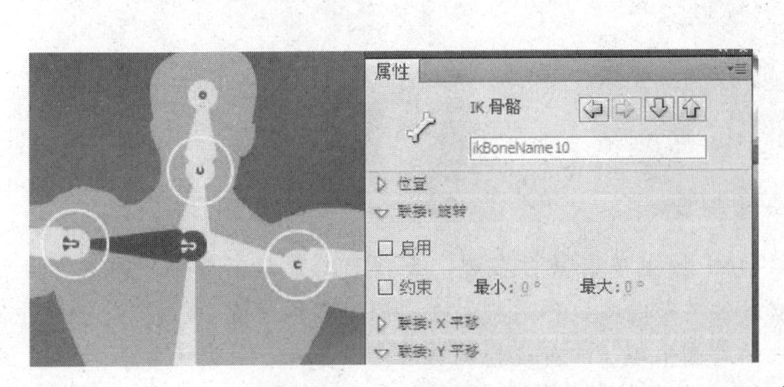


图 6-51 不启用“旋转”

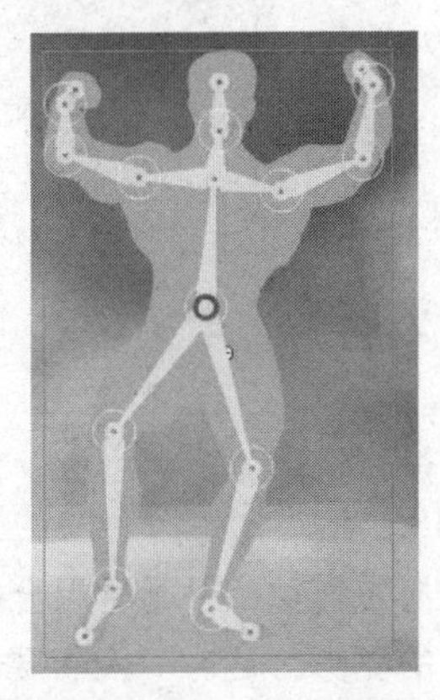

图 6-52 第 40 帧的姿势

6. 在“骨架_2”层第 1～40 帧间的任意一帧上单击，在属性面板中设置“缓动”的“类型”为“简单（最快）”，“强度”为 50，如图 6-53 所示。单击左小臂的骨骼，在按住 Shift 键的同时单击右小臂的骨骼，然后在属性面板中设置“弹簧”属性的“强度”为 80，“阻尼”为 15，如图 6-54 所示。

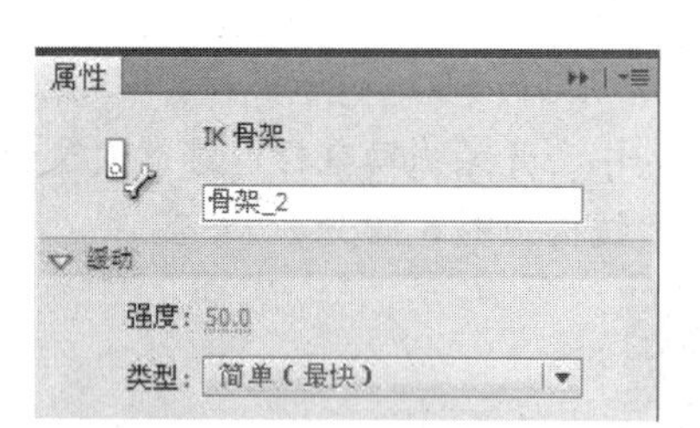


图 6-53　设置“缓动”属性

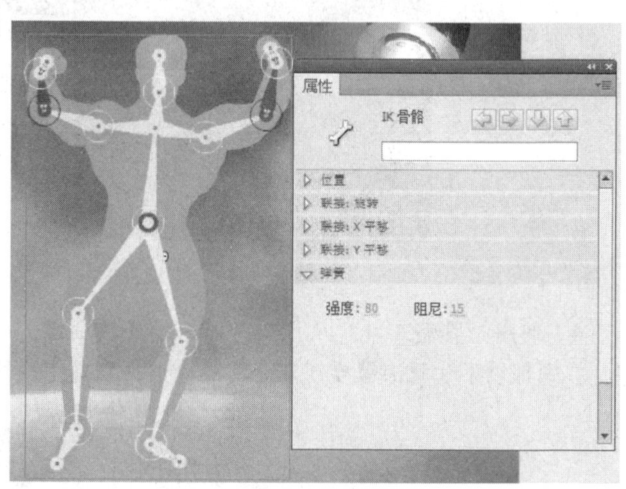


图 6-54　设置“弹簧”属性



7. 在“骨架_2”层的第 80 帧上单击鼠标右键，在弹出的菜单中选择“插入姿势”命令。向右拖动上半身骨架分支处的圆心，调整成如图 6-55 所示的姿势。在第 120 帧上单击鼠标右键，在弹出的菜单中选择“插入姿势”命令。向左拖动上半身骨架分支处的圆心，调整成如图 6-56 所示的姿势。

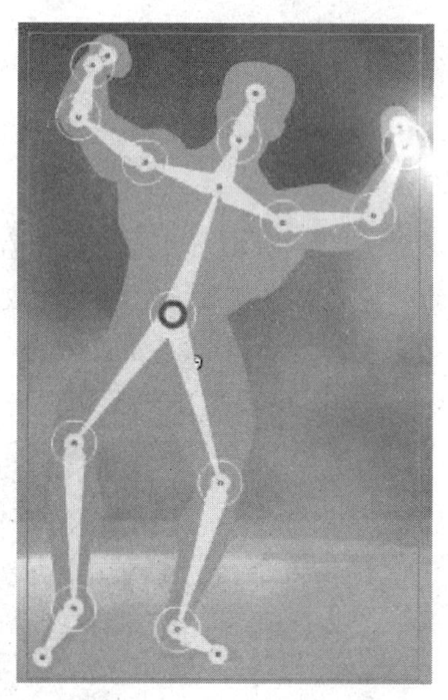

图 6-55　第 80 帧的姿势

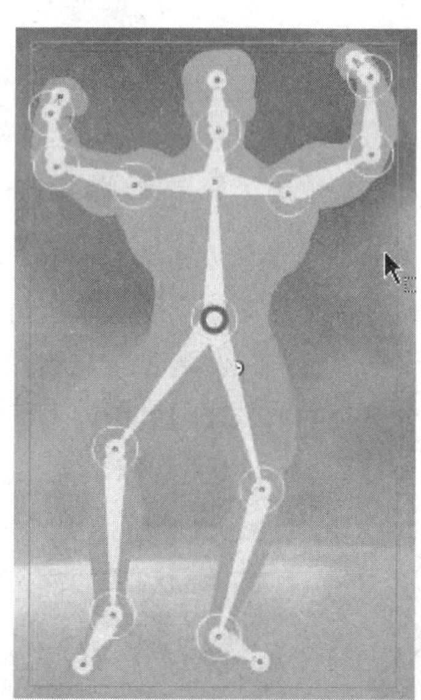

图 6-56　第 120 帧的姿势

8. 在“骨架_2”层的第 160 帧上单击鼠标右键，在弹出的菜单中选择“插入姿势”命令。向左拖动上半身骨架分支处的关节圆心，然后拖动左脚踝处的关节圆心，调整成如图 6-57 所示的姿势。这时，人物腰部的右侧出现了一处尖锐的突起。这是一处错误的变形，如图 6-58 所示。

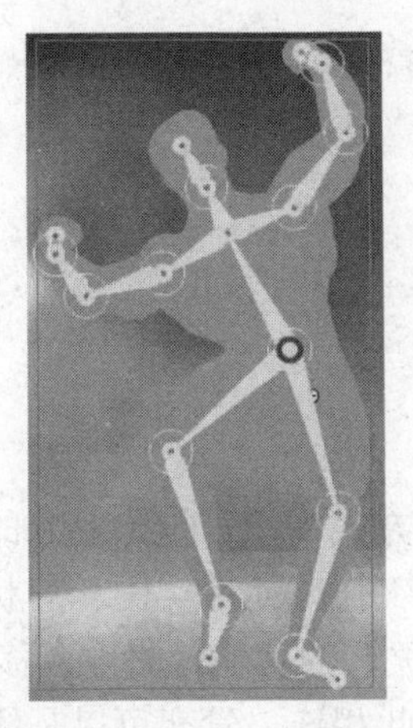

图 6-57　第 160 帧的姿势

图 6-58　错误的变形

9. 使用“部分选择工具”单击人物图形的边缘，显示人物的轮廓和控制点，如图 6-59 所示。选择突起顶端的控制点，按 Delete 键将其删除，修改效果如图 6-60 所示。



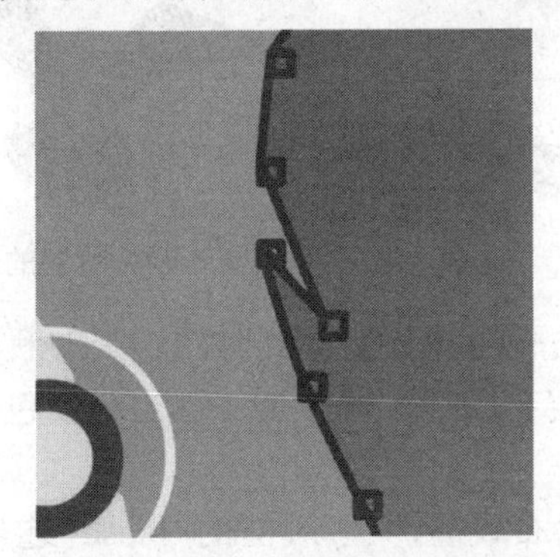

图 6-59　显示轮廓和控制点

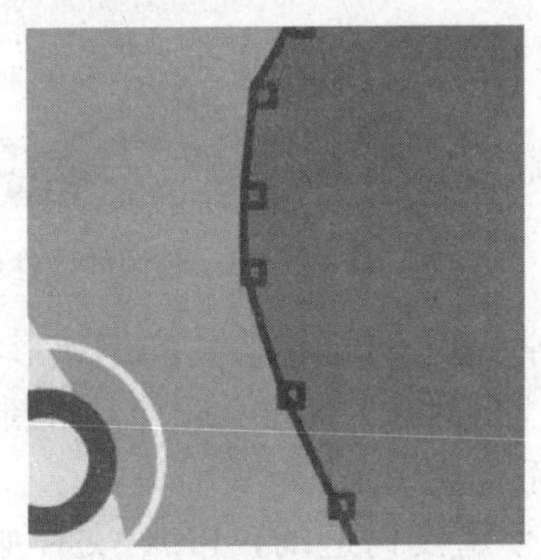

图 6-60　修改后的效果

10. 选择腰部以上的第一段骨骼，在属性面板中取消选中“联接：旋转”下的“启用”复选框；选择“联接：X 平移”下的“启用”和“约束”复选框，设置“最小”为 0，最大为 50，如图 6-61 所示。拖动处于选中状态的骨骼，向右平移骨架到约束范围的最右端，如图 6-62 所示。

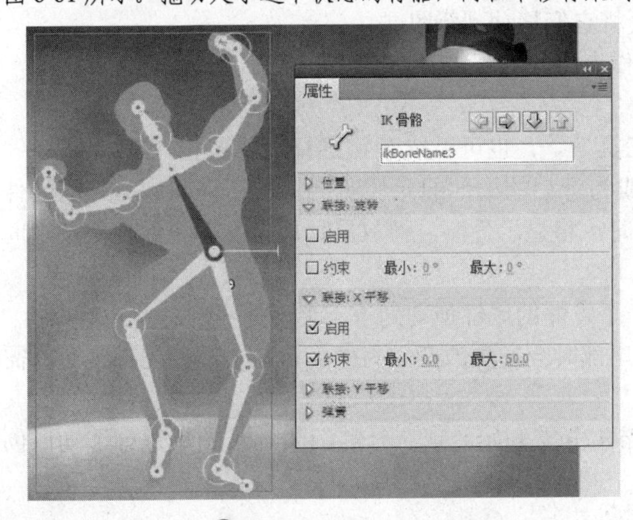


图 6-61　约束“X 平移”

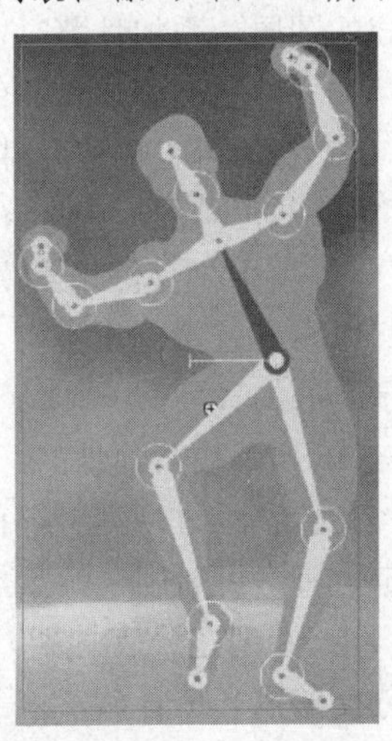

图 6-62　向右平移骨架

11. 按 Ctrl+S 组合键保存文件，然后按 Ctrl+Enter 组合键测试影片。播放效果如图 6-47 所示。

## 6.5 骨骼动画

### 1. 反向运动

反向运动（IK）是一种使用骨骼对对象进行动画处理的方式，只需指定对象的开始位置和结束位置即可创建动画。使用骨骼，只需做很少的设计工作，元件实例和形状对象就可以按复杂而自然的方式移动。当一个骨骼移动时，与之相关联的其他骨骼也会移动。

骨骼链称为骨架。在父子层次结构中，骨架中的骨骼彼此相连。骨架可以是线性的或分支的，如图 6-63 和图 6-64 所示。源于同一骨骼的骨架分支称为同级。每个骨骼都具有头部（圆端）和尾部（尖端）。骨骼之间的连接点称为关节。

图 6-63 骨骼的线性结构

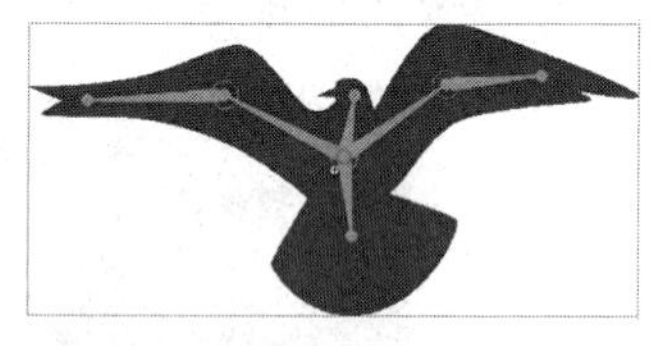

图 6-64 骨骼的分支结构

添加骨骼时，Flash 会将实例或形状，以及关联的骨架移动到时间轴中的新图层，并保持舞台上的对象的原堆叠顺序。该新图层称为姿势图层，每个姿势图层只能包含一个骨架及其关联的实例或形状。

若要使用反向运动，FLA 文件必须在“发布设置”对话框的 Flash 选项卡中将 ActionScript 3.0 指定为“脚本”设置。

### 2. 向元件实例添加骨骼

可以向影片剪辑、图形和按钮实例添加 IK 骨骼。添加骨骼之前，元件实例可放置在不同的图层，添加骨骼时，Flash 会将它们移动到新图层。

向元件实例添加骨骼的具体操作步骤如下。

① 在舞台上创建元件实例。

② 从工具面板中选择“骨骼工具”，也可以按 X 键选择“骨骼工具”。

③ 使用“骨骼工具”单击要成为骨架的根部的元件实例，然后拖动到另外的元件实例，以将其链接到根实例。在拖动时，将显示骨骼。释放鼠标后，在两个元件实例之间将显示实心的骨骼。

④ 要添加其他骨骼，可从第一个骨骼的尾部拖动到下一个元件实例。

指针在经过现有骨骼的头部或尾部时会发生改变。为便于将新骨骼的尾部拖到所需的特定位置，可启用“贴紧至对象”。

⑤ 要创建分支骨架，可单击希望分支开始的现有骨骼的头部，然后进行拖动以创建新分支的第一个骨骼。

### 3. 向形状添加骨骼

可以向单个形状或一组形状添加骨骼，也可以向在“对象绘制”模式下创建的形状添加骨骼。在添加第一个骨骼之前必须选择所有形状。添加骨骼后，Flash 会将形状转换为 IK 形状，并将其移动到新的姿势图层，它无法再与 IK 形状外的其他形状合并，也不能使用“任意变形工具”编辑。

向形状添加骨骼的具体操作步骤如下。

① 在舞台上创建填充的形状。

② 选择所有形状。

③ 在工具面板中选择“骨骼工具”。

④ 使用“骨骼工具”，在形状内单击并拖动到形状内的其他位置。

⑤ 要添加其他骨骼，可从第一个骨骼的尾部拖动到形状内的其他位置。

⑥ 要创建分支骨架，可单击希望分支开始的现有骨骼的头部，然后进行拖动以创建新分支的第一个骨骼。

### 4. 编辑骨架和 IK 对象



创建骨骼后，可以使用多种方法编辑它们。只能在姿势图层的第 1 帧即包含初始姿势的帧中编辑骨架。如果已在后续帧中创建了新姿势，将无法编辑骨架，除非先删除第 1 帧之后的其他附加姿势。

首先要选择骨骼，才能编辑它，使用“选择工具”单击骨骼即可选中。直接单击可选择单个骨骼；按住 Shift 键单击可选择多个骨骼；双击某个骨骼，可选择骨架中的所有骨骼。默认情况下，骨骼的颜色与姿势图层的轮廓颜色相同，骨骼被选择后，将以反色显示。

（1）重新定位骨骼及其关联的对象

- 要重新定位线性骨架，可拖动骨架中的任何骨骼。如果骨架已连接到元件实例，也可以拖动实例。
- 要重新定位骨架的某个分支，可拖动该分支中的任何骨骼。该分支中的所有骨骼都将移动，其他分支中的骨骼不会移动。
- 要将某个骨骼与其子级骨骼一起旋转而不移动父级骨骼，可按住 Shift 键并拖动该骨骼。
- 要将某个 IK 形状移动到舞台上的新位置，可选择该形状，然后在属性面板中更改其 X 和 Y 属性。

（2）在形状或元件内移动骨骼

- 要移动 IK 形状内骨骼任意一端的位置，可使用“部分选择工具”拖动骨骼的一端。
- 要移动元件实例内的骨骼关节、头部或尾部的位置，可通过“任意变形工具”移动实例的变形点，骨骼将随变形点移动。
- 要移动单个元件实例而不移动任何其他链接的实例，可在按住 Alt 键的同时拖动该实例，或者使用“任意变形工具”拖动它。

（3）删除骨骼

- 若要删除单个骨骼及其所有子级，可单击该骨骼后按 Delete 键。

● 要删除所有骨骼，可双击骨架中的某个骨骼以全部选中它们，然后按 Delete 键。IK 形状将还原为正常形状。

（4）编辑 IK 形状

使用“部分选择工具”，可以在 IK 形状中添加、删除和编辑轮廓的控制点。

● 单击形状的笔触，可显示 IK 形状边界的控制点（见图 6-59）。
● 要移动控制点，可拖动该控制点。
● 单击笔触上没有任何控制点的部分，可添加新的控制点。也可以使用工具面板中的“添加锚点工具”。
● 单击控制点，然后按 Delete 键，可删除现有的控制点，也可以使用工具面板中的“删除锚点工具”。

（5）将骨骼绑定到控制点

默认情况下，形状的控制点连接到距离它们最近的骨骼。可以使用“绑定工具”编辑单个骨骼和形状控制点之间的连接，这样就可以对笔触在各个骨骼移动时如何扭曲进行控制，以获得理想的效果。可以将多个控制点绑定到一个骨骼，也可以将多个骨骼绑定到一个控制点。



用“绑定工具”单击骨骼，选中的骨骼以红色加亮显示，已连接到该骨骼的控制点以黄色加亮显示。仅连接到一个骨骼的控制点显示为方形，连接到多个骨骼的控制点显示为三角形，如图 6-65 所示。

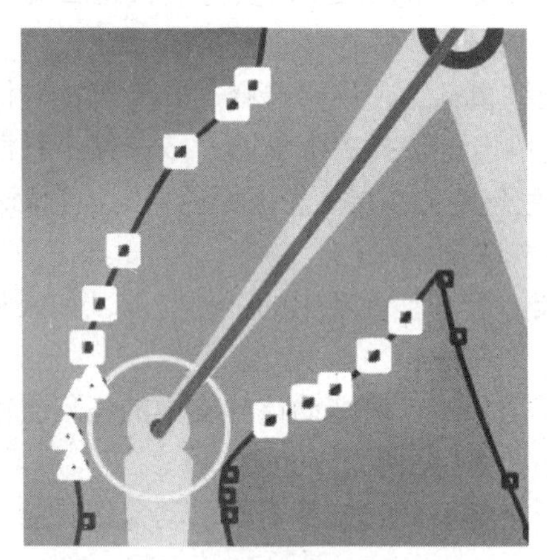

图 6-65　选中的骨骼及其控制点

● 要向所选骨骼添加控制点，可在按住 Shift 键的同时单击某个未加亮显示的控制点，也可以在按住 Shift 键的同时拖动选择要添加到选中骨骼的多个控制点。
● 要从骨骼中删除控制点，可在按住 Ctrl 键的同时单击加亮显示的控制点，也可以在按住 Ctrl 键的同时拖动删除选中骨骼中的多个控制点。
● 要加亮显示已连接到控制点的骨骼，可使用“绑定工具”单击该控制点。已连接的骨骼以黄色加亮显示，而选中的控制点以红色加亮显示。
● 要向选中的控制点添加其他骨骼，可在按住 Shift 键的同时单击骨骼。
● 要从选中的控制点中删除骨骼，可在按住 Ctrl 键的同时单击以黄色加亮显示的骨骼。

（6）约束骨骼的运动范围

在 Flash 中，可以通过设置骨骼的旋转和平移的范围，控制骨骼的运动自由度，创建更加逼真的动画效果。例如，可以约束手臂的两个骨骼，以使肘部不会向错误的方向弯曲。

默认情况下，Flash 会启用骨骼的旋转属性。如果要对骨骼的旋转进行约束，如只允许旋转 75°，则可以在选择骨骼后，在属性面板的“联接：旋转”栏选中“约束”复选框，同时在“最小”和“最大”文本框中分别输入-30° 和 45°，如图 6-66 所示。

默认情况下，Flash 不启用骨骼的 X、Y 平移属性。如果需要骨骼在 X 或 Y 方向上平移，也可以通过属性面板进行设置。选择骨骼后，在属性面板中展开“联接：X 平移”或“联接：Y 平移”设置栏，选中“启用”和“约束”复选框，设置“最小”和“最大”属性的值（见图 6-61）。

（7）设置连接点速度

连接点速度是指连接点的黏性或刚度。具有较低速度的连接点反应缓慢，具有较高速度的连接点反应迅速。当拖动骨架的末端时，可以明显看出连接点的速度。如果在骨骼链上较高的位置具有缓慢的连接点，那么这些特定连接点的反应较慢，并且其旋转角度也要比其他连接点小一些。



选择骨骼后，可在属性面板的“位置”栏中设置连接点的速度，如图 6-67 所示。

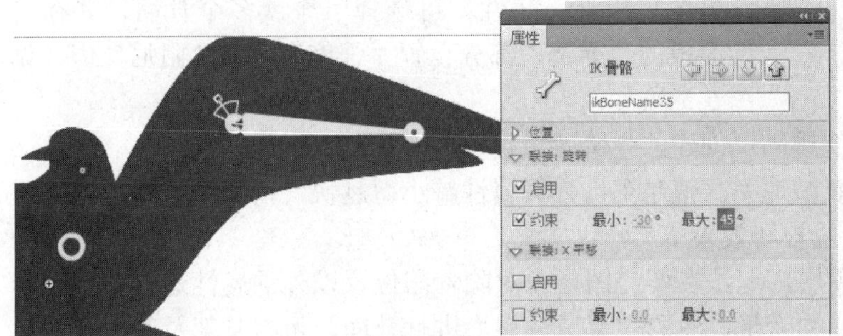


图 6-66　约束旋转的范围

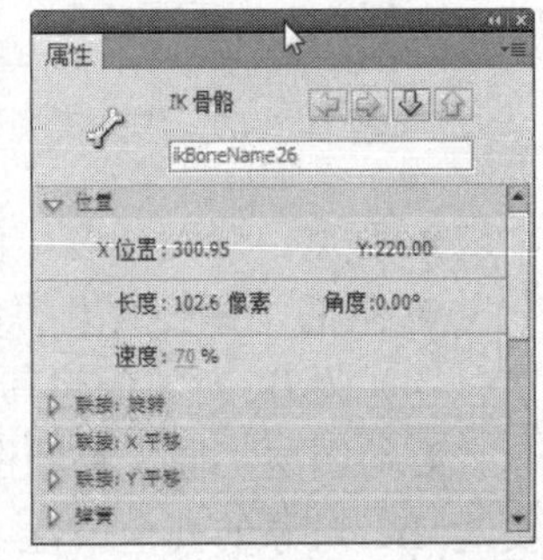


图 6-67　设置连接点的速度

**5. 创建骨骼动画**

（1）插入姿势

在 Flash 中，对 IK 骨架进行动画处理的方式与处理其他的对象不同。对于骨架，只需向姿势图层添加帧并在舞台上重新定位骨架即可创建关键帧。姿势图层中的关键帧称为姿势，在时间轴中以菱形显示，Flash 会在姿势之间的帧中自动内插骨骼的位置，如图 6-68 所示。

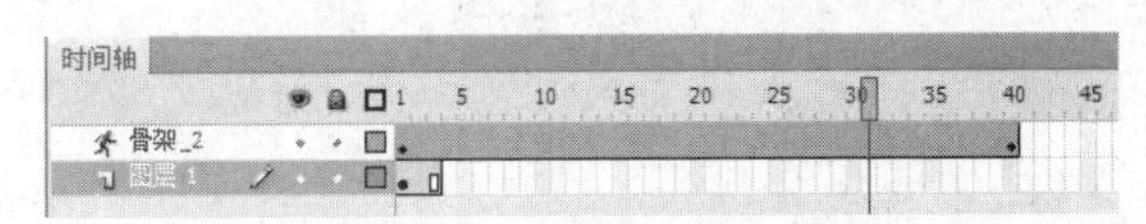


图 6-68　姿势图层及其关键帧

添加姿势，可执行下列操作之一。

- 将播放头放在要添加姿势的帧上，然后在舞台上重新定位骨架。
- 用鼠标右键单击姿势图层中的帧，在弹出的菜单中选择“插入姿势”命令。

● 将播放头放在要添加姿势的帧上，然后按 F6 键。

可以随时在姿势帧中重新定位骨架或者添加新的姿势帧。

（2）设置缓动属性

缓动可以通过对骨架的运动进行加速或减速，给其移动提供有重力的感觉。

添加缓动的方法如下。

① 单击两个姿势之间的帧。缓动会影响选中帧左侧和右侧的紧邻姿势之间的帧。如果选择某个姿势，则缓动会影响选中的姿势和下一个姿势之间的帧。

② 从属性面板的“缓动”类型中选择一种类型。可用的缓动包括四个“简单”缓动和四个“停止并启动”缓动，如图 6-69 所示。从“慢”到“最快”代表缓动的程度，“慢”的效果最不明显，“最快”的效果最明显。

③ 设置缓动“强度”。默认强度是 0，即表示无缓动；负值表示缓入；正值表示缓出。

图 6-69 缓动类型

（3）设置弹簧属性

将弹簧属性添加到 IK 骨骼中，可以体现更真实的物理运动效果。

要启用弹簧属性，可选择一个或多个骨骼，并在属性面板的“弹簧”部分设置“强度”值和“阻尼”值（见图 6-54）。

● 强度：弹簧强度。值越高，创建的弹簧效果越强，弹簧就变得越坚硬。

● 阻尼：弹簧效果的衰减速率。值越高，弹簧属性减小得越快，动画结束得也越快。

（4）为 IK 对象创建其他补间效果

姿势图层不同于补间图层，无法在姿势图层中对除骨骼位置以外的属性进行补间。若要对 IK 对象的其他属性（如变形、色彩效果或滤镜）进行补间，可将骨架及其关联的对象包含在影片剪辑或图形元件中，然后再对元件的属性进行动画处理。

为 IK 对象创建其他补间效果的具体步骤如下。

① 选择 IK 骨架及其所有的关联对象。

② 用鼠标右键单击所选内容，然后从弹出的菜单中选择“转换为元件”命令，从“类型”菜单中选择“影片剪辑”或“图形”命令，单击“确定”按钮。

③ 在主时间轴上，将该元件从库拖动到舞台，然后就可以向舞台上的新元件实例添加补间动画效果了。

## 一、填空题

1. Flash 中的“引导层”可起到________和________的作用。

2. ________层和________层在发布的 SWF 影片中都不会显示。

3. 通过将图层分类放入不同的________，可以高效地组织图层。

4. 使用________命令，可以将图像的不同部分放置到不同图层，便于分别编辑。

5. FLA 文件的________属性可以控制 3D 影片剪辑视图在舞台上的外观视角。

6. 使用________和________工具，沿着影片剪辑实例的 Z 轴移动和旋转实例，可以为实例添加 3D 透视效果。

7. 透视角度属性会影响应用了 3D 平移或旋转的所有影片剪辑实例，其默认透视角度为________。

8. 通过使用________可以更加轻松地创建人物动画，如胳膊、腿和面部表情等。

9. 当向元件实例或形状添加骨骼时，Flash 会将实例或形状及其关联的骨架移动到新的图层，该图层被称为________层。

10. 使用________工具，可以调整骨骼与形状控制点间的连接。

## 二、上机实训

1. 使用提供的图片素材，制作如图 6-70 所示的炫彩文字效果（提示：将文字分离，作为遮罩层，在被遮罩层用图片创建补间动画）。

图 6-70 炫彩文字效果



2. 使用运动引导动画，制作花瓣纷纷飘落的效果（提示：多种形态的路径能使效果更逼真）。

3. 使用提供的素材，制作如图 6-71 所示的 3D 文字特效动画。

图 6-71 3D 文字特效动画

4. 使用提供的影片剪辑元件，制作人物行走的 IK 骨骼动画。参考效果如图 6-72 所示。

图 6-72 人物行走参考图

# 模块7

# 多媒体与脚本交互

## 案例19　月光女神——应用声音与视频

### 案例描述

制作如图 7-1 所示的“月光女神”动画短片。首先配合莎拉 · 布莱曼的动画相册播放她的一段歌曲，然后播放她的一段 MV 视频。

图 7-1　“月光女神”动画效果

### 案例分析

- 使用导入的图片，用添加预设动画的方法，制作动画相册。
- 导入声音并添加到舞台，作为相册的背景音乐。
- 使用 Adobe Media Encoder 转换视频格式，然后以“使用回放组件加载外部视频”的方式导入视频，添加到舞台播放。

### 操作步骤

1. 新建 Flash 文档，按 Ctrl+S 组合键保存文件，命名为“月光女神.fla”。

2. 设置文档属性的大小为 800×600 像素。执行“文件”→“导入”→“导入到库”菜单命令，导入素材库中的图片“01.jpg”～“05.jpg”。将“图层 1”重命名为“背景”，把库中的“05.jpg”拖放到舞台作为背景。

3. 在“背景”层之上新建图层，命名为“文本”。输入文本“Sarah Brightman”，放置在舞台的左上角，设置文本的字符属性为“系列：Edwardian Script ITC；大小：78 点；颜色：#FFFFFF”。将素材“布莱曼.doc”的内容复制并粘贴到舞台，置于舞台左下角，设置文本的字符属性为“系列：宋体；大小：18 点；颜色：#FFFFFF”。此时的舞台效果如图 7-2 所示。

图 7-2　添加背景与文字后的舞台效果

4. 新建影片剪辑元件，命名为“相册”。打开库面板，将“01.jpg”拖放到舞台，然后设置图片在舞台的位置属性为“X: -250，Y: -300”。选择舞台上的图片，打开动画预设面板，选择默认预设下的“从左边模糊飞入”，然后单击“应用”按钮，在弹出的如图 7-3 所示的“将所选的内容转换为元件以进行补间”对话框中单击“确定”按钮，Flash 自动创建一段 15 帧的补间动画。在第 50 帧位置插入帧，把这段动画的长度扩展为 50 帧。效果如图 7-4 所示。



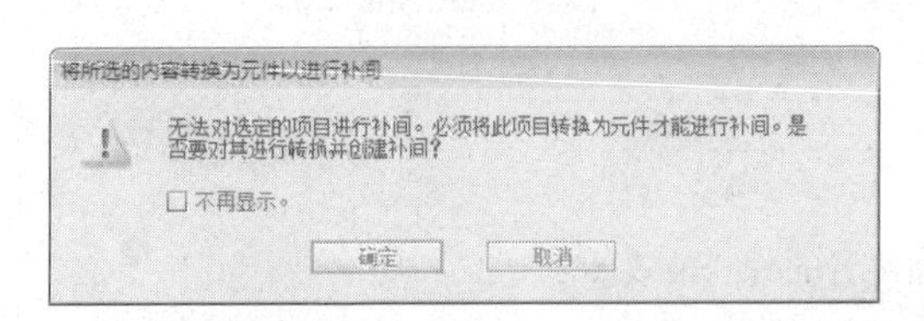


图 7-3　“将所选的内容转换为元件以进行补间”对话框

图 7-4　添加预设动画效果

5. 在第 51 帧位置插入空白关键帧，将库中的“02.jpg”拖放到舞台，重复以上的操作，创建一段 50 帧长度的补间动画。以此类推，把库中的“03.jpg”和“04.jpg”分别拖放到舞台，添加预设动画。

6. 在“场景 1”的“文本”层之上创建图层，命名为“动画”。把库中的“相册”拖放到舞台，使用“任意变形工具”调整大小，使用“3D 旋转工具”设置 Y 轴的值为-8°，放置在舞台左侧。效果如图 7-5 所示。

图 7-5　添加“相册”实例到主时间轴的效果

7. 执行“文件”→“导入”→“导入到库”菜单命令，导入素材库中的声音文件“斯卡布洛市集.mp3”。在“动画”层之上创建图层，命名为“声音”。选择“声音”层的第 1 帧，在属性面板中设置“声音”属性为“名称：斯卡布洛市集.mp3；效果：淡入；同步：事件”，如图 7-6 所示。

8. 单击“效果”右侧的“编辑声音封套”按钮，打开如图 7-7 所示的“编辑封套”对话框。单击对话框右下角的“帧”按钮，然后把下方的水平滚动条滑块拖到最右端。这时，可以看到所选声音的长度为 902 帧。单击“确定”按钮关闭对话框。在四个图层的第 902 帧位置都插入帧，时间轴效果如图 7-8 所示。

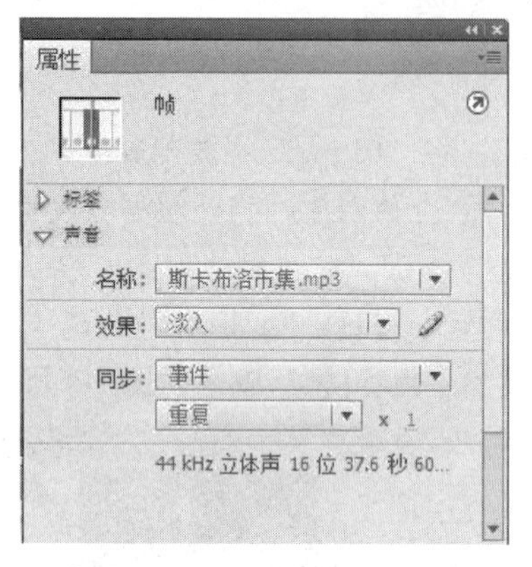


图 7-6 设置“声音”属性

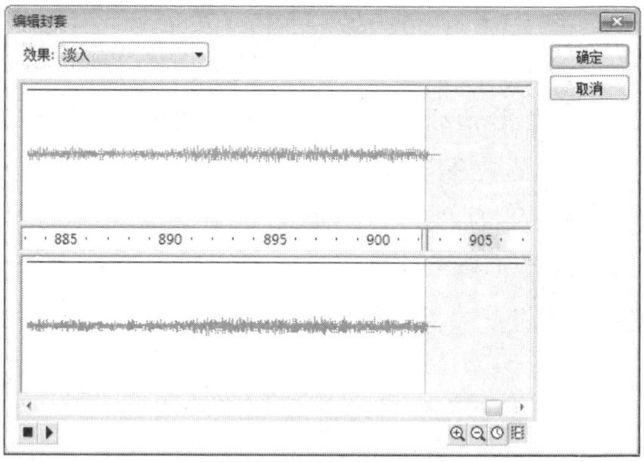

图 7-7 “编辑封套”对话框

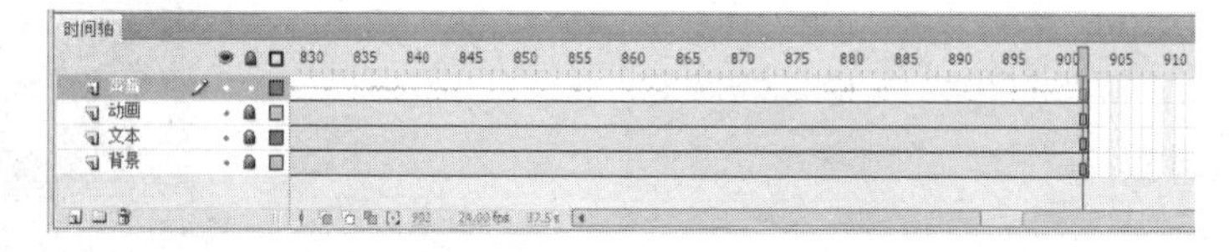


图 7-8 添加声音的时间轴效果

9. 新建影片剪辑，命名为“视频”。执行“文件”→“导入”→“导入视频”菜单命令，打开如图 7-9 所示的对话框。单击“浏览”按钮，在“打开”对话框中选择视频素材“It's a beautiful day.wmv”，然后单击“打开”按钮。这时弹出如图 7-10 所示的建议转换格式对话框（因 Flash 不支持所选视频格式）。

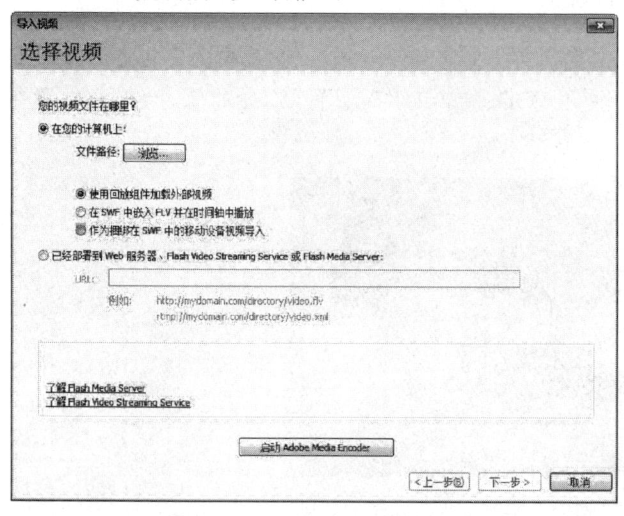


图 7-9 “导入视频”对话框

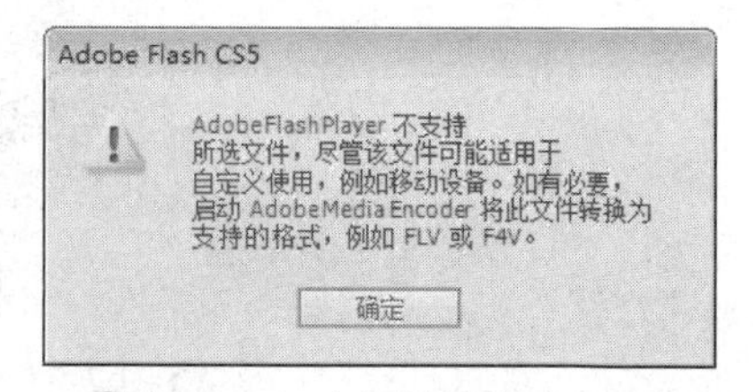


图 7-10 建议转换格式对话框

10. 单击“确定”按钮关闭该对话框，然后单击“导入视频”对话框中的“启动 Adobe Media Encoder”按钮。在启动的 Adobe Media Encoder（AME）窗口中单击“添加”按钮，在弹出的“打开”对话框中选择要转换的视频素材，然后单击“打开”按钮，素材被添加到待转换窗口，如图 7-11 所示。

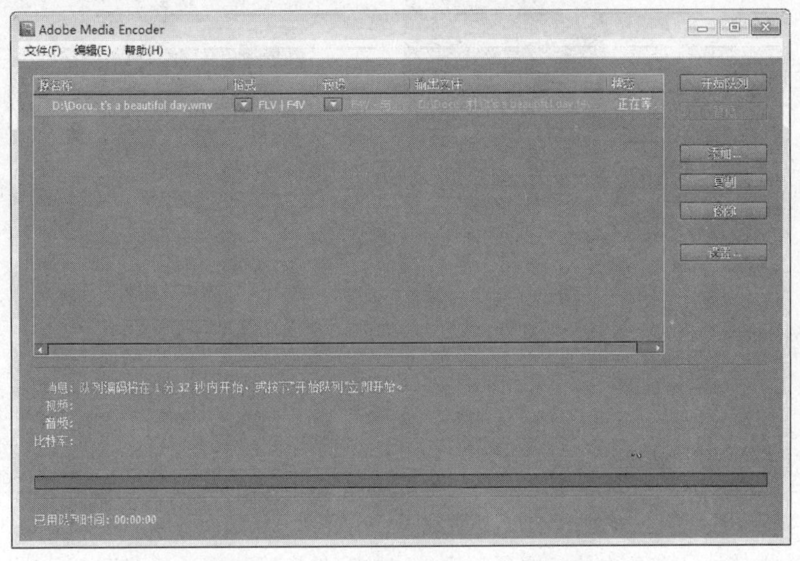


图 7-11 Adobe Media Encoder 窗口

11. 单击 AME 窗口中的“设置”按钮，弹出“导出设置”对话框，如图 7-12 所示。在其中设置“格式”为“FLV | F4V”。单击窗口左上角的“裁剪输出视频”按钮，在预览图中把视频上下方的黑色框裁掉。

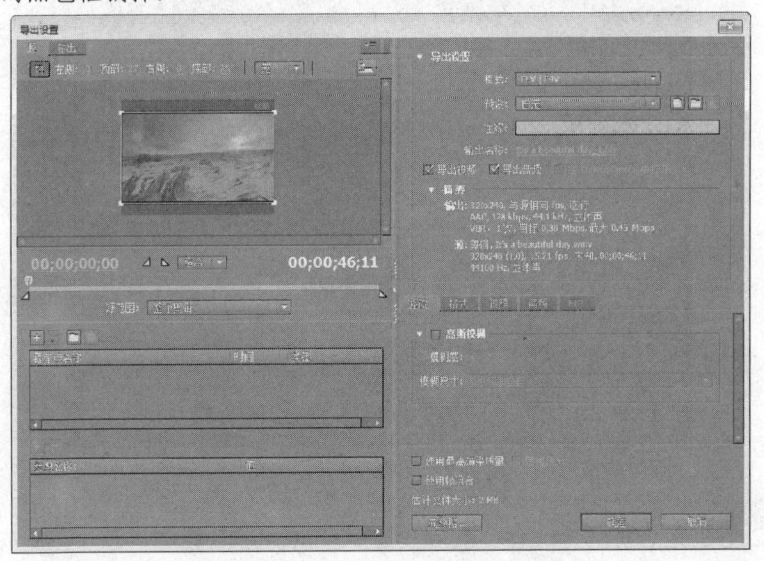


图 7-12 “导出设置”对话框

12. 记下对话框中标示的视频长度：46 秒 11 帧，作为后续在时间轴插入帧的依据。单击“确定”按钮关闭“导出设置”对话框，单击 AME 主界面中的“开始队列”按钮开始转换视频格式，转换完成后关闭 AME 程序。再次单击“导入视频”对话框（见图 7-9）中的“浏览”按钮，打开已转换格式的视频“It's a beautiful day.f4v”，选中“使用回放组件加载外部视频”单选按钮，然后单击“下一步”按钮，打开“导入视频”的“外观”对话框，如图 7-13 所示。

图 7-13 “外观”对话框

13. 使用默认的设置，单击“下一步”按钮，再单击“完成”按钮完成视频导入。返回“场景 1”，在“声音”层之上新建图层，命名为“视频”。在“背景”、“文本”、“视频”三个图层的第 2 017 帧位置插入帧（视频长度 × 帧频 + 已有帧数）。把“视频”层的第 903 帧转换为空白关键帧并选中该帧，把库中的“视频”元件拖放到舞台，使用“任意变形工具”调整大小，使用“3D 旋转工具”调整视频实例，在变形面板中设置 Y 轴的值为-8°，放置在舞台左侧。效果如图 7-14 所示。

图 7-14 添加视频效果

14. 按 Ctrl+S 组合键保存文件，然后按 Ctrl+Enter 组合键测试影片。播放效果如图 7-1 所示。

## 7.1 应用声音

Flash CS5 提供了多种使用声音的方式，可独立于时间轴连续播放，也可以与动画同步播放，还可以为按钮添加声音，使按钮具有更强的互动性。

可以将 ASND、WAV、MP3 格式的声音文件导入 Flash 中。如果系统中安装了 QuickTime 4 或更高版本，则可以导入 AIFF、只有声音的 QuickTime 影片、Sun AU 格式文件。

### 1. 把声音导入 Flash

只有把外部的声音文件导入 Flash 中，才能在 Flash 作品中加入声音效果。

执行“文件”→“导入”→“导入到库”菜单命令，在打开的“导入到库”对话框中定位并打开所需的声音文件，如图 7-15 所示。导入声音后，就可以在库面板中看到刚导入的声音文件，并像应用其他元件一样使用声音对象，单击波形右侧的“播放”按钮▶可以试听声音，如图 7-16 所示。



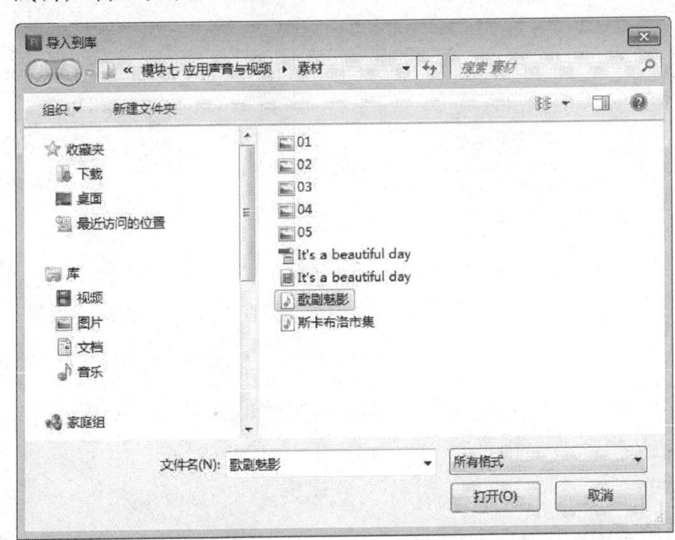


图 7-15　“导入到库”对话框

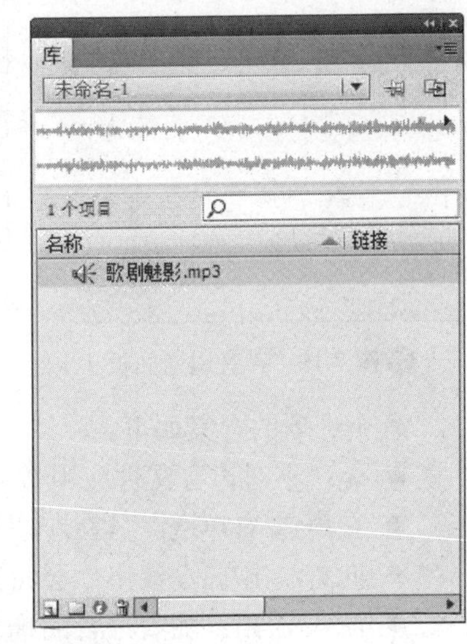


图 7-16　库中的声音文件

> **提 示**
>
> Flash 提供一个“声音”库，其中包含了多种有用的效果声音，也可以将声音从“声音”库拖入当前文档的库中，供当前文档使用。

### 2. 添加声音到时间轴

可以把多个声音放在一个图层中，也可以分别放在不同的图层。建议将每个声音放在单独的图层，以方便编辑。

选中图层后，将声音从库面板中拖到舞台，声音就被添加到当前层了。添加了声音的图层的第 1 帧会有一条短线，如图 7-17 所示。选择后面的某一帧，按 F5 键插入帧，就可以看到更多的声音波形，如图 7-18 所示。

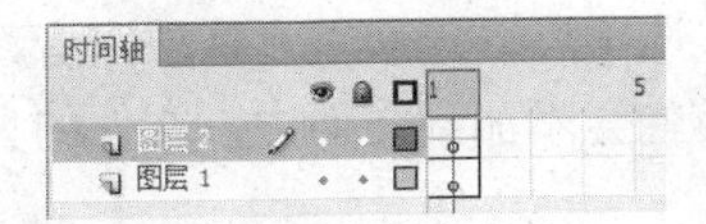


图 7-17　第 1 帧上的短线

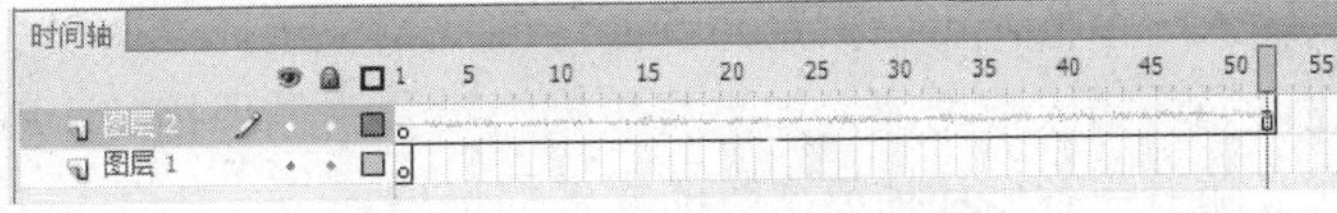


图 7-18　图层上的声音波形

### 3. 设置声音的属性

通过设置声音属性，可以丰富声音的效果，更好地适应动画播放的需要。

① 在时间轴上，选择包含声音文件的第一个帧，打开属性面板，如图 7-19 所示。

② 在属性面板中，从如图 7-20 所示的“名称”下拉菜单中选择一个声音文件，就可以把声音添加到时间轴。选择“无”，不添加声音，或者删除所选帧上已经存在声音。

③ 从“效果”下拉菜单中选择效果选项，如图 7-21 所示。

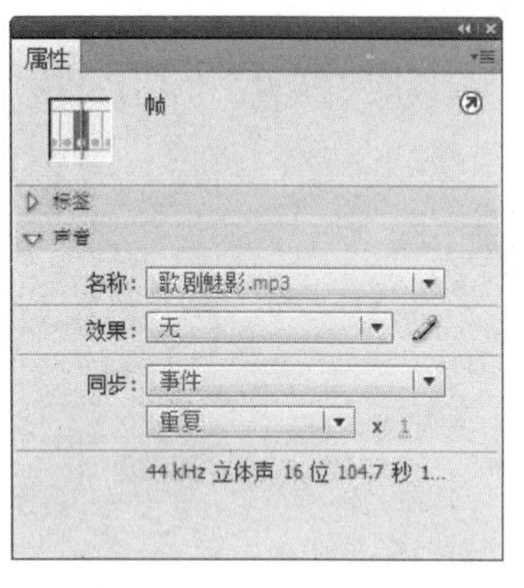


图 7-19 声音属性面板

图 7-20 选择声音

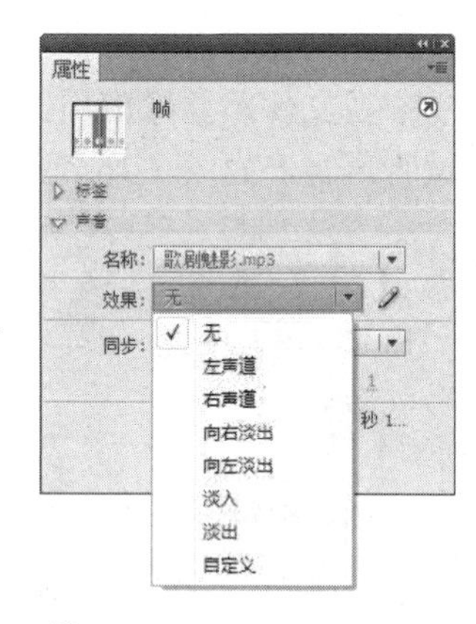


图 7-21 设置声音效果

各个选项的含义如下。

- 无：不对声音文件应用效果，选中此项也可以删除以前应用的效果。
- 左声道/右声道：只在左声道或右声道中播放声音。
- 向右淡出/向左淡出：会将声音从一个声道切换到另一个声道。
- 淡入/淡出：随着声音的播放逐渐增大/减小音量。
- 自定义：可以使用“编辑封套”对话框编辑声音。

④ 从“同步”下拉列表中选择同步方式，如图 7-22 所示。

各个选项的含义如下。

- 事件：Flash 会将声音和一个事件的发生过程同步起来，如单击按钮。从声音的起始关键帧开始播放，并独立于时间轴完整播放。即使 SWF 文件在声音播放完之前停止，声音也会继续播放到完成。
- 开始：与“事件”选项的功能相近，但是如果声音已经在播放，则不会播放新声音。
- 停止：使指定的声音静音。
- 数据流：Flash 强制动画和音频流同步。音频流随着 SWF 文件的停止而停止，而且音频流的播放时间绝对不会比帧的播放时间长。

⑤ 从“重复”和“循环”选项中选择一项，如图 7-23 所示。选择“重复”选项，在右侧输入一个值，可以指定声音循环的次数；选择“循环”选项可以连续重复播放声音。不建议循环播放数据流，如果将数据流设置为循环播放，帧就会添加到文件中，文件的大小就会随着声音循环播放次数的增多而倍增。

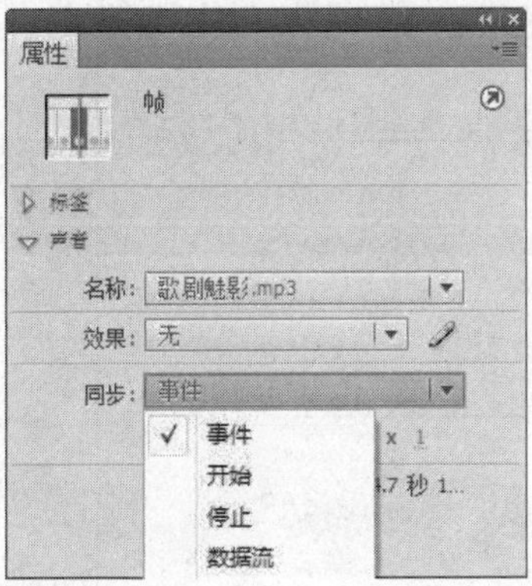

图 7-22　“同步”列表

图 7-23　“重复”选项

### 4. 为按钮添加声音

可以将声音和一个按钮元件的不同状态关联起来。将声音添加到按钮元件，能使按钮操作更具互动性。操作步骤如下。

① 双击要添加声音效果的按钮，进入按钮编辑状态。

② 在按钮的时间轴上，添加一个声音层。

③ 在声音层中需要添加声音的状态帧上创建一个关键帧。例如，要添加一段单击按钮时播放的声音，可以在标记为“按下”的帧中创建关键帧。

④ 单击已创建的关键帧。从属性面板“声音”栏的“名称”下拉列表中选择一个声音文件；从“同步”下拉列表中选择“事件”选项。为按钮添加声音的编辑效果，如图 7-24 所示。

图 7-24　为按钮添加声音的编辑效果

### 5. 用“编辑封套”功能自定义声音效果

使用“编辑封套”功能可以自定义声音的效果。

选择包含声音的帧，然后打开属性面板，单击“效果”右侧的“编辑声音封套”按钮 ，或者选择“效果”列表中的“自定义”选项，即可打开如图 7-25 所示的“编辑封套”对话框。上、下窗格分别对应左、右声道，波形上方的封套线标示音量大小。

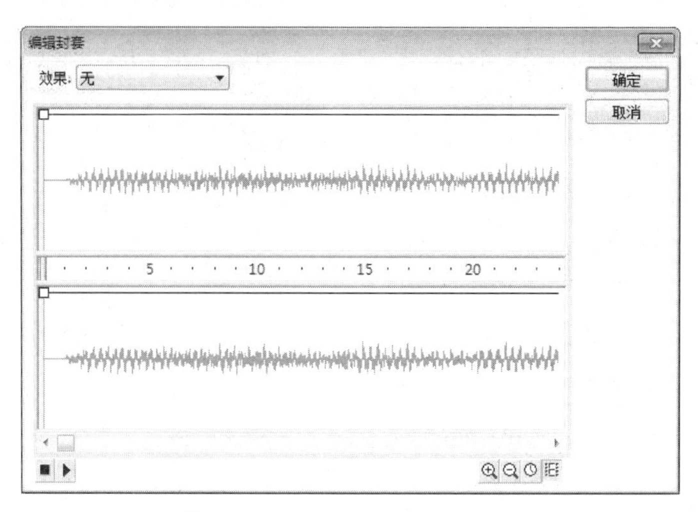


图 7-25 “编辑封套”对话框

- 若要改变声音的起始点和终止点，可拖动“编辑封套”对话框中的“开始时间”和“停止时间”控件。如图 7-26 所示为调整声音的开始时间。
- 若要更改音量，可拖动封套手柄来改变不同点处的音量级别。封套线显示声音播放时的音量。单击封套线，可创建其他封套手柄。要删除封套手柄，可将其拖出窗口。如图 7-27 所示为调整左声道的封套。



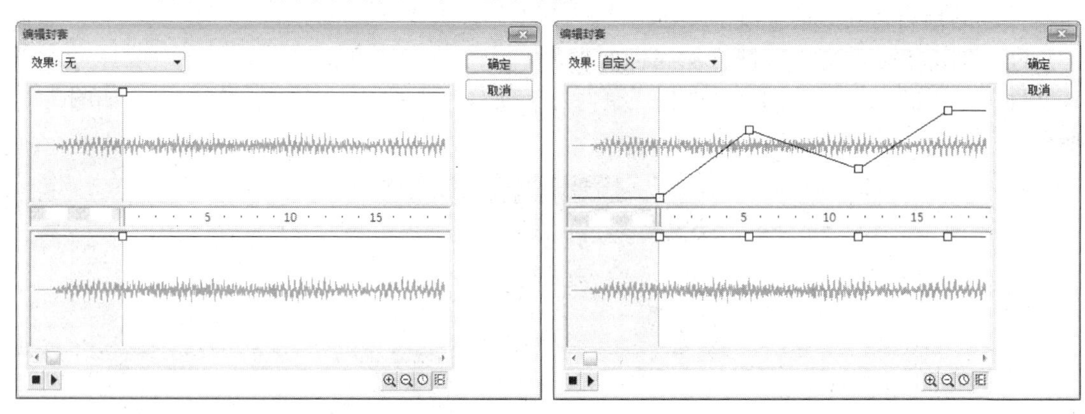


图 7-26 调整声音的开始时间

图 7-27 调整左声道的封套

- 若要改变窗口中显示声音波形的大小，可单击“放大”按钮或“缩小”按钮。
- 要在秒和帧之间切换时间单位，可单击“秒”按钮或“帧”按钮。

### 6. 压缩声音

在 Flash 中导入声音后，文件也会相应地增大。通过设置声音文件的压缩方式，可以在尽可能减小文件大小的同时保证声音的质量不受影响。双击库面板中的“声音”图标，可打开“声音属性”对话框，如图 7-28 所示。

如果声音文件已经在外部编辑过，可单击“更新”按钮更新，可以从“默认值”、“ADPCM”、“MP3”、“原始”、“语音”中选择一种压缩方式，如图 7-29 所示。

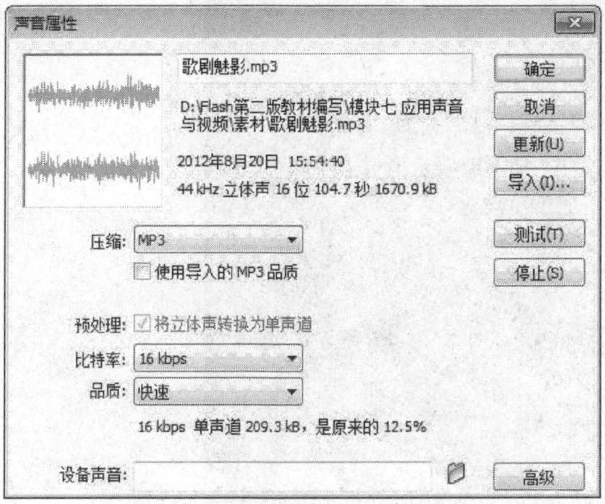

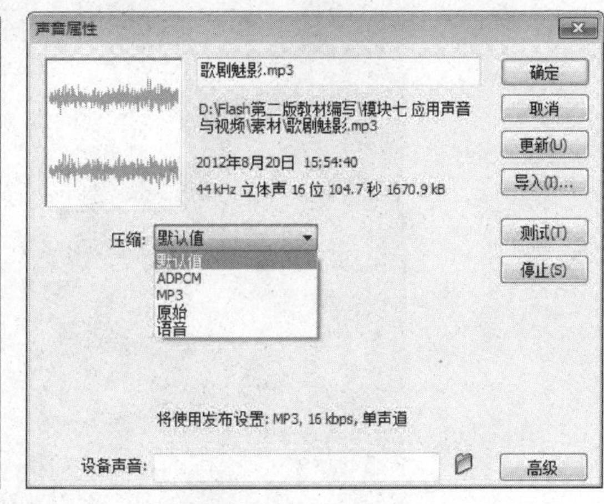


图 7-28 “声音属性”对话框

图 7-29 压缩方式选项

- ADPCM：用于 8 位或 16 位声音数据的压缩。导出较短的事件声音（如单击按钮）时适合使用此设置。
- MP3：以 MP3 压缩格式导出声音，适合导出较长的音频流。
- 原始：导出声音时不进行声音压缩。选中“预处理”右侧的“将立体声转换成单声道”复选框（单声道不受此选项的影响），会将混合立体声转换成非立体声（单声道）。
- 语音：采用适合语音的压缩方式导出声音。



## 7.2 应用视频

Flash 视频具备创造性的技术优势，允许把视频、数据、图形、声音和交互式控制融为一体，从而给人丰富的体验。

可以导入到 Flash 中的视频，必须是使用以 FLV | F4V 或 H.264 格式编码的视频。视频导入向导会检查要导入的视频文件，如果视频不是 Flash 可以播放的格式，则会提醒用户。可以使用 Adobe Media Encoder 转换视频格式。

### 1. 使用 Adobe Media Encoder

Adobe Media Encoder CS5 是与 Flash CS5 默认一起安装的，使用它可以把视频文件转换为 FLV 或 F4V 格式。

（1）转换视频文件

① 启动 Adobe Media Encoder CS5。开始屏幕窗口中会列出添加到 Adobe Media Encoder 中要进行处理的所有当前视频文件（见图 7-11）。

② 执行“文件”→“添加”菜单命令或者单击右边的“添加”按钮。

③ 在打开的对话框中选择要转换的视频文件，然后单击“打开”按钮。选中的文件被添加到列表中，如果在 2 分钟内没有进行任何操作，将自动开始编码。

④ 在“格式”下拉列表中选择“FLV | F4V”选项，如图 7-30 所示。

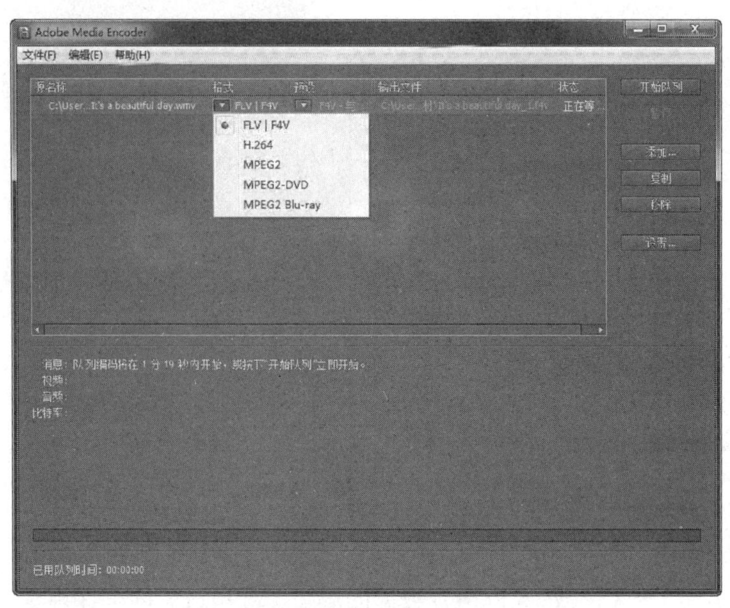


图 7-30　设置格式



⑤ 在“预设”下拉列表中选择合适的视频格式，如图 7-31 所示。

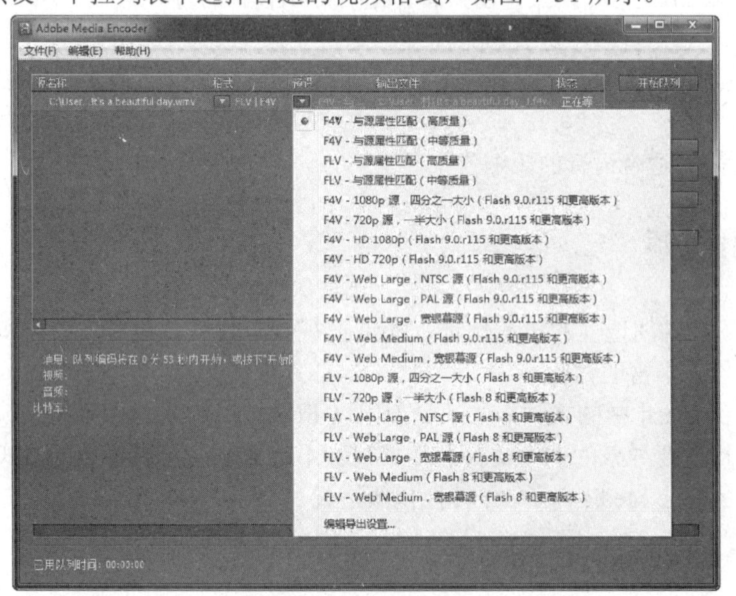


图 7-31　选择预设格式

⑥ 单击“输出文件”下方的文件路径，将弹出“另存为”对话框，设置文件的保存路径和文件名，然后单击“保存”按钮。

⑦ 单击“开始队列”按钮，Adobe Media Encoder 开始编码，同时会显示进度和视频预览。

（2）裁剪输出视频

单击开始屏幕窗口的“设置”按钮，打开“导出设置”对话框（见图 7-12）。单击左上角的“裁剪输出视频”按钮，在视频预览窗口中会出现裁剪方框，可以对视频进行裁剪。向里拖动各条边可以调整裁剪尺寸，方框外面灰色的部分将被丢弃，如图 7-32 所示。如果想使裁剪方框保持标准的比例，可以单击“裁剪比例”菜单，选择想要的比例，如图 7-33 所示。

图 7-32　裁切视频

图 7-33　设置裁切比例

单击“输出”选项卡，可以查看裁剪的效果，如图 7-34 所示。通过“更改输出尺寸”下拉菜单，可以设置最终输出文件中的裁剪效果，如图 7-35 所示。

图 7-34　查看裁剪效果

图 7-35　设置裁剪的最终输出效果

（3）调整视频长度

可以通过剪除不需要的视频片断来调整视频的长度。操作方法如下。

将播放头置于要保留部分的开始处，然后单击“设置入点”按钮，如图 7-36 所示。将播放头置于要结束的位置，然后单击“设置出点”按钮，如图 7-37 所示。也可以只拖动“入点”和“出点”按钮来括住想要的视频片断。

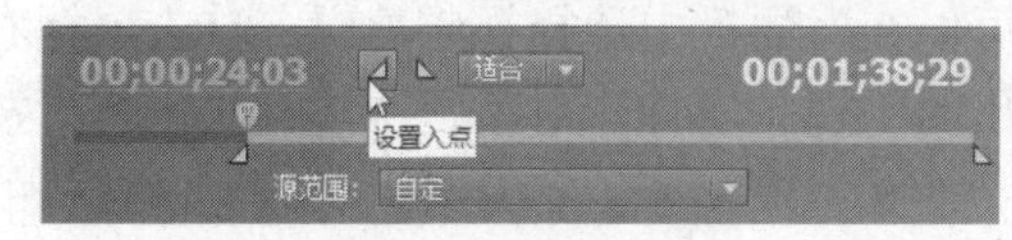


图 7-36　设置入点

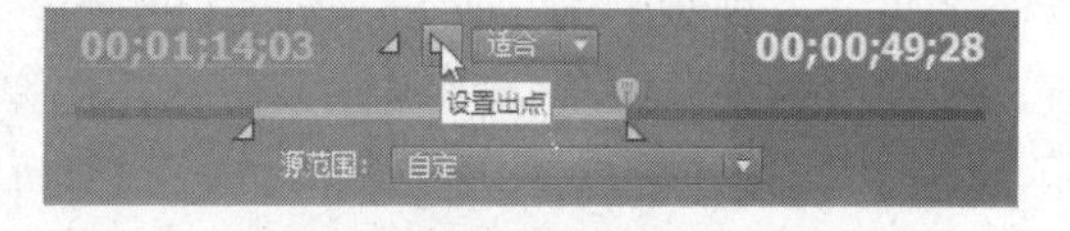


图 7-37　设置出点

“入点”和“出点”之间的高亮部分会被保留并编码，其余部分被剪除。

### 2. 导入视频的方式

Flash 提供了功能完善的视频导入向导，简化了将视频导入的操作。视频导入向导为所选的导入和回放方法提供了基本的配置，之后用户还可以进行修改以满足特定的需求。

“导入视频”对话框提供了三个视频导入选项（见图 7-9）。

- 使用回放组件加载外部视频：导入视频并创建 FLVPlayback 组件的实例以控制视频回放。可以将外部 FLV | F4V 文件加载到 SWF 文件中，并在运行时回放。视频内容独立于其他 Flash 内容和视频回放控件，因此更新视频内容相对容易，可以不必重新发布 SWF 文件。在播放时，可以边下载边播放，适合导入较长的视频文件。（用法可参考案例 19 的步骤 9～13）。

- 在 SWF 中嵌入 FLV 并在时间轴中播放：将 FLV 嵌入 Flash 文档中。这样导入视频时，嵌入的视频文件放置于时间轴中，成为 Flash 文档的一部分。由于每个视频帧都由时间轴中的一个帧表示，因此视频剪辑和 SWF 文件的帧速率必须相同，否则视频回放将不一致。若要播放嵌入在 SWF 文件中的视频，必须先下载整个视频文件，然后开始播放该视频。因此，嵌入视频适合较短的视频文件。对于回放时间少于 10 秒的视频剪辑，嵌入的效果最好。
- 作为捆绑在 SWF 中的移动设备视频导入：与在 Flash 文档中嵌入视频类似，将视频绑定到 Flash Lite 文档中以部署到移动设备。

### 3. 在 Flash 文件内嵌入视频

① 执行“文件”→“导入”→“导入视频”菜单命令，打开“导入视频”对话框（见图 7-9）。

② 通过“浏览”按钮，选择本地计算机上要导入的视频剪辑。如果视频不是 Flash 可以播放的格式，则会提醒用户，可以先使用 Adobe Media Encoder 转换视频格式。

③ 选择“在 SWF 中嵌入 FLV 并在时间轴中播放”复选框，单击“下一步”按钮。



④ 选择用于将视频嵌入到 SWF 文件的“符号类型”，如图 7-38 所示。

- 嵌入的视频：如果要使用在时间轴上线性播放的视频剪辑，最合适的方法就是选择此项，将该视频导入时间轴。
- 影片剪辑：将视频置于影片剪辑元件中是良好的创作习惯，这样可以获得对内容的最大控制。视频的时间轴独立于主时间轴进行播放，不必为容纳该视频而将主时间轴扩展很多帧。
- 图形：将视频剪辑嵌入图形元件中，将无法使用 ActionScript 与该视频进行交互。

默认情况下，Flash 将导入的视频放在舞台上。若仅要导入库中，可取消选中“将实例放置在舞台上”复选框。

⑤ 单击“下一步”按钮，然后单击“完成”按钮。

如果嵌入视频的源文件后来被重新编辑，可以在库面板中选择视频剪辑，单击鼠标右键，在弹出的菜单中选择“属性”命令，在弹出的“视频属性”对话框中单击“更新”按钮，即会用编辑过的文件更新嵌入的视频剪辑，如图 7-39 所示。初次导入该视频时选择的压缩设置，会重新应用到更新的剪辑。

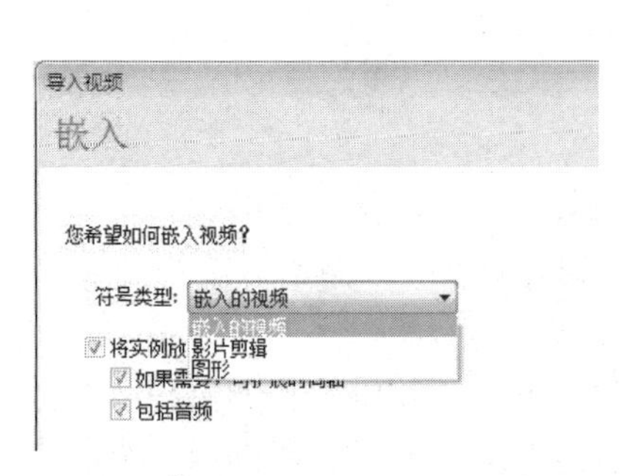


图 7-38 选择符号类型

图 7-39 更新嵌入的视频

## 案例20 星际迷航——脚本交互

### 案例描述

制作如图7-40所示的飞船在太空航行的“星际迷航”动画，使用脚本制作文字的淡入效果，用鼠标单击文字可以隐藏文字，按键盘方向键可以控制飞船航向，单击相关按钮可以开启飞船的闪光效果。

图7-40 “星际迷航”动画效果



### 案例分析

- 使用补间动画制作移动的星空，作为动画的背景。
- 使用“代码片断”控制文字的出现、隐藏，以及飞船的航向。
- 通过编辑“代码片断”，实现用按钮控制影片剪辑实例播放的交互功能。

### 操作步骤

1. 新建Flash文档，按Ctrl+S组合键保存文件，命名为“星际迷航.fla”。设置舞台背景颜色为#012022。

2. 新建影片剪辑元件，命名为“背景”。执行“文件”→“导入”→“导入到舞台”菜单命令，导入图片“背景.jpg”。将舞台上的图片转换为图形元件，设置其大小属性为“宽：550；高：400”。打开对齐面板，选中“与舞台对齐”复选框，然后分别单击“水平中齐”按钮与“垂直中齐”按钮。在第480帧位置插入帧，将播放头移至第480帧，在舞台图片上单击鼠标右键，在弹出的菜单中选择“创建补间动画”命令，设置图片大小为“宽：1 600；高：1 200”。打开对齐面板，将它与舞台中心对齐。

3. 新建影片剪辑元件，命名为“飞行器”。执行“文件”→“导入”→“导入到舞台”菜单命令，导入图片“飞行器.png”。用导入的图片创建补间动画，在第1帧为图片添加“发光”滤镜，设置“模糊”和“强度”属性均为0，“颜色”为#FFFFFF。设置第25帧的“发光”滤镜属性为“模糊X：54；模糊Y：54；强度：230；颜色：#FFFFFF”。效果如图7-41所示。

4. 将播放头放在第1帧位置，单击“代码片断”按钮，打开代码片断面板，展开“时间轴导航”分类，如图7-42所示。双击“在此帧处停止”选项，打开如图7-43所示的“动作-帧”面板。在该面板中，新添加的脚本会高亮显示。这时时间轴自动创建了一个新图层Actions，包含脚本的帧上出现一个字母a，如图7-44所示。

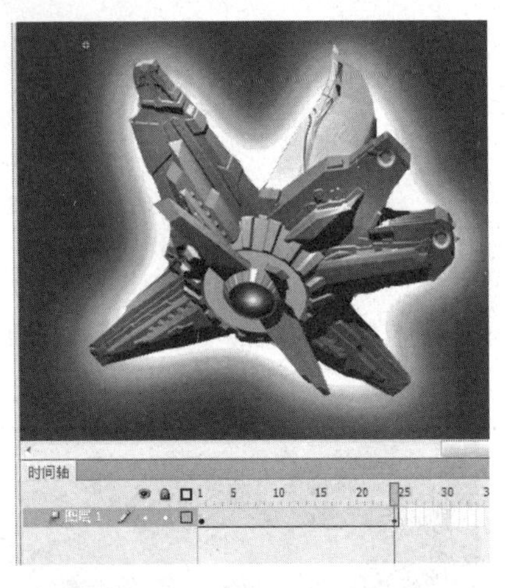

图 7-41 “发光”补间效果

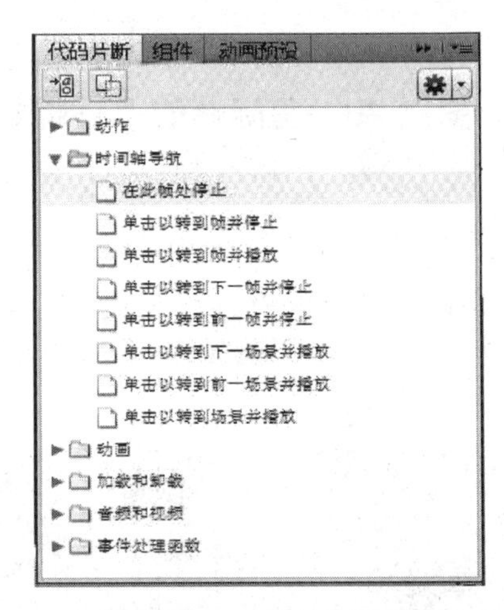


图 7-42 代码片断面板

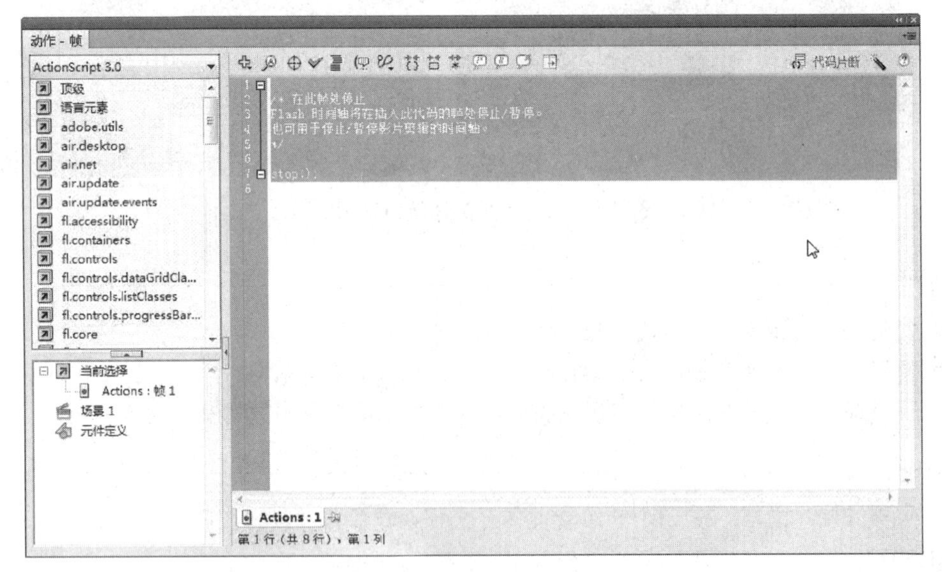



图 7-43 “动作-帧”面板

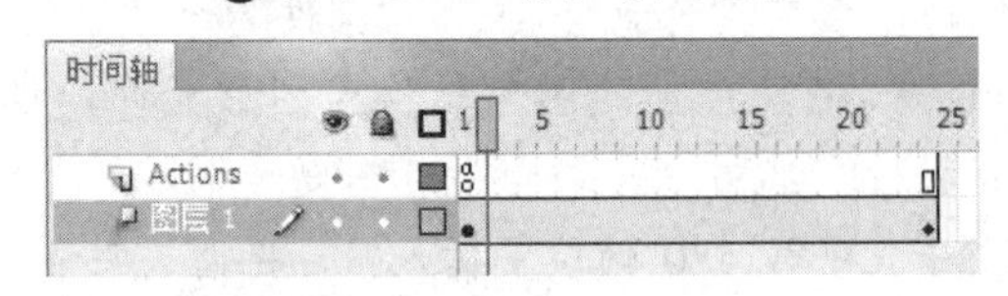


图 7-44 添加了脚本的时间轴

5. 单击“场景 1”，返回主时间轴，重命名“图层 1”为“背景”，将库中的“背景”影片剪辑拖放到舞台。新建图层，命名为“飞行器”，将库中的“飞行器”影片剪辑拖放到舞台，用“任意变形工具”适当缩小“飞行器”。新建 TLF 文本，输入如图 7-45 所示的说明文字，设置文本属性为“系列：宋体；大小：21 点；颜色：#FFFFFF”。舞台布局效果如图 7-46 所示。

6. 单击“操作说明”文本，打开“属性”对话框，在“实例名称”文本框中输入 tip，如图 7-47 所示。用相同的方法命名“飞行器”的实例名称为 f01。选择“操作说明”文本，打开代码片断面板，双击“动画”分类中的“淡入影片剪辑”选项；再次选择“操作说明”文本，然后双击“动作”分类中的“单击以隐藏对象”选项。选择“飞行器”实例，打开代码片断面板，双击“动画”分类中的“用键盘箭头移动”选项。

7. 新建图层，命名为“按钮”，从公用库中拖放一个按钮到舞台。双击按钮进入按钮编辑界面，新建图层，在“指针经过”帧插入关键帧，使用“文本工具”创建按钮文本“开启飞行器闪光”。按钮编辑效果如图 7-48 所示。

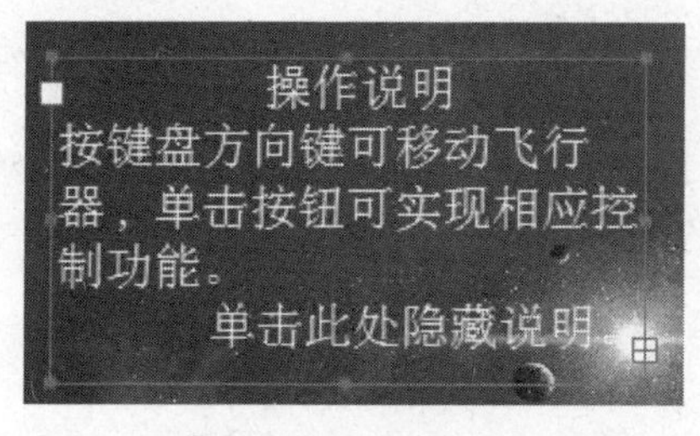


图 7-45　说明文字

图 7-46　舞台布局效果



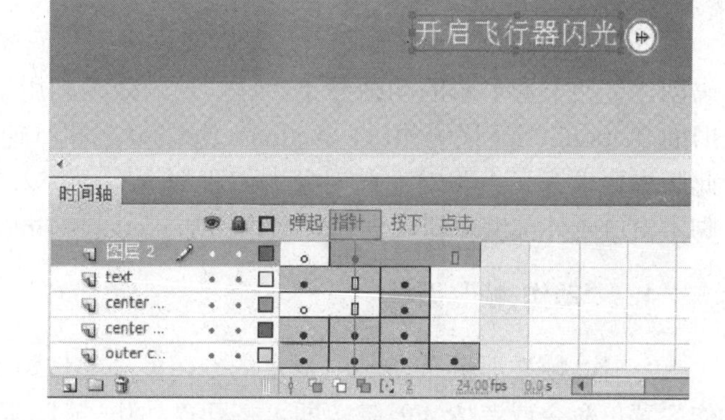


属性
tip
TLF 文本
可选

图 7-47　为实例命名

图 7-48　按钮编辑效果

8. 返回“场景 1”，选择按钮，设置实例名为“b01”，打开代码片断面板，双击“事件处理函数”分类中的“Mouse Click 事件”选项。选择“飞行器”实例，打开代码片断面板，然后双击“动作”分类中的“播放影片剪辑”选项。按 F9 键打开“动作-帧”面板，在如图 7-49 所示的“播放影片剪辑”代码段中剪切“f01.play();”后粘贴到如图 7-50 所示的“Mouse Click 事件”代码段，覆盖掉“trace("已单击鼠标");”。编辑后的代码段如图 7-51 所示。

```
/* 播放影片剪辑
在舞台上播放指定的影片剪辑。

说明:
1. 将此代码用于当前停止的影片剪辑。
*/

f01.play();
```

图 7-49　“播放影片剪辑”代码段

```
/* Mouse Click 事件
单击此指定的元件实例会执行您可在其中添加自己的自定义代码的函数。

说明:
1. 在以下"// 开始您的自定义代码"行后的新行上添加您的自定义代码。
单击此元件实例时，此代码将执行。
*/

b01.addEventListener(MouseEvent.CLICK, fl_MouseClickHandler_2);

function fl_MouseClickHandler_2(event:MouseEvent):void
{
	// 开始您的自定义代码
	// 此示例代码在"输出"面板中显示"已单击鼠标"。
	trace("已单击鼠标");
	// 结束您的自定义代码
}
```

图 7-50　“Mouse Click 事件”代码段

```
/* Mouse Click 事件
单击此指定的元件实例会执行您可在其中添加自己的自定义代码的函数。

说明:
1. 在以下"// 开始您的自定义代码"行后的新行上添加您的自定义代码。
单击此元件实例时，此代码将执行。
*/

b01.addEventListener(MouseEvent.CLICK, fl_MouseClickHandler_2);

function fl_MouseClickHandler_2(event:MouseEvent):void
{
    // 开始您的自定义代码
    // 此示例代码在"输出"面板中显示"已单击鼠标"。
    f01.play();
    // 结束您的自定义代码
}

/* 播放影片剪辑
在舞台上播放指定的影片剪辑。

说明:
1. 将此代码用于当前停止的影片剪辑。
*/
```

图 7-51　编辑后的代码段

9. 按 Ctrl+S 组合键保存文件，按 Ctrl+Enter 组合键测试影片。播放效果如图 7-40 所示。

## 7.3 ActionScript 3.0



Flash 动画的一个重要特点是可以通过编写代码实现交互功能，并且可以使用程序代码创建更加丰富多彩的动画效果，这些动画效果利用逐帧动画或补间动画则很难实现。与旧的 ActionScript 代码相比，ActionScript 3.0 的执行速度可以快 10 倍。与其他版本相比，此版本要求开发人员对面向对象的编程概念有更深入的了解。可以使用“动作-帧”面板脚本窗口或外部编辑器在创作环境内添加 ActionScript。

### 1. “动作-帧”面板

“动作-帧”面板是 Flash 提供的专门处理动作脚本的编辑环境。执行“窗口”→“动作”菜单命令或者按 F9 键，即可打开“动作-帧”面板。通过“动作-帧”面板可以快速访问 ActionScript 的核心元素，面板还提供了不同的工具，用于帮助用户编写、调试、格式化、编辑和查找代码，如图 7-52 所示。

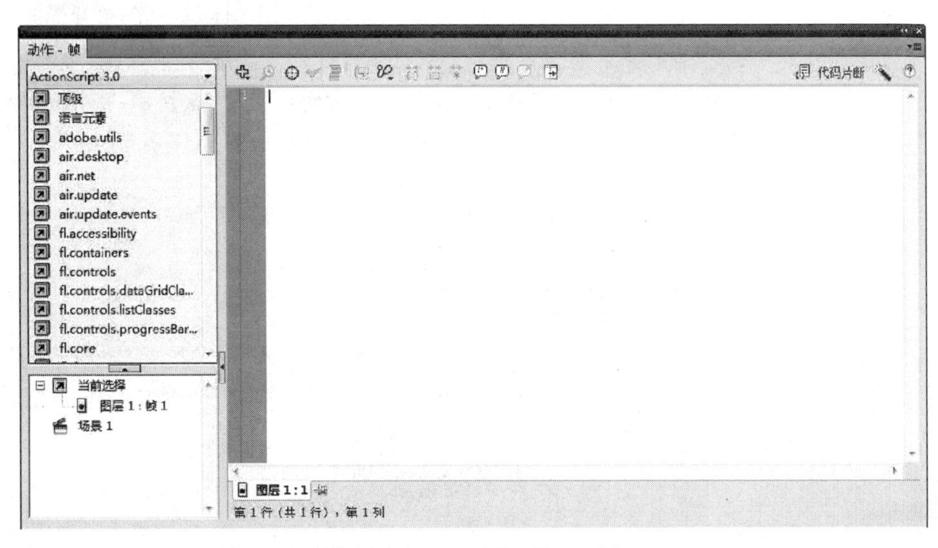


图 7-52　“动作-帧”面板

面板分为多个窗格。左上方是“动作工具箱”，其中列出了多个类别，它组织了所有的 ActionScript 代码；“动作工具箱”的顶部是一个下拉菜单，可以用来切换 ActionScript 的不同版本；“动作工具箱”的其余部分是黄色的“索引”类别，它按字母顺序列出了所有的语言元素。

面板的右上方是“脚本”窗格，可以在其中输入和编辑 ActionScript 代码；“脚本”窗格上方是常用工具栏，包含若干功能按钮，利用它们可以快速对动作脚本实施一些操作。

面板的左下方是“脚本导航器”，可帮助用户查找特定的代码段。ActionScript 代码存放在时间轴的关键帧上，如果有许多代码分散在不同的时间轴和不同的关键帧中，使用“脚本导航器”查找就特别方便。

要添加脚本，既可以直接输入代码，也可以借助面板提供的工具。单击“动作工具箱”中的一个类别，在展开的列表中双击要添加的动作，就可以把动作添加到脚本窗格。如图 7-53 所示，通过双击 function，脚本窗格自动添加了“function () {}”代码段。

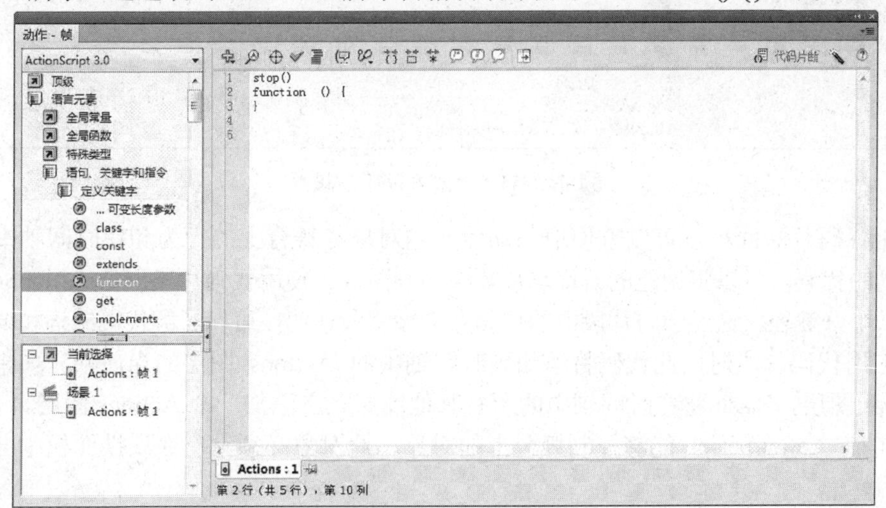


图 7-53　添加脚本

## 2. 使用“脚本助手”

使用“脚本助手”模式，可以在不亲自编写代码的情况下将动作脚本添加到 FLA 文件。单击“动作”面板右上角的“通过从‘动作’工具箱选择项目来编写脚本”按钮，可切换到“脚本助手”模式。单击某个“动作工具箱”项目，面板右上方会显示该项目的描述。双击某个项目，该项目就会被添加到动作面板的“脚本”窗格中，如图 7-54 所示。

在“脚本助手”模式下，可以添加、删除或更改“脚本”窗格中语句的顺序；在“脚本”窗格上方的框中输入动作的参数，可以查找和替换文本，以及查看脚本行号；还可以固定脚本（即在单击对象或帧以外的地方时保持“脚本”窗格中的脚本）。

脚本助手可避免新手用户出现语法和逻辑错误，但要使用脚本助手，必须熟悉 ActionScript，知道创建脚本时要使用什么方法、函数和变量。

## 3. 使用“代码片断”

对于 ActionScript 的初学者来说，编写代码并不是一件很简单的事情。Flash CS5 提供了一个代码片断面板，可以帮助不熟悉脚本语言的设计者实现某些脚本功能。借助该面板，可以将 ActionScript 3.0 代码添加到 FLA 文件以启用常用功能。单击“代码片断”按钮，可以打开代码片断面板（见图 7-42）。

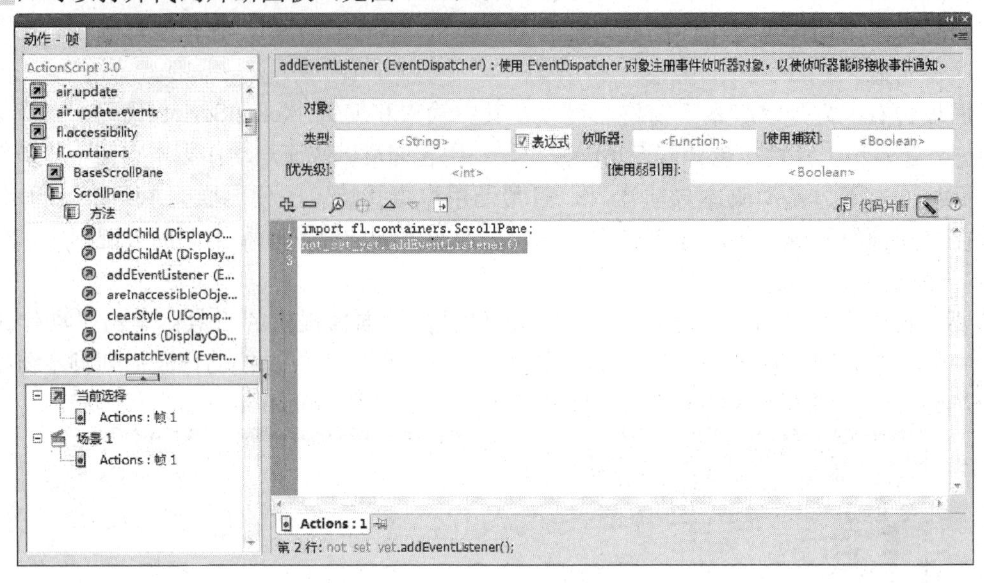



图 7-54 “脚本助手”模式

利用代码片断面板，可以方便地添加能影响对象在舞台上的行为和在时间轴中控制播放头移动的代码，可以将创建的新代码片断添加到面板。使用代码片段也是 ActionScript 3.0 入门的一个好途径，通过学习片段中的代码并遵循片段说明，可以了解代码结构和词汇。

当应用代码片段时，此代码将添加到时间轴中的 Actions 图层的当前帧。如果尚未创建 Actions 图层，Flash 将在时间轴中的所有其他图层之上添加一个 Actions 图层。

为了使 ActionScript 能够控制舞台上的对象，此对象必须具有在属性面板中分配的实例名称。

（1）将代码片段添加到对象或时间轴帧

要添加影响对象或播放头的动作，需执行以下操作。

① 选择舞台上的对象或时间轴中的帧。

如果选择的对象不是元件实例或 TLF 文本对象，则当应用该代码片段时，Flash 会将该对象转换为影片剪辑元件。

如果选择的对象还没有实例名称，在应用代码片断时会弹出如图 7-55 所示的对话框，单击“确定”按钮，Flash 会自动添加一个实例名称。

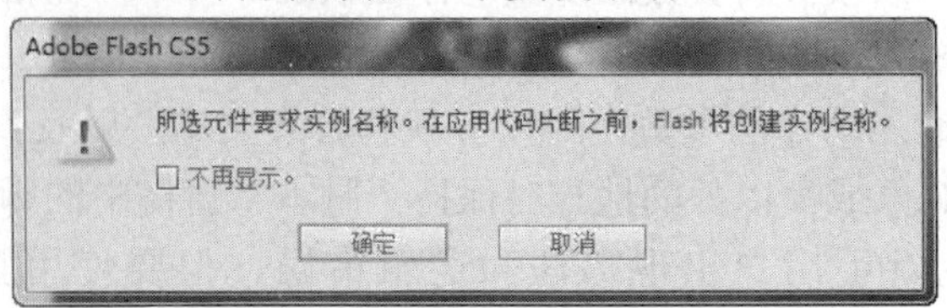


图 7-55 要求命名实例对话框

② 在代码片断面板中，双击要应用的代码片断。

如果选择了舞台上的对象，Flash 将代码片断添加到包含所选对象的帧中的“动作-帧”面板。如果选择了时间轴帧，Flash 只将代码片断添加到那个帧。

③ 在“动作-帧”面板中，查看新添加的代码并根据片断开头的说明替换任何必要的项。如图 7-56 所示，片断中的“/*——*/”之间的部分为说明。如图 7-57 所示为修改了参数值后的代码片断。

```
/*用键盘箭头移动
允许用键盘箭头移动指定的元件实例。

说明:
1. 要增加或减少移动量，用您希望每次按键时元件实例移动的像素数替换下面的数字 5。
注意，数字 5 在以下代码中出现了四次。
*/

stage.addEventListener(KeyboardEvent.KEY_DOWN, fl_PressKeyToMove);

function fl_PressKeyToMove(event:KeyboardEvent):void
{
    switch (event.keyCode)
    {
        case Keyboard.UP:
        {
            a01.y -= 5;
            break;
        }
        case Keyboard.DOWN:
        {
            a01.y += 5;
            break;
        }
        case Keyboard.LEFT:
        {
            a01.x -= 5;
            break;
        }
        case Keyboard.RIGHT:
        {
            a01.x += 5;
            break;
        }
    }
}
```

图 7-56　原代码片断

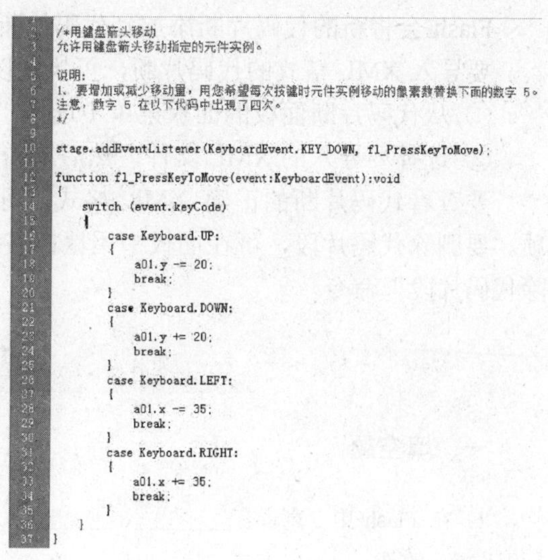

```
/*用键盘箭头移动
允许用键盘箭头移动指定的元件实例。

说明:
1. 要增加或减少移动量，用您希望每次按键时元件实例移动的像素数替换下面的数字 5。
注意，数字 5 在以下代码中出现了四次。
*/

stage.addEventListener(KeyboardEvent.KEY_DOWN, fl_PressKeyToMove);

function fl_PressKeyToMove(event:KeyboardEvent):void
{
    switch (event.keyCode)
    {
        case Keyboard.UP:
        {
            a01.y -= 20;
            break;
        }
        case Keyboard.DOWN:
        {
            a01.y += 20;
            break;
        }
        case Keyboard.LEFT:
        {
            a01.x -= 35;
            break;
        }
        case Keyboard.RIGHT:
        {
            a01.x += 35;
            break;
        }
    }
}
```

图 7-57　修改后的代码片断



（2）将新代码片断添加到代码片断面板

可以将自定义的代码片断或外部的代码片断添加到代码片断面板，以方便重复使用。可以用两种方法将新代码片断添加到代码片断面板。

- 在“创建新代码片断”对话框中输入片断。
- 导入代码片断 XML 文件。

要使用“创建新代码片断”对话框，可执行以下操作。

① 从代码片断面板的面板菜单中选择“创建新代码片断”选项，如图 7-58 所示。

② 在弹出的“创建新代码片段”对话框中，为新代码片断输入标题、工具提示文本和 ActionScript 3.0 代码，如图 7-59 所示。

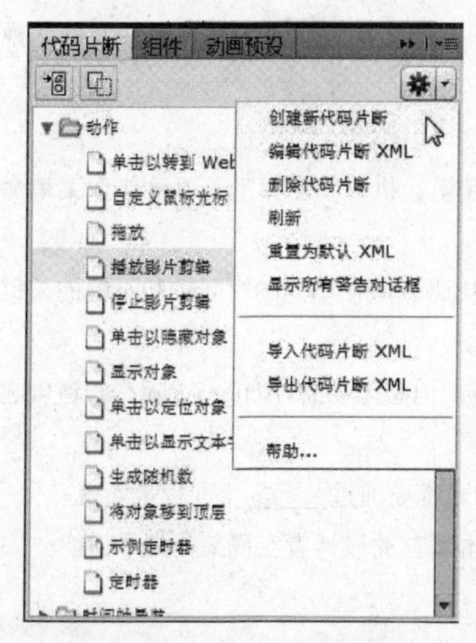


图 7-58　代码片断面板菜单

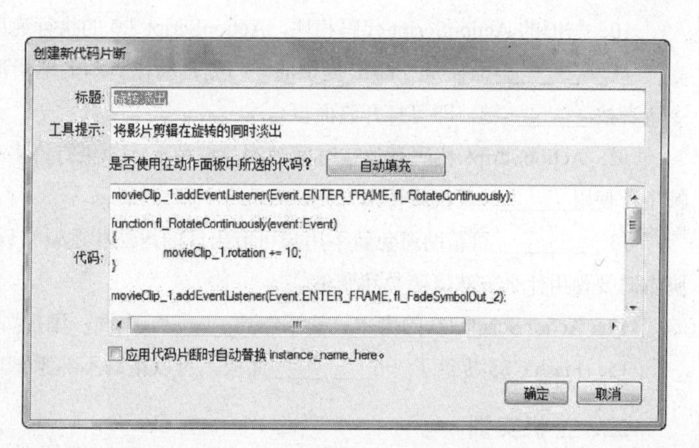


图 7-59　“创建新代码片断”对话框

可以单击“自动填充”按钮，添加当前在“动作-帧”面板中选择的任何代码。如果新定义的代码中包含字符串“instance_name_here”，并且希望在应用代码片段时 Flash 将其替换为正确的实例名称，可选中“应用代码片断时自动替换 instance_name_here”复选框。

Flash 会将新的代码片断添加到代码片断面板中名为“自定义”的文件夹中。

要导入 XML 格式的代码片断，可执行以下操作。

① 从代码片断面板的面板菜单中选择“导入代码片断 XML”选项。

② 选择要导入的 XML 文件，然后单击“打开”按钮。

要查看代码片断的正确 XML 格式，可从面板菜单中选择“编辑代码片断 XML”选项。要删除代码片段，可在面板中用鼠标右键单击该片段，然后从弹出的菜单中选择“删除代码片段”命令。

## 思考与实训

### 一、填空题

1. 在 Flash 中，声音有________、________、________和________四种同步方式，其中可以与时间轴同步播放的是________方式。



2. 添加到按钮的声音最好采用________同步方式。

3. 使用________可以自定义编辑声音的效果。

4. 通过调整声音文件的压缩方式，可以在尽可能减小文件大小的同时保证声音的质量不受影响，可以从________、________、________、________、________中选择一种压缩方式。

5. 若要将视频导入到 Flash 中，必须使用以________或________格式编码的视频。

6. 使用________方式导入视频，视频内容独立于其他 Flash 内容和视频回放控件，更新视频内容相对容易。

7. 使用________导入方式，适合较短的视频文件，对于回放时间少于 10 秒的视频剪辑，效果最好。

8. 良好的习惯是将视频置于________元件中，这样可以获得对内容的最大控制。

9. 如果嵌入视频的源文件后来被重新编辑，可以在库面板中选择视频剪辑，单击鼠标右键，在弹出的菜单中选择“属性”命令，在弹出的对话框中单击________按钮，即会用编辑过的文件更新嵌入的视频剪辑。

10. 与旧的 ActionScript 代码相比，ActionScript 3.0 的执行速度可以快________倍。

11. ________面板是 Flash 提供的专门处理动作脚本的编辑环境。执行“窗口”→“动作”菜单命令或者按________键，即可打开该面板。

12. ActionScript 代码存放在时间轴的关键帧上，如果有许多代码分散在不同的时间轴和不同的关键帧中，使用________查找就特别方便。

13. ________可帮助避免新手用户可能出现的语法和逻辑错误，但必须熟悉 ActionScript，知道创建脚本时要使用什么方法、函数和变量。

14. ActionScript 3.0 的脚本只能添加到________上面，添加脚本都要通过________面板来实现。

15. Flash CS5 提供了一个________面板，可以帮助不熟悉脚本语言的设计者实现某些脚本功能。

### 二、上机实训

1. 使用“公用库”中的声音文件，尝试为按钮的不同状态添加声音效果。

2．收集同学的照片，制作一个班级电子相册，为照片配上文字说明与背景音乐。

3．分别用“嵌入视频”和“加载外部视频”的方式导入视频，制作动画短片（可以结合其他动画制作技巧，使自己的作品与众不同）。

4．从网上下载不同格式的视频文件，使用 Adobe Media Encoder 把它们转换为 FLV 或 F4V 格式，并且尝试“裁剪输出视频”和设置“源范围”。

5．通过在“动作-帧”面板中直接输入脚本，控制动画跳转、停止。

6．使用“代码片断”，控制舞台实例的显示、隐藏、旋转、移动等属性。

7．使用“代码片断”，通过按钮控制动画的播放流程及舞台实例的属性。

# 模块8

# 综合能力进阶

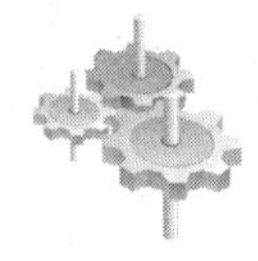

## 案例21 七夕之约——制作电子贺卡

### 案例描述

制作如图 8-1 所示的“七夕之约”动画短片。背景音乐伴随着月亮冉冉升起，然后垂下“音乐桥”，两个角色经过音乐桥在月亮相会。月亮慢慢变成心形，“玫瑰心”淡出，love 动画出现。

图 8-1 “七夕之约”动画效果

### 案例分析

- 创建“月亮”影片剪辑，绘制月亮，然后制作月亮变成心形的补间动画。
- 创建“音乐桥”影片剪辑，用“Deco 工具”绘制，然后制作遮罩效果。
- 用“Deco 工具”绘制“玫瑰心”，用遮罩动画制作 love 的动态效果。
- 通过为按钮添加脚本，控制音乐与动画的播放。

### 操作步骤

1. 新建 Flash 文档，按 Ctrl+S 组合键保存文件，命名为“七夕之约.fla”。

2. 将“图层 1”重命名为“背景”，绘制一个与舞台相同大小的矩形作为背景。打开颜色面板，为矩形填充“径向渐变”，设置左右两个色标的值分别为#CCFF66、#FF33CC，如图 8-2 所示。使用“渐变变形”工具，将填充的中心稍向上拖动。效果如图 8-3 所示。

3. 在“背景”层之上新建图层，命名为“高楼”。选择“Deco 工具”中的“建筑物刷子”，设置“高级选项”为“随机选择建筑物”，大小为 1。在舞台的下端多次绘制，此时的舞台效果如图 8-4 所示。

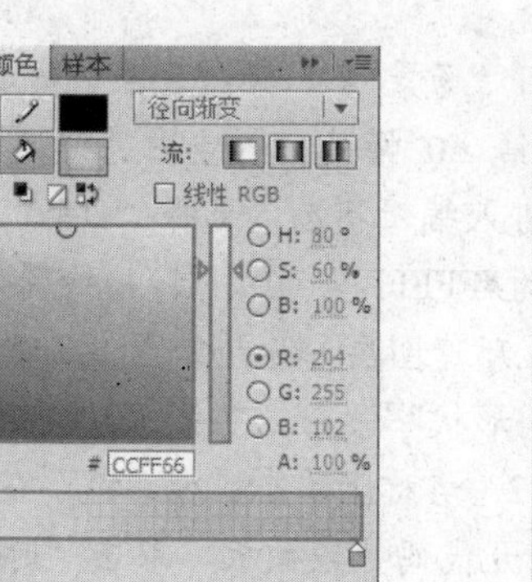


图 8-2　渐变填充设置

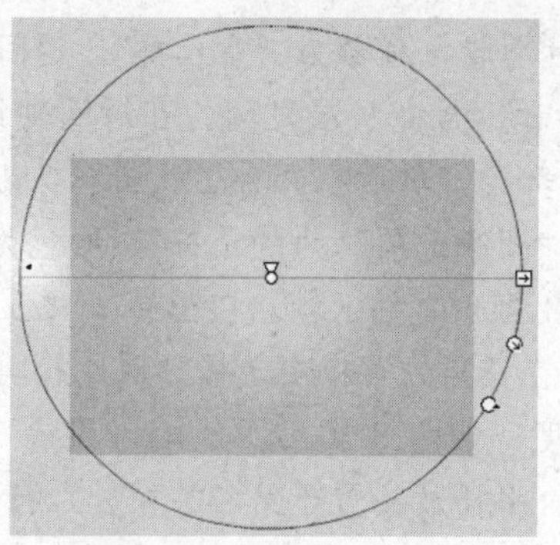

图 8-3　调整填充中心

4. 新建影片剪辑元件，命名为“月亮”。在舞台上绘制一个正圆形，填充颜色#CCFF66。在时间轴的第 120 帧位置插入关键帧，在圆形上单击鼠标右键，在弹出的菜单中选择“创建补间形状”命令。然后在第 165 帧位置插入关键帧。把播放头放在第 165 帧处，将圆形调整为如图 8-5 所示的心形。打开代码片段面板，双击“时间轴导航”分类的“在此帧处停止”。

图 8-4　绘制高楼的舞台效果

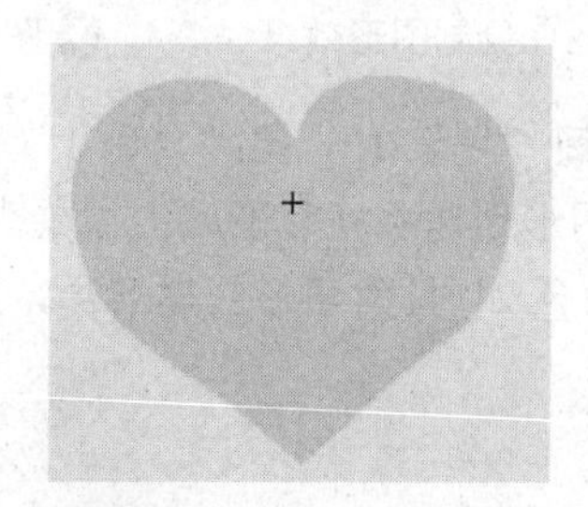

图 8-5　调整后的心形



5. 新建图层，命名为“月亮”，放置在“背景”层和“高楼”层之间。选择“月亮”层，将库中的“月亮”影片剪辑拖放到舞台，为实例添加“发光”滤镜，设置属性为“模糊 X: 50; 模糊 Y:50; 强度：180; 品质：高；颜色：#FFFFFF”。在第 60 帧位置插入帧，为“月亮”实例创建由下向上运动的补间动画，效果如图 8-6 所示。分别在“月亮”、“背景”和“高楼”层的第 260 帧位置插入帧。

6. 在“高楼”层之上创建两个图层，分别命名为“角色 1”和“角色 2”。选择“角色 1”图层的第 1 帧，将素材“p01.png”导入到舞台，调整大小后放置在右侧的楼顶。同样将“p02.png”拖入到“角色 2”层的舞台，执行“修改”→“变形”→“水平翻转”菜单命令，调整大小后放置在左侧的楼顶。舞台效果如图 8-7 所示。

图 8-6　添加“月亮”补间动画

图 8-7　添加角色

7. 新建影片剪辑，命名为“音乐桥”。返回“场景 1”，新建图层，命名为“音乐桥”，放置在“背景”层和“月亮”层之间。在时间轴第 60 帧处插入空白关键帧，将库中的“音乐桥”元件拖放到舞台，然后在舞台上双击它，进入编辑状态。选择“Deco 工具”中的“装饰性刷子”，设置“高级选项”为“乐符”，颜色为#FFFFFF。在图层 1 绘制如图 8-8 所示的图形，然后在第 30 帧位置插入帧。在图层 1 之上新建图层，绘制如图 8-9 所示的矩形。用鼠标右键单击矩形，在弹出的菜单中选择“创建补间形状”命令，在第 30 帧处插入关键帧，调整第 30 帧处的宽度，如图 8-10 所示。在“图层 2”名称上单击鼠标右键，在弹出的菜单中选择“遮罩层”命令。将播放头置于第 30 帧处，打开代码片段面板，双击“时间轴导航”分类的“在此帧处停止”。

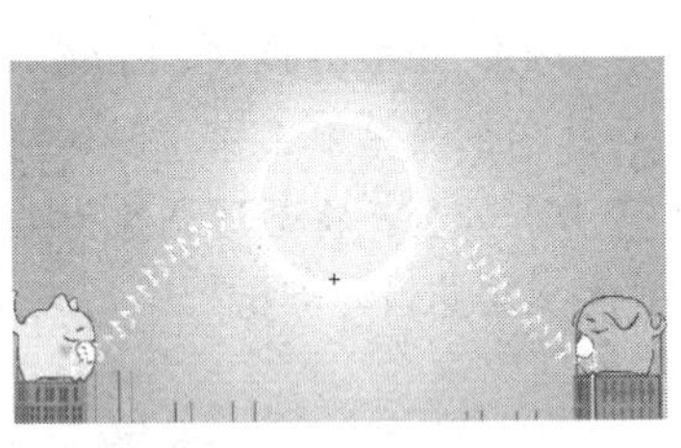

图 8-8 绘制图形效果

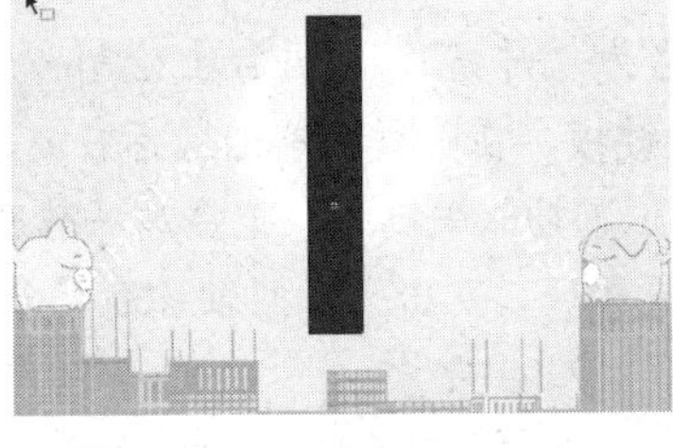

图 8-9 第 1 帧处的矩形

图 8-10 第 30 帧处的矩形



8. 返回“场景 1”，把“角色 1”层的第 90 帧转换为关键帧，删除第 120 帧之后的帧。为“角色 1”图形创建补间动画，把播放头放置在第 120 帧位置，拖动图形到月亮位置。用同样的方法为“角色 2”层的图形创建动画。完成后，第 120 帧处的舞台显示效果如图 8-11 所示。

图 8-11 第 120 帧处的“角色”动画效果

9. 同时选中第 120 帧处的两个角色图形，执行“编辑”→“复制”菜单命令。然后创建影片剪辑，命名为“相会”。执行“编辑”→“粘贴到中心位置”菜单命令，然后为图形创建补间动画，使用“任意变形工具”旋转图形，在第 10、20 帧处的效果分别如图 8-12 和图 8-13 所示。在第 30 帧处，再将图片旋转成水平方向。

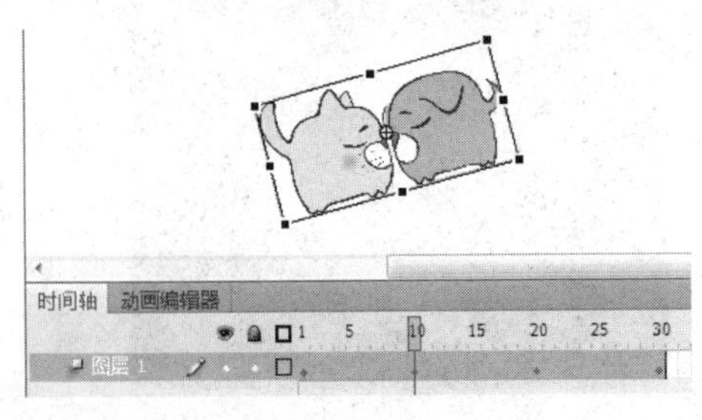


图 8-12 第 10 帧处的旋转效果

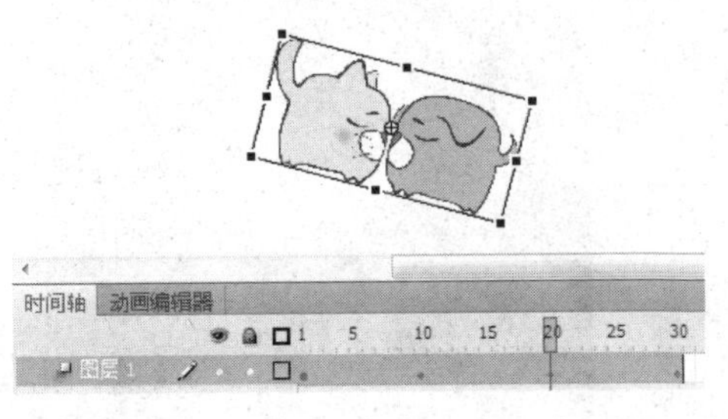


图 8-13 第 20 帧处的旋转效果

10. 在“角色 1”层之上新建图层，命名为“相会”，在时间轴第 121 帧位置插入空白关键帧，把库中的“相会”影片剪辑拖放到舞台中的相应位置（见图 8-11）。

11. 在“相会”层之上新建图层，命名为“文本”。使用“文本工具”，输入“七夕之约”，放置在舞台左上角，设置属性为“系列：华文行楷；大小：28 点；颜色：#FFFF33”。为文本添加“发光”滤镜，设置属性为“模糊 X：5；模糊 Y：5；强度：100；品质：高；颜色：#FF0000”。为文本添加“投影”滤镜，设置属性为“模糊 X：5；模糊 Y:5；强度：100；品质：低；角度：45°；距离：5；颜色：#FFFFFF”。效果如图 8-14 所示。

图 8-14　文本效果

12. 新建影片剪辑，命名为“玫瑰心”，选择“Deco 工具”的“花刷子”，将“高级选项”设置为“玫瑰”，“花大小”设置为 60，“树叶大小”设置为 50，其他选项为默认值。绘制如图 8-15 所示的心形图案。返回“场景 1”，在“文本”层之上新建图层，命名为“玫瑰心”。将第 121 帧转换为空白关键帧，把库中的“玫瑰心”元件拖放到舞台的月亮位置。为“玫瑰心”的实例添加“发光”滤镜，设置属性为“模糊 X：47；模糊 Y:47；强度：225；品质：高；颜色：#FFFFFF”。为“玫瑰心”的实例创建补间动画，设置第 121 帧的“色彩效果”属性为“样式：Alpha；值：0”，设置第 150 帧的“色彩效果”属性为“样式：Alpha；值：60”。舞台效果如图 8-16 所示。

图 8-15　绘制的“玫瑰心”

图 8-16　添加“玫瑰心”的舞台效果

13. 新建影片剪辑，命名为 love。选择“文本工具”，在属性面板中选择“传统文本”，在舞台上输入 love，设置属性为“系列：Cooper Black；大小：80 点”。新建图层，放置在 love 所在的图层之下，执行“文件”→“导入”→“导入到舞台”菜单命令把图片“b02.jpg”导入到舞台，重叠在文本 love 的正下方。在文本层时间轴的第 80 帧位置插入帧。为图片层创建补间动画，图片在第 1 帧和第 80 帧的位置分别如图 8-17 和图 8-18 所示。把文本层转换为“遮罩层”。

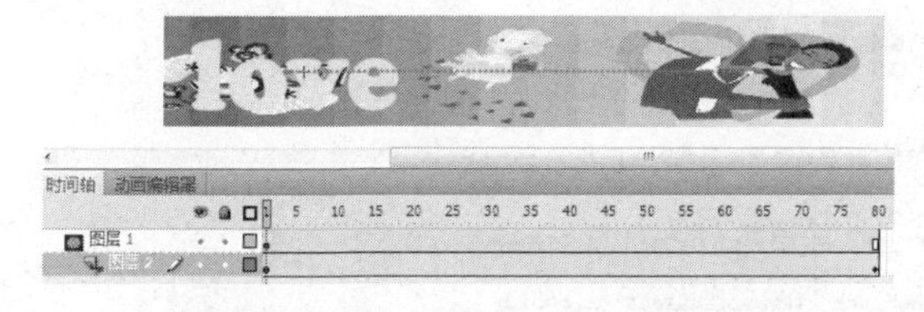


图 8-17　第 1 帧处的图片位置

图 8-18　第 80 帧处的图片位置

14. 返回“场景 1”，在“玫瑰心”图层之上新建图层，命名为 love。把时间轴第 151 帧转换为空白关键帧，将库中的 love 元件拖放到舞台。效果如图 8-19 所示。

15. 在“love”层之上新建图层，命名为“音乐”。执行“文件”→“导入”→“导入到库”菜单命令，导入素材库中的“bj.mp3”。选择“音乐”层时间轴的第1帧，打开属性面板，设置声音属性为“名称：bj.mp3；同步：事件、循环”。

16. 创建按钮元件，命名为“重播”。在“弹起”帧的舞台创建文本“重播”，设置属性为“系列：幼圆；大小：21 点；颜色：#FF0000”。在“指针经过”帧插入关键帧，修改文本的“大小”属性为30点，其他属性不变。

17. 在“音乐”层之上新建图层，命名为“按钮”。将“按钮”层的第 260 帧转换为空白关键帧。选择第 260 帧，打开代码片段面板，双击“时间轴导航”分类的“在此帧处停止”。把库中的“按钮”元件拖放到舞台的左下角，如图 8-20 所示。

图 8-19 添加 love 的舞台效果

图 8-20 添加按钮的舞台效果



18. 选择舞台上的按钮，设置实例名称为“b01”。选择舞台上的按钮，打开代码片段面板，双击“音频和视频”分类的“单击以停止所有声音”。再次选择按钮，打开代码片段面板，双击“时间轴导航”分类的“单击以转到帧并播放”。将“动作-帧”面板中的“gotoAndPlay(5)”改成“gotoAndPlay(1)”，如图 8-21 所示。

```
21  /*单击以转到帧并播放
22  单击指定的元件实例会将播放头移动到时间轴中的指定帧并继续从该帧回放。
23  可在主时间轴或影片剪辑时间轴上使用。
24
25  说明:
26  1. 单击元件实例时，用希望播放头移动到的帧编号替换以下代码中的数字 5。
27  */
28
29  b01.addEventListener(MouseEvent.CLICK, fl_ClickToGoToAndPlayFromFrame);
30
31  function fl_ClickToGoToAndPlayFromFrame(event:MouseEvent):void
32  {
33      gotoAndPlay(1);
34  }
35
```

图 8-21 修改脚本效果

19. 选择舞台上的“月亮”实例，设置实例名为 moon。选择舞台上的按钮，打开代码片段面板，双击“时间轴导航”分类的“单击以转到帧并播放”。将“动作-帧”面板中的“gotoAndPlay(5)”改成“moon.gotoAndPlay(1)”，如图 8-22 所示。

```
36  /*单击以转到帧并播放
37  单击指定的元件实例会将播放头移动到时间轴中的指定帧并继续从该帧回放。
38  可在主时间轴或影片剪辑时间轴上使用。
39
40  说明:
41  1. 单击元件实例时，用希望播放头移动到的帧编号替换以下代码中的数字 5。
42  */
43
44  b01.addEventListener(MouseEvent.CLICK, fl_ClickToGoToAndPlayFromFrame_2);
45
46  function fl_ClickToGoToAndPlayFromFrame_2(event:MouseEvent):void
47  {
48      moon.gotoAndPlay(1);
49  }
50
```

图 8-22 修改脚本效果

20. 按 Ctrl+S 组合键保存文件，然后按 Ctrl+Enter 组合键测试影片。播放效果如图 8-1 所示。

## 案例 22 走遍世界——制作旅游网站导航页

### 案例描述

制作如图 8-23 所示的“走遍世界”网站导航动画。在动态背景的衬托下，主页显示分类按钮。将光标放在分类按钮上会出现文本提示；单击分类按钮可进入第 2 层的详细列表页；单击细分的图片按钮可以导航到相应的 Web 页；单击“主页”按钮可以返回主页。

图 8-23 “走遍世界”动画效果

### 案例分析

- 将动画影片剪辑作为背景，制作动态背景效果。
- 使用“直接复制元件”命令，然后使用“交换元件”或“交换位图”替换素材，批量制作风格统一的按钮元件。
- 使用“代码片断”为作品添加导航和交互功能。

### 操作步骤

1. 新建 Flash 文档，按 Ctrl+S 组合键保存文件，命名为“走遍世界.fla”。

2. 设置文档属性的大小为 720 × 400 像素，舞台背景颜色为#99CC33。执行“文件”→“导入”→“导入到库”菜单命令，导入素材文件夹中的所有图片。创建影片剪辑，命名为“背景”。把库中的“q02.jpg”拖放到舞台，设置其属性为“X：0；Y：-200”。用鼠标右键单击图片，在弹出的菜单中选择“创建补间动画”命令，在第 160 帧位置插入帧，把第 160 帧上的图片的 X 属性设置为-300，Y 值不变。在第 320 帧位置插入帧，把第 320 帧上的图片的 X 属性设置为 0，Y 值不变。在“图层 1”之上新建图层，在舞台上绘制一个矩形，填充任意颜色，设置矩形的属性为“X：0；Y：-200；宽：720；高：400”。把“图层 2”转换为“遮罩层”。

3. 返回“场景 1”，把“图层 1”重命名为“背景”，把库中的“背景”影片剪辑拖放到舞台作为背景。在“背景”层之上新建图层，命名为“底纹”。在舞台上绘制一个矩形，放在舞台上部。用线性渐变填充矩形，设置左端色标的颜色为#99CC00，Alpha 值为 100%；右端色标的颜色为#99CC00，Alpha 值为 14%。此时的舞台效果如图 8-24 所示。

图 8-24 添加了“底纹”的舞台效果

4. 新建影片剪辑元件，命名为 logo。把库中的“地球.png”拖放到舞台，然后使用“文本工具”输入文本，设置文本属性为“系列：方正舒体；大小：94 点；颜色：#FFFFFF”。效果如图 8-25 所示。新建两个图层，在上面分别绘制圆环，用灰色线性渐变填充，然后分别创建补间动画，在最后一帧处旋转一定的角度，创建旋转的动画效果，如图 8-26 所示。

图 8-25 地球与文本布局效果

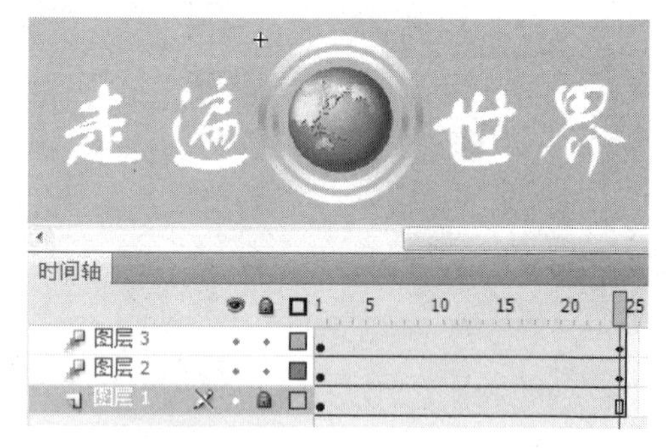


图 8-26 logo 动画效果

5. 返回“场景 1”，在“底纹”层之上新建图层，命名为 logo。把库中的 logo 影片剪辑拖放到舞台的左上角，添加“发光”滤镜，设置属性为“模糊 X：2；模糊 Y：2；强度：122；品质：高；颜色：#FCCA00”。在 logo 层之上新建图层，命名为“箭头”。选择“Deco 工具”中的“装饰性刷子”绘制小箭头，颜色为#FFFFFF，在 logo 的右侧绘制。舞台效果如图 8-27 所示。

图 8-27 添加 logo 与箭头的舞台效果

6. 创建图形元件，命名为“边框”。绘制一个矩形框，填充颜色为#CCCCCC。再绘制一个矩形，放在矩形框的上部，用线性渐变填充，颜色滑块从左到右设置为#99FF33、#FFFFFF、#99FF33，然后用“渐变变形工具”把填充旋转 90°。效果如图 8-28 所示。创建图形元件，命名为“国内旅游”。把库中的“边框”拖放到舞台，把库中的“g01.jpg”拖放到舞台的“边框”实例之上，与它重叠。创建文本“国内旅游”，设置属性为“系列：微软雅黑；大小：34 点；颜色：#00CC33”，放置在“边框”的上部。效果如图 8-29 所示。

图 8-28　“边框”效果

图 8-29　“国内旅游”元件效果



7. 创建影片剪辑，命名为“国内简介”。在舞台上绘制一个矩形，填充颜色为#FFFFFF，Alpha 值为 50%。在矩形之上创建文本，输入“点击访问国内更多名胜......”，设置文本属性为“系列：幼圆；大小：23 点；颜色：#000000”，如图 8-30 所示。同时选中矩形与文字，按 Ctrl+G 组合键将其组合，然后把它转换为影片剪辑元件，命名为“国内文本”。在矩形上单击鼠标右键，在弹出的菜单中选择“创建补间动画”命令，把第 1 帧矩形的“色彩效果”属性的 Alpha 值设为 0，最后一帧的 Alpha 值设为 100。将播放头放在最后一帧上，打开代码片段面板，双击“时间轴导航”分类的“在此帧处停止”。

8. 创建按钮元件，命名为“国旅”。选择“弹起”帧，把库中的“国内旅游”元件拖放到舞台，选择“点击”帧，按 F5 键插入帧。新建图层，选择“指针经过”帧，插入关键帧，把库中的“国内简介”拖放到“国内旅游”实例上面，让二者底部对齐，选择“点击”帧，按 F5 键插入帧。按钮的时间轴如图 8-31 所示。

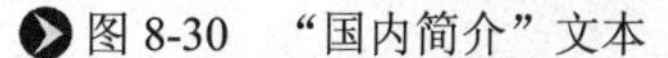

图 8-30　“国内简介”文本

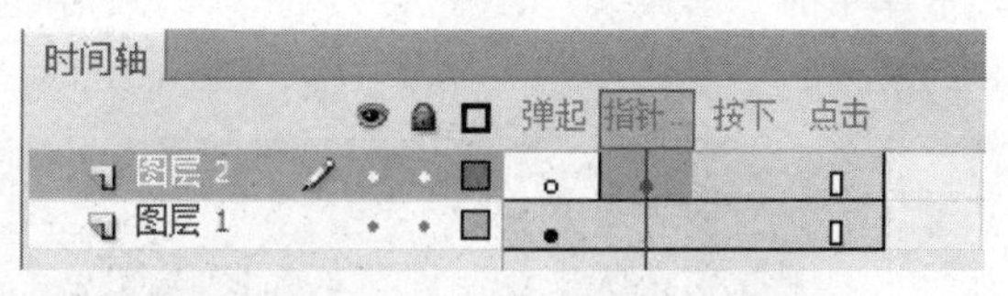


图 8-31　“国旅”按钮的时间轴

9. 打开库面板，在“国内旅游”图形元件上单击鼠标右键，在弹出的菜单中选择“直接复制”命令。在如图 8-32 所示的“直接复制元件”对话框中输入名称“国外旅游”，单击“确定”按钮。双击库中的“国外旅游”元件进入编辑状态，把文本“国内旅游”改为“国外旅游”。在图片上单击鼠标右键，在弹出的菜单中选择“交换位图”命令，在打开的“交换位图”对话框中选择“s01.jpg”，单击“确定”按钮，如图 8-33 所示。编辑后的“国外旅游”元件如图 8-34 所示。

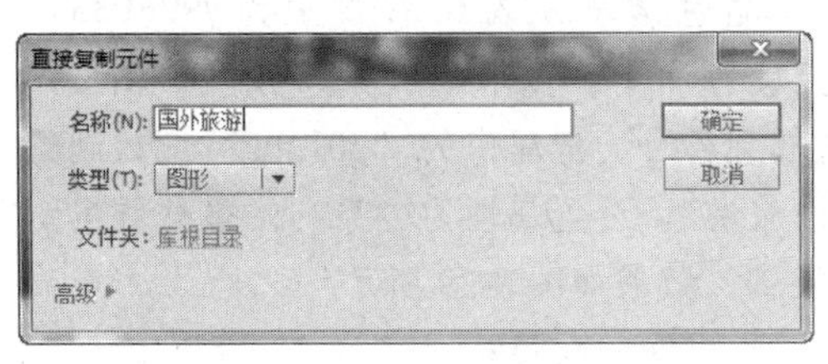


图 8-32 “直接复制元件”对话框

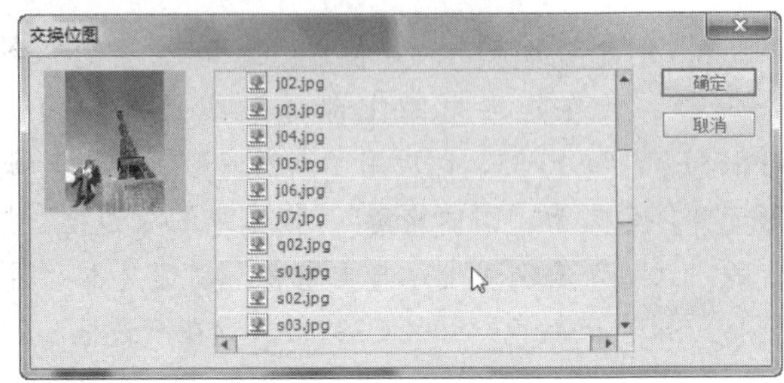


图 8-33 “交换位图”对话框

10. 继续用上面的方法通过“国内文本”元件创建“国外文本”元件，把文本内容修改为“点击访问国外更多名胜......”；通过“国内简介”创建“国外简介”，用“交换元件”的方法把其中的“国内文本”替换成“国外文本”；通过“国旅”按钮创建“世旅”按钮，用“交换元件”的方法把其中的“国内简介”和“国内旅游”分别替换成“国外简介”和“国外旅游”。

11. 用同样的方法创建“风光”按钮，用库中的“z01.jpg”替换当前图片，把“指针经过”帧的文本内容改为“点击访问国外自然风光......”；创建“酒店”按钮，用库中的“j01.jpg”替换当前图片，把“指针经过”帧的文本内容改为“点击访问国内外知名酒店......”。“风光”和“酒店”按钮的效果如图 8-35 和图 8-36 所示。

图 8-34 编辑后的“国外旅游”元件　图 8-35 “风光”按钮　图 8-36 “酒店”按钮

12. 在“背景”、“底纹”、logo、“箭头”层的第 100 帧处分别插入帧。在“底纹”层之上新建图层，把库中的“国旅”、“世旅”、“风光”、“酒店”按钮拖放到舞台，调整大小并对齐。效果如图 8-37 所示。

图 8-37 添加按钮的舞台效果

13. 同时选中这四个按钮，执行“修改”→“时间轴”→“分散到图层”菜单命令，删除空图层。用鼠标右键单击“国旅”按钮，在弹出的菜单中选择“创建补间动画”命令。把最后一帧拖到第 26 帧位置，将播放头放在第 1 帧处，按住 Shift 键将“国旅”实例向下拖出舞台区域，设置“缓动”属性为 70。用相同的方法为其他三个按钮创建补间动画。四个按钮在第 1 帧处的动画设置如图 8-38 所示。

图 8-38 第 1 帧处的动画设置效果



14. 新建按钮元件，命名为“g01”。把库中的“g01.jpg”拖放到舞台，选择“点击”帧，按 F5 键插入帧。在库中选择“g01”按钮，利用“直接复制元件”制作“g02”按钮，然后通过“交换位图”命令用“g02.jpg”替换“g01.jpg”。以此类推，制作“g03”～“g05”按钮。

15. 新建影片剪辑元件，命名为“国内展开”。返回“场景 1”，在“酒店”层之上新建图层，命名为“国内展开”。把库中的“国内展开”影片剪辑拖放到舞台，直接在舞台上双击剪辑实例进入编辑状态。绘制一个比舞台略小的矩形，填充颜色为#CCCCCC。绘制一个竖直的条状矩形，放在第 1 个矩形的左侧，用线性渐变填充，设置色标由左至右依次为#CCCCCC、#999999、#CCCCCC，如图 8-39 所示。将库中的“g01”按钮拖放到矩形之上，调整大小与位置。为按钮实例添加“发光”滤镜，设置参数为“模糊 X：21；模糊 Y：21；强度：200；品质：高；颜色：#FFFFFF，内发光”。复制舞台上的“g01”实例，粘贴 6 次，用“交换元件”的方法分别用库中的“g02”～“g07”替换，调整大小与位置。最终效果如图 8-39 所示。

图 8-39 “国内展开”效果

16. 选择舞台上的“g01”实例，在属性面板中为实例命名为“bt0001”，将“g02”～“g07”实例依次命名为“bt0002”～“bt0007”。选择“bt0001”，打开代码片断面板，双击“动作”分类下的“单击以转到 Web 页”。在“动作-帧”面板中，用所需的 URL 替换引号内的“http://www.adobe.com”即可，如图 8-40 所示。分别为其他按钮设置链接。

```
1
2   /* 单击以转到 Web 页
3   单击指定的元件实例会在新浏览器窗口中加载 URL。
4
5   说明:
6   1. 用所需 URL 地址替换 http://www.adobe.com。
7   保留引号 ("")。
8   */
9
10  bt0001.addEventListener(MouseEvent.CLICK, fl_ClickToGoToWebPage_5);
11
12  function fl_ClickToGoToWebPage_5(event:MouseEvent):void
13  {
14      navigateToURL(new URLRequest("http://www.adobe.com"), "_blank");
15  }
16
```

图 8-40　添加网页链接

17. 重复步骤 14～16，分别创建“国外展开”、“风光展开”、“酒店展开”影片剪辑。效果如图 8-41～图 8-43 所示。

图 8-41　“国外展开”效果

图 8-42　“风光展开”效果

图 8-43　“酒店展开”效果

18. 在“国内展开”层的第 27 帧位置插入关键帧，删除第 27 帧之前的帧。选择“国内展开”剪辑的实例，打开动画预设面板，选择“默认预设”下的“从左边模糊飞入”，然后单击“应用”按钮。将播放头放在预设动画的结束帧位置，选择剪辑实例，按住 Shift 键向左拖放到舞台的水平居中位置。

19. 在“国内展开”层之上新建图层，命名为“国外展开”，在第 42 帧插入关键帧，拖入库中的“国外展开”影片剪辑，同样添加“从左边模糊飞入”预设动画。以此类推，创建“风光展开”和“酒店展开”层，用对应的影片剪辑创建动画。注意前后两段动画在时间轴上要首尾相连，不要有时间上的重叠。删除所有图层第 86 帧之后的帧。此时的时间轴如图 8-44 所示。

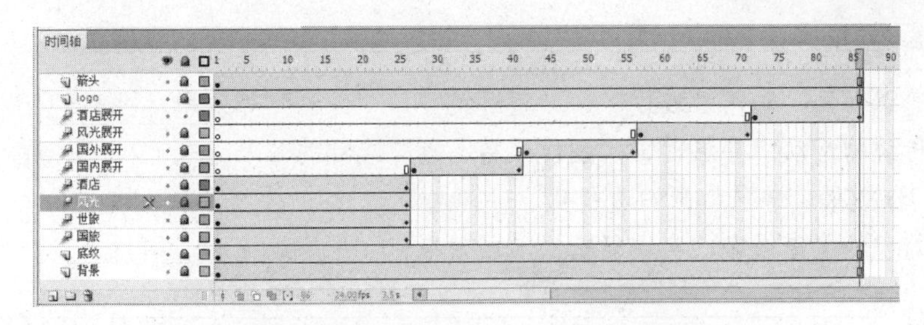

图 8-44　添加预设动画后的时间轴

20. 新建按钮元件，命名为“主页”。选择“弹起”帧，在舞台中绘制一个圆角矩形，用线性渐变填充，设置渐变色标从左到右分别为#99CC66、#339900、#99FF66，使用“渐变变形工具”旋转 90°。选择“点击”帧，按 F5 键插入帧。插入图层，输入文本“主页”，设置文本属性为“系列：幼园；大小：49 点；颜色：#FFFFFF；字距调整：400”。在“箭头”层之上新建图层，命名为“按钮”。将库中的“主页”按钮拖放到舞台右上角。命名按钮实例为“bt01”。将播放头放在第 1 帧位置，打开代码片断面板，双击“时间轴导航”分类下的“单击以转到帧并播放”。在“动作-帧”面板中，把“gotoAndPlay(5)”改为“gotoAndPlay(1)”。

21. 将播放头放在第 26 帧位置，打开代码片断面板，双击“时间轴导航”分类下的“在此帧处停止”。在第 41、56、71、86 帧也分别添加“在此帧处停止”脚本。分别把舞台上的“国旅”、“世旅”、“风光”、“酒店”实例命名为“bt02”、“bt03”、“bt04”、“bt05”。将播放头放在第 26 帧位置，选择“bt02”，打开代码片断面板，双击“时间轴导航”分类下的“单击以转到帧并播放”。在“动作-帧”面板中，把“gotoAndPlay(5)”改为“gotoAndPlay(27)”。用相同的方法设置“bt03”、“bt04”、“bt05”的“转到帧”分别为 42、57、72。

22. 按 Ctrl+S 组合键保存文件，然后按 Ctrl+Enter 组合键测试影片。播放效果如图 8-23 所示。

## 案例 23　我的歌声里——MV 的设计与制作

### 案例描述

制作如图 8-45 所示的 MV 作品“我的歌声里”。作品用 6 个场景烘托了歌曲的情感与内容，综合运用了多种 Flash 动画制作技巧。

图 8-45　“我的歌声里”动画效果

## 案例分析

- 使用遮罩动画，制作“波纹”、“望远镜”、“剪影”等效果。
- 使用传统的运动引导层动画，制作飞鸟、蝴蝶飞舞的效果。
- 使用 3D 效果，增强动画的透视感。
- 通过对元件多重嵌套，实现复杂的动画效果。

## 操作步骤

1. 新建 Flash 文档，按 Ctrl+S 组合键保存文件，命名为“我的歌声里.fla”。

2. 设置文档属性的大小为 800 × 600 像素。执行“文件”→“导入”→“导入到库”菜单命令，导入素材库中的图片“背景.psd”。Flash 打开如图 8-46 所示的对话框，勾选要导入的图层，设置为将图层转换为“Flash 图层”，然后单击“确定”按钮。

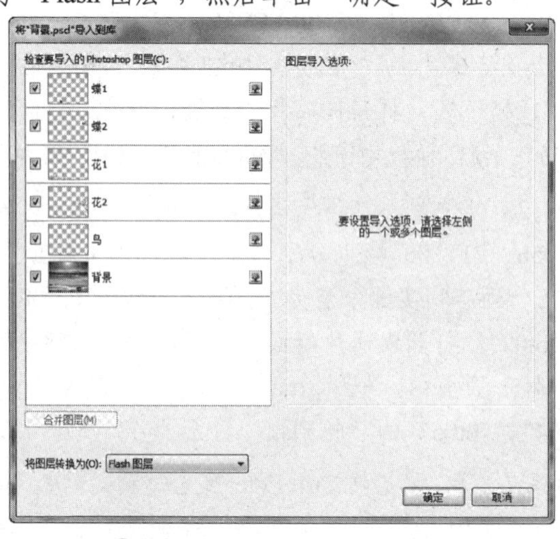


图 8-46　导入 PSD 格式素材

3. 新建影片剪辑，命名为“波纹”。将“图层 1”命名为“背景”，将库中的“背景”拖放到舞台。在“背景”层之上新建图层，命名为“背景 2”，将库中的“背景”图片拖放到舞台，重叠在“背景”层的图片之上，但比“背景”层的要稍靠下一点。在“背景 2”层之上新建图层，命名为“遮罩”，在对应海水的区域绘制如图 8-47 所示的图形。为“遮罩”层的图形创建补间动画，制作遮罩图形轻微向下移动的动画。在“遮罩”层名称上单击鼠标右键，在弹出的菜单中选择“遮罩层”命令。在三个图层的第 50 帧插入帧。最终效果如图 8-48 所示。

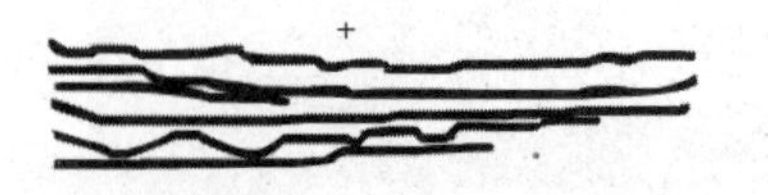

图 8-47　绘制的遮罩

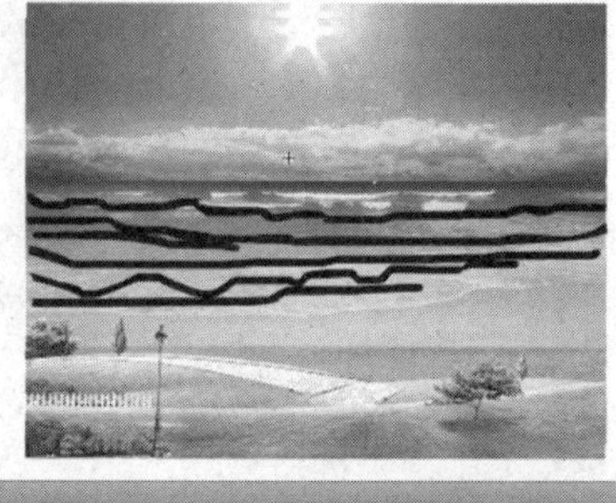

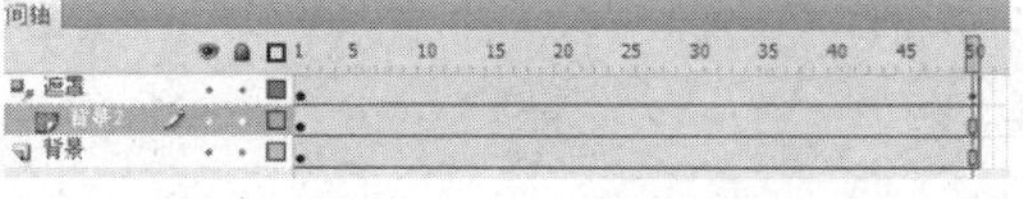


图 8-48　“波纹”最终效果

4. 新建影片剪辑，命名为“背景”。将“图层 1”重命名为“波纹”，将库中的“波纹”影片剪辑拖放到舞台，在第 120 帧位置插入帧。在“波纹”层之上新建图层，命名为“花 1”，把库中的“花 1”图片拖放到舞台的左下角位置，如图 8-49 所示。用鼠标右键单击“花 1”实例，在弹出的菜单中选择“创建补间动画”命令，将播放头放在第 47 帧位置，向左平移“花 1”实例到如图 8-50 所示位置。在“花 1”层之上新建图层，命名为“花 1 遮罩”，绘制如图 8-51 所示的矩形，以实色填充。将“花 1 遮罩”的图层类型改为“遮罩层”。

图 8-49 第 1 帧处的“花 1”位置

图 8-50 第 47 帧处的“花 1”位置

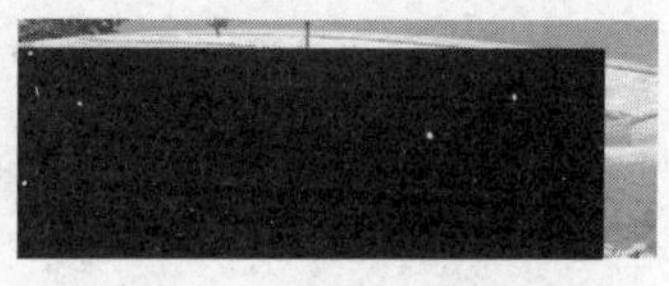

图 8-51 “花 1 遮罩”图层

5. 在“花 1 遮罩”层之上新建图层，命名为“花 2”，把库中的“花 2”图片拖放到舞台的右侧位置，如图 8-52 所示。用鼠标右键单击“花 2”实例，在弹出的菜单中选择“创建补间动画”命令，将播放头放在第 47 帧位置，向左平移“花 2”实例到如图 8-53 所示位置。在“花 2”层之上新建图层，命名为“花 2 遮罩”，绘制如图 8-54 所示的矩形，以实色填充。把“花 2 遮罩”的图层类型改为“遮罩层”。

图 8-52 第 1 帧处的“花 2”位置

图 8-53 第 47 帧处的“花 2”位置

图 8-54 “花 2 遮罩”图层

6. 在“花 2 遮罩”层之上新建图层，命名为“鸟”。将库中的“鸟”拖放到舞台，在“鸟”图层上单击鼠标右键，在弹出的菜单中选择“添加传统运动引导层”命令，在引导层绘制引导线。为“鸟”实例制作运动引导动画。效果如图 8-55 所示。

图 8-55 添加运动引导动画的效果

7. 新建影片剪辑元件，命名为“光芒”。在“背景”元件的“引导层：鸟”之上新建图层，命名为“光芒”，将库中的“光芒”元件拖放到舞台。双击舞台中的“光芒”实例，在当前位置编辑它。绘制如图 8-56 所示的三角形，用线性渐变填充，设置色标值为“#FFFFFF，Alpha：26%；#FFFFFF，Alpha：0%”。用“渐变变形工具”将填充旋转 90° 。以三角形的锐角顶点为中心把三角形旋转复制 2 份，再组合，然后制作 100 帧长度的绕锐角顶点旋转的补间动画，如图 8-57 所示。编辑完成后，“背景”元件的时间轴如图 8-58 所示。

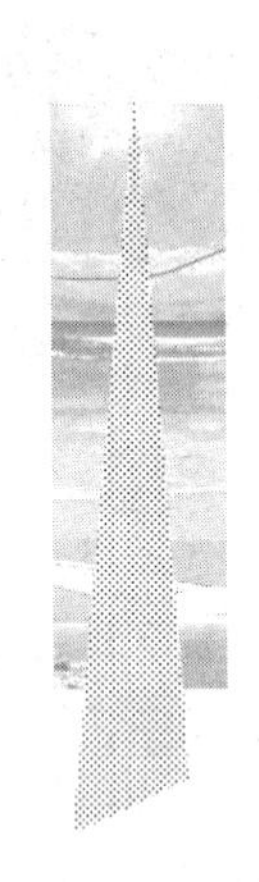

图 8-56 绘制的三角形

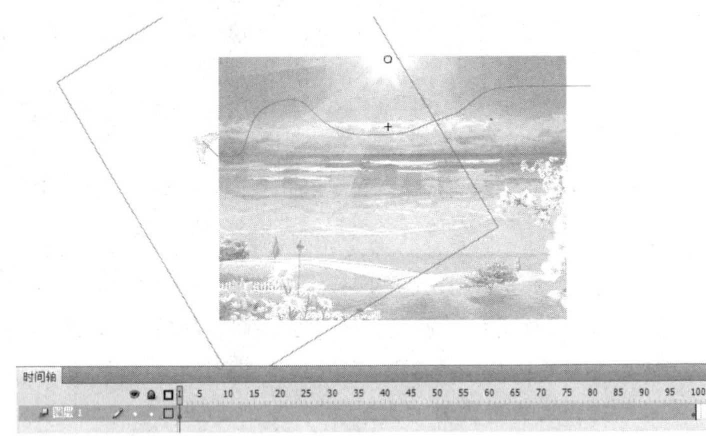

图 8-57 “光芒”动画编辑效果

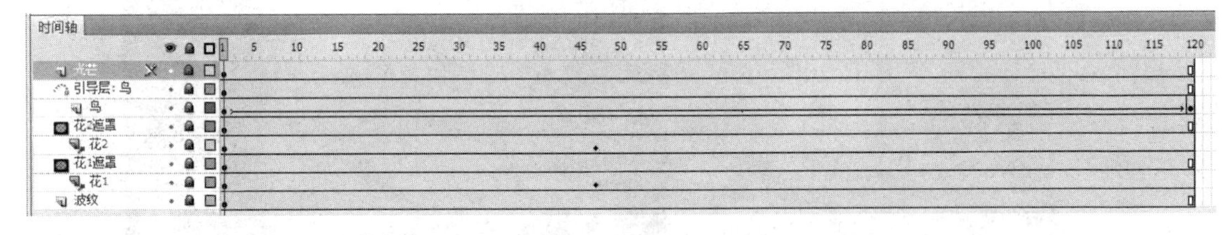

图 8-58 编辑完成的“背景”元件的时间轴

8. 返回“场景 1”，将“图层 1”重命名为“背景”，将库中的“背景”影片剪辑拖放到舞台。执行“文件”→“导入”→“导入到库”菜单命令，导入素材文件夹中的“我的歌声里.mp3”和“01.png”。在“背景”层之上新建图层，命名为“声音”，添加声音“我的歌声里”，设置“同步”为“数据流”。打开“编辑封套”对话框，试听声音，发现歌曲前奏持续到第 349 帧。在“声音”层和“背景”层的第 349 帧都插入帧。

9. 打开“场景”面板，选择“场景 1”，然后单击“重制场景”按钮，添加“场景 2”～“场景 6”，如图 8-59 所示。

10. 关闭“场景”面板。新建图形元件，命名为“标题”，将库中的“01.png”拖放到舞台。创建文本“我的歌声里”，放在图片上，设置文本格式为“系列：华文行楷；大小：100 点；颜色：#FFFFFF”。为文本添加“投影”滤镜，设置格式为“模糊 X：5；模糊 Y：5；强度：100；品质：低；角度：45° ；距离：5；颜色：#CCCCCC”。再创建文本“曲婉婷”，设置文本格式为“系列：幼圆；大小：50 点；颜色：#FFFFFF”。复制“我的歌声里”的“投影”滤镜，粘贴到文本“曲婉婷”。效果如图 8-60 所示。

11. 返回“场景 1”。在“背景”层之上新建图层，命名为“标题”，将第 61 帧转换为空白关键帧，将库中的“标题”拖放到舞台正中，调整大小。为“标题”实例创建补间动画，设置第 61 帧处的 Alpha 属性为 0，第 259 帧处的 Alpha 值为 100。将“背景”层的第 61 帧转换为关键帧，设置 Alpha 值为 100，第 259 帧处的 Alpha 值为 30，第 349 帧处的 Alpha 值为 70。效果如图 8-61 所示。

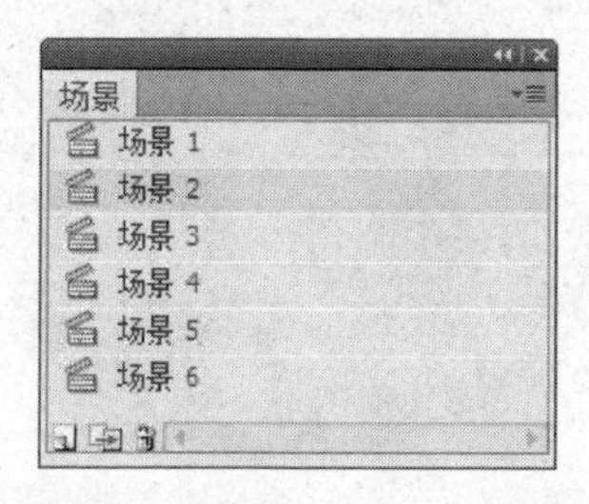


图 8-59　“场景”面板

图 8-60　标题元件的显示效果

图 8-61　显示标题效果



12. 切换到“场景 2”。选择“声音”层，打开“编辑封套”对话框，将“开始时间”控件拖到第 350 帧。试听声音，把“停止时间”控件拖到刚唱完“情不自已”的第 690 帧。在“背景”层和“声音”层的第 341 帧都插入帧。新建影片剪辑，命名为“人物”。将“图层 1”重命名为“背景”，将库中的“背景”拖放到舞台。在“背景”层之上新建图层，命名为“人物”。将“素材”文件夹中的“人.png”导入到舞台，调整大小，放在舞台左侧的背景之外，如图 8-62 所示。为人物图片创建补间动画，在第 100 帧处的位置和大小如图 8-63 所示，在第 341 帧处的大小如图 8-64 所示。

图 8-62　第 1 帧的人物

图 8-63　第 100 帧的人物

图 8-64　第 341 帧的人物

13. 在“人物”层之上新建图层，命名为“遮罩”。将第 100 帧转换为空白关键帧，绘制一个刚好能覆盖舞台人物的正圆形，用纯色填充，如图 8-65 所示。将“遮罩”层的图层类型修改为“遮罩层”，“背景”层和“人物”层都作为“被遮罩”层。效果如图 8-66 所示。

图 8-65 绘制的遮罩

图 8-66 遮罩效果



14. 返回“场景 2”。在“背景”层之上新建图层，命名为“人物”，将库中的“人物”影片剪辑拖放到舞台。为实例添加“发光”滤镜，设置参数为“模糊 X: 50; 模糊 Y: 50; 强度: 210; 品质: 高; 颜色: #FFFFFF”。复制“发光”滤镜，粘贴到当前的滤镜面板，勾选“内发光”复选框。将“背景”层的第 100 帧转换为关键帧，创建补间动画，设置第 100 帧的背景“亮度”属性为-28; 第 341 帧背景的“亮度”属性为-28，用“任意变形工具”放大背景实例，如图 8-67 所示。

图 8-67 第 341 帧处的设置效果

15. 切换到“场景 3”。选择“声音”层，打开“编辑封套”对话框，将“开始时间”控件拖到第 691 帧。试听声音，将“停止时间”控件拖到刚唱完“剩下的只是回忆”的第 1 050 帧。在“背景”层和“声音”层的第 360 帧都插入帧。

16. 设置“背景”层的“亮度”属性为-50。在“背景”层之上新建图层，命名为“背景 2”。在“背景 2”之上新建图层，命名为“遮罩”，绘制两个相连的正圆形，用实色填充。为遮罩图形创建补间动画，设置遮罩图形在第 1、90、180、270、300、320、340 帧的位置分别如图 8-68 ~ 图 8-74 所示。删除“遮罩”层第 340 帧以后的帧。

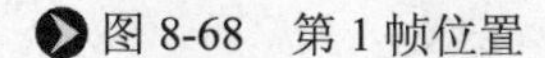

图 8-68　第 1 帧位置　图 8-69　第 90 帧位置　图 8-70　第 180 帧位置

图 8-71　第 270 帧位置　图 8-72　第 300 帧位置　图 8-73　第 320 帧位置　图 8-74　第 340 帧位置

17. 切换到“场景 4”。选择“声音”层，打开“编辑封套”对话框，将“开始时间”控件拖到第 1 051 帧。试听声音，把“停止时间”控件拖到刚唱完“我的心里”的第 1 724 帧。在“背景”层和“声音”层的第 674 帧都插入帧。



18. 新建影片剪辑元件，命名为“印象”。将“图层 1”重命名为“背景”，将库中的“背景”影片剪辑拖放到舞台。在“背景”层之上新建图层，命名为“遮罩”。将“素材”文件夹中的“剪影 1.png”导入到舞台，执行“修改”→“位图”→“转换位图为矢量图”菜单命令，然后用它创建补间动画，补间第 1 帧的效果如图 8-75 所示，第 50 帧的效果如图 8-76 所示。

图 8-75　第 1 帧的效果

图 8-76　第 50 帧的效果

19. 将“遮罩”层的第 51 帧转换为关键帧，按 Ctrl+B 组合键分离图像。将第 120 帧转换为空白关键帧，将“素材”文件夹中的“剪影 2.png”导入到舞台，转换为矢量图，在第 51 帧与 120 帧之间的帧上单击鼠标右键，在弹出的菜单中选择“创建补间形状”命令。将第 200 帧和第 320 帧分别转换为关键帧，将第 320 帧的图像放大一些，然后在第 200 和 320 帧间创建补间形状。将“遮罩”层的图层类型转换为“遮罩层”。

20. 新建影片剪辑元件，命名为“舞者”。将“素材”文件夹中的“d01.png”～“d06.png”导入到库。将库中的“d01”拖放到舞台，每隔 15 帧插入一个关键帧，到第 90 帧为止。将第 1 帧的图像转换为矢量图。用“交换位图”的方法，用“d02”～“d06”依次替换各个关键帧的图像，第 90 帧的图像无须替换，然后都转换成矢量图。在各个关键帧之间创建补间形状，如图 8-77 所示。

图 8-77 “舞者”补间动画

21. 新建影片剪辑元件，命名为“跳舞”。将“图层 1”重命名为“背景”，将库中的“背景”拖放到舞台，在第 334 帧位置插入帧。新建图层，命名为“舞者”，将库中的“舞者”拖放到舞台左侧，如图 8-78 所示。为“舞者”实例创建补间动画，在第 220 帧，将“舞者”拖到如图 8-79 所示的位置。将“舞者”层的类型转换为“遮罩层”。

图 8-78 第 1 帧的“舞者”位置

图 8-79 第 220 帧的“舞者”位置



22. 返回“场景 4”，在“背景”层之上新建图层，命名为“回忆”，将库中的“印象”拖放到舞台。将第 321 帧转换为空白关键帧，然后将库中的“跳舞”拖放到舞台。设置“背景”实例的“亮度”属性为-50。

23. 切换到“场景 5”。选择“声音”层，打开“编辑封套”对话框，将“开始时间”控件拖到第 1 725 帧。试听声音，把“停止时间”控件拖到刚唱完“一场梦境”的第 3 135 帧。在“背景”层和“声音”层的第 1 411 帧都插入帧。

24. 在“背景”层之上新建 2 个图层，分别命名为“蝴蝶 1”和“蝴蝶 2”，将库中的“蝶 1”和“蝶 2”分别拖放到两个图层的舞台。分别为 2 个图层添加传统运动引导层，绘制引导线，然后在各自的第 760 帧位置插入关键帧。分别为“蝴蝶 1”、“蝴蝶 2”层创建运动引导动画。效果如图 8-80 所示。

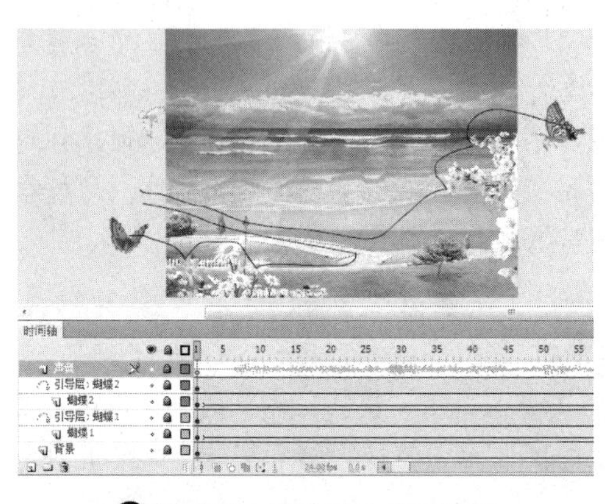

图 8-80 运动引导动画效果

25. 在“引导层：蝴蝶 2”之上新建图层，命名为“印象、跳舞”，在其第 761 帧位置插入空白关键帧，将库中的“印象”元件拖放到舞台。在第 1 081 帧插入空白关键帧。将库中的“跳舞”元件拖放到舞台。将“背景”层的第 761 帧转换为关键帧，设置“背景”实例的“亮度”属性为-50。

26. 切换到“场景 6”。选择“声音”层，打开“编辑封套”对话框，将“开始时间”控件拖到第 3 135 帧。在“背景”层和“声音”层的第 1 665 帧位置都插入帧。

27. 新建影片剪辑元件，命名为“骑马”。将素材文件夹中的“骑马.png”导入到舞台，在第 10、20 帧位置分别插入关键帧，在第 30 帧位置插入帧。将第 10 帧的图片旋转 11°。新建影片剪辑元件，命名为 end。将素材文件夹中的“02.png”导入到舞台，创建文本 end 并叠加到图片之上，设置文本的属性为“系列：Arial；大小：100 点；颜色：#0202FE”。end 效果如图 8-81 所示。

图 8-81 end 元件效果



28. 返回“场景 6”。在“背景”层之上新建图层，命名为“骑马”。将库中的“骑马”元件拖放到舞台右侧，设置元件的 3D 旋转属性为 Y：15°，如图 8-82 所示。为“骑马”实例创建补间动画，在第 440 帧，将它拖到舞台左侧，如图 8-83 所示。

图 8-82 第 1 帧的动画效果

图 8-83 第 440 帧的动画效果

29. 在“骑马”层之上新建图层，命名为“人物”。将第 441 帧转换为空白关键帧，将库中的“人物”元件拖放到舞台。将第 781 帧转换为空白关键帧。在“人物”层之上新建图层，命名为“印象”。将第 781 帧转换为空白关键帧，将库中的“印象”元件拖放到舞台。将第 1 536 帧转换为空白关键帧。在“印象”层之上新建图层，命名为 end。将第 1 536 帧转换为空白关键帧，将库中的 end 元件拖放到舞台，为它添加“预设动画”中的“从左边模糊飞入”效果，然后将第 1 570 帧的 end 实例拖放到舞台正中。

30. 将“背景”层的第 441 帧转换为关键帧，设置“背景”实例的“亮度”属性为-50。将第 1 536、1 665 帧转换为关键帧，设置第 1 665 帧“背景”实例的 Alpha 属性为 29。

31. 将播放头放在第 1 665 帧位置，打开代码片段面板，双击“时间轴导航”分类下的“在此帧处停止”。在“声音”层之上新建图层，命名为“按钮”。将第 1 665 帧转换为空白关键帧，将公用库中的按钮“flat blue play”拖放到舞台右下角。将按钮实例命名为“bt01”。选择按钮，打开代码片段面板，双击“时间轴导航”分类下的“单击以转到场景并播放”。在“动作”面板中，将脚本“MovieClip(this.root).gotoAndPlay(1, "场景 3")”修改为“MovieClip(this.root).gotoAndPlay(1, "场景 1")”。

32. 按 Ctrl+S 组合键保存文件，然后按 Ctrl+Enter 组合键测试影片。播放效果如图 8-45 所示。

## 思考与实训

### 一、填空题

1. 颜料桶工具可以为________填充颜色，墨水瓶工具可以为________填充颜色。

2. 按钮是一种独特的元件，它的时间轴只有________帧，分别是________。

3. 元件与实例的关系表现为，如果修改________会影响________的显示效果，而修改________则不会影响________。



4. 引导层动画效果只能在________动画中实现。

5. 可以为________和________添加骨骼，添加骨骼后，所有关联的内容都会被移到新的图层，即________层。

6. Flash 支持的声音格式有________________________________。

7. 使用________软件，可以方便地把视频编码为 Flash 支持的格式。

8. 使用 ActionScript 3.0 之前的版本，将无法在 Flash CS5 中使用_________工具和_________工具。

9. ActionScript 3.0 的脚本会自动放置在________层。

10. 使用 Flash CS5 提供的________面板，可以无须了解 ActionScript 3.0 的语法而使用脚本。

### 二、上机实训

1. 自己搜集、整理素材，为某瑜伽健身网站制作一段 30 秒的片头（要注意音、画配合得当）。

2. 收集材料，与同学合作制作一个宣传低碳知识的公益性课件（要求合理设置交互，实用又易用）。

3. 制作一段 iPhone 5 的广告（要求用到“遮罩动画”和“传统运动引导层动画”）。

4. 自选歌曲，制作一段 MV（要求用到视频、3D 效果和骨骼动画效果）。